2022年11月公開の映画「シグナチャー」のモデルは、本書著者・安蔵光弘。

映画「シグナチャー」は2022年ニース国際映画祭で「最優秀作品賞」、パリ国際映画祭で竹島由夏さんが「最優秀女優賞」を受賞。ニース国際映画祭/パリ国際映画祭（共催・2022年5月）の表彰式で、柿崎監督（右）と安蔵光弘（左）

映画「シグナチャー」は、日本のワイン業界を牽引した麻井宇介（浅井昭吾）の意思を受け継ぎ、日本を世界の銘醸地にするために奮闘する醸造家・安蔵光弘の半生を描いたドラマ。本書第1章・第2章のエピソードを中心に描かれている。

監督は、ワイン造りに情熱を注ぐ若者たちを描いた「ウスケボーイズ」の柿崎ゆうじ。

タイトルの「シグナチャー」は、特別なワインに醸造責任者がサインを入れることを指す。

シャトー・メルシャンで撮影中のショット。右から安蔵光弘、安蔵光弘役の平山浩行さん、安蔵正子役の竹島由夏さん、柿崎ゆうじ監督。

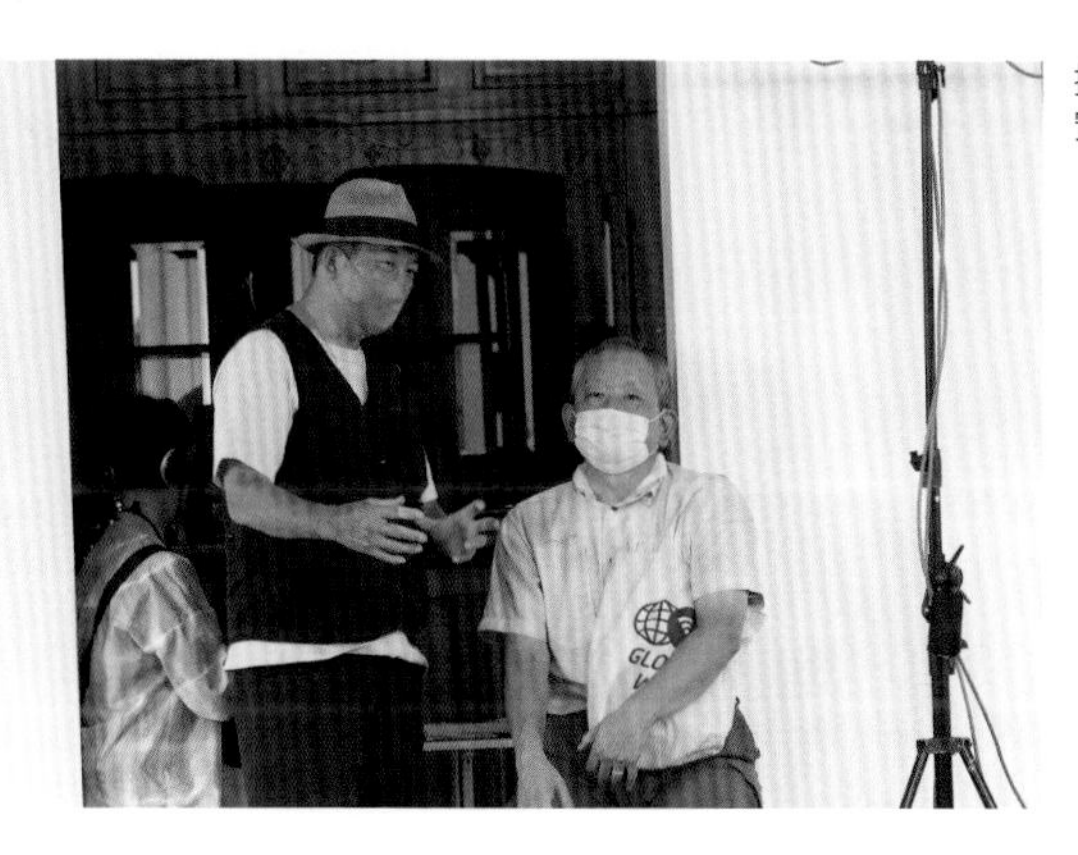

撮影現場に立ち会う安蔵光弘。柿崎監督と。

2022年５月、ニース国際映画祭/パリ国際映画祭（共催）の表彰式のために南仏を訪れた安藏光弘と妻・正子。
ル・カステレ（Le Castellet）にて。

5本の
ワインの
物語

Five wines' Story

安蔵 光弘
Mitsuhiro Anzo

はじめに

２０２１年８月10日（火）、映画「シグナチャー～日本を世界の銘醸地に」の制作発表記者会見が、シャトー・メルシャン勝沼ワイナリーの地下樽貯蔵庫で行われた。入社から数年間の私のエピソードがこの映画の主題となっていることから、この会見に私も呼ばれた。

司会者の方から、「この映画は安蔵さんの『人生』を描いていますが、感想はどうですか？」と、マイクを向けられた。

「『人生』と言われると、すでに亡くなった人みたいです。私はまだ現役ですので『半生』としてください」

少し考えてからこう答えると、会場にいる人たちから一斉に笑い声が上がった。

私のワイン造りの「半生」を振り返ってみると、農学部で応用微生物学を専攻し、ワイン造りを志し、ワイン会社に就職するまでをプロローグとして、師と仰げる先輩との出合い、日本でのワイン造りを志す妻との結婚、ボルドー駐在、など、現在まで数年の期間ごとに、想い出深いワインがあった。

それぞれの時期で印象に残る５本のワインを軸に、一連のエピソードを語ってみたい。

登場人物

浅井昭吾（麻井宇介）（１９３０‐２００２）
東京都出身、１９５３年東京工業大学卒業、大黒葡萄酒株式会社入社。１９８７〜１９９０年メルシャン勝沼ワイナリー*第３代工場長、１９８８〜１９９４年山梨県果実酒酒造組合**第11代会長。麻井宇介（あさいうすけ）のペンネームで『比較ワイン文化考』（１９８１年、中公新書）、『ワインづくりの四季―勝沼ブドウ郷通信』（１９９２、東京書籍）、『ワイン造りの思想』（２００１、中公新書）等、著書多数。

*「メルシャン勝沼ワイナリー」は、現在の「シャトー・メルシャン」
**「山梨県果実酒酒造組合」は、現在の「山梨県ワイン酒造組合」

ポール・ポンタリエ Paul PONTALLIER
（１９５６‐２０１６）
ボルドー市出身、国立農学院（Institut National Agronomique Paris Grignon）卒業、元シャトー・マルゴー総支配人、１９８１年にボルドー第２大学醸造学部でエミール・ペイノー教授の指導により「赤ワインの樽育成に関する条件」の研究で博士号取得。１９９８年からシャトー・メルシャンのアドバイザーを務めた。

ドゥニ・デュブルデュー Denis DUBOURDIEU
（１９４９‐２０１６）
バルサック（ソーテルヌ地区）出身、「甘口ワインの諸成分に関する研究」で博士号を取得。元ボルドー第２大学醸造学部教授、ＩＳＶＶ（国立ブドウ・ワイン科学院、Institut des Sciences de la Vigne et du Vin）初代理事長。シャトー・レイノン、クロ・フロリデーヌ、シャトー・ドワジー・デーヌ等を所有。白ワインの醸造の改善に大きな功績があり、「白ワインの法王」と呼ばれた。

富永　敬俊（たかとし）（１９５５‐２００８）
東京都出身、１９９０年に渡仏し、１９９８年にボルドー大学醸造学部で日本人として初めて博士号を取得。２０００年、「ソーヴィニヨン・ブランの特徴的な香りをもつ化合物の同定とその前駆体からの生成メカニズムの解明」で、フランス・アカデミー・アモリムよりグランプリを受賞。著書に、『きいろの香り　ボルドーワインの研究生活と小鳥たち』（２００３年、フレグランスジャーナル社）、『アロマパレットで遊ぶ：ワインの香りの七原色』（２００６年、ステレオサウンド社）、等。

ミッシェル・デュクロー Michel DUCLOS（1953－）

サンテミリオンのCh.Destieux（デステュー）やポムロールのCh.La（ラ）Clémence（クレマンス）の栽培責任者を務める。セカター・ドール（les Sécateurs d'or＝金の剪定ばさみ：フランスのブドウ樹剪定選手権）を複数回獲得。栽培コンサルタントとしても活躍。

石井もと子（1956－）

早稲田大学卒。輸入商社にて輸入ワインのプロモーションに携わった後、サンタ・ロザ・ジュニア・カレッジ農学部にて、ブドウ栽培、ワイン醸造を学ぶ。帰国後、株式会社ベイシス設立、ワインスカラ（ワインスクール）主宰。ワインジャーナリスト、日本ワインのサポーターとして活躍。日本ワイナリー協会顧問。

大村春夫（1951－）

山梨県出身、東京農業大学卒業、1890年創業の丸藤葡萄酒工業株式会社4代目社長。ワインのブランドは、ルバイヤート。1975年国税庁醸造試験所にて研修、1976年フランスITV（ブドウ・ワイン研究所）およびボルドー第2大学で研修。2006年社長就任。1996年に、プティ・ヴェルドを日本ワインとして最も早い時期に製品化。プティ・ヴェルド2012が2015年の日本ワインコンクールで、部門最高賞および金賞を受賞。

有賀（あるが）雄二（1955－）

山梨県出身、東京農業大学卒業、1937年創業の勝沼醸造株式会社3代目社長。笛吹市一宮町伊勢原地区の甲州から、アロマティックな甲州ワインを実現し、アルガブランカ ヴィニャル イセハラとして商品化。ボルドー・グラーブ地区シャトー・パプ・クレマンを所有するベルナール・マグレ氏とのコラボ企画で、Magrez Aruga Koshu Iseharaを展開。

志村富男（1946－）

1968年マンズワイン株式会社に入社し、34年間勤務。「マンズレインカット栽培」で特許を取得し、1999年に科学技術庁長官賞受賞。創意工夫功労者表彰。55歳の役職定年を機に退職し、２００２年ブドウ栽培のコンサルタントと新品種の開発を行う「志村葡萄研究所」を設立。

齋藤　浩（１９５６－）

山梨県出身、玉川大学大学院修士課程修了、１９８１年メルシャン株式会社入社。１９９４年からボルドー駐在。１９９９年に帰国してヴィンヤード・マネージャー。２００６～２０１４年シャトー・メルシャン第7代工場長、２０１１～２０２０年山梨県ワイン酒造組合第16代会長、２０２１年勝沼醸造株式会社副社長。

味村興成（こうせい）（１９５７－）

山口県出身、山梨大学大学院修士課程修了、１９８３年メルシャン株式会社入社。１９８８年ボルドー大学留学、ＤＵＡＤ取得。パリ事務所勤務を経て１９９１年帰国。１９９８年シャトー・メルシャン醸造責任者（チーフ・ワインメーカー）。２０１５年にメルシャンを退職、２０１９年、長野県塩尻市片丘地区に株式会社ドメーヌ・コーセイ（Domaine KOSEI）を設立し、代表取締役。

小林弘憲（ひろのり）（１９７４－）

山梨県出身、山梨大学大学院修士課程修了、１９９９年メルシャン株式会社入社。メルシャン酒類研究所で、ワインの開発を担当。２００４年ボルドー大学醸造学部の富永敬俊博士の元で研修を行い、チオール化合物の同定と定量法を習得する。シャトー・メルシャン製造課長、本社生産部を経て、２０１９年シャトー・メルシャン椀子ワイナリー長。

岡本英史（えいし）（１９７０－）

愛知県出身、明治大学農学部を経て、山梨大学大学院修士課程修了。１９９５年フジッコワイナリー株式会社入社。１９９８年に退職し、有限会社ボーペイサージュ（BEAU PAYSAGE）を設立。

城戸亜紀人（旧姓後藤）（１９７０－）

愛知県出身。山梨大学大学院修士課程修了、１９９５年林農園株式会社入社。２００３年に退職し、株式会社Ｋｉｄｏワイナリーを設立。

山崎賢子（旧姓塩谷）（1982－）

栃木県出身。アメリカ・ハワイ大学を卒業、ワイン輸入会社を経て、ニュージーランド、リンカーン大学でブドウ栽培とワイン醸造を学ぶ。帰国後、丸藤葡萄酒工業株式会社勤務。結婚を機に実家近くの那須塩原市にワイズ・ヴィンヤーズ（Y's Vineyards）を設立、2017年からワイン用ブドウ栽培を始める。

佐藤吉司（1967－）

元『酒販ニュース』取締役編集委員（醸造産業新聞社）。2018年に同社を退職後、オレゴンのワイナリーで仕込みを経験し、現在、長野県富士見町でワイン用ブドウ栽培を行う。

小山田幸紀（1975－）

福島県郡山市出身。中央大学文学部ドイツ文学科卒業。在学中に浅井昭吾氏のセミナーを受講し、感銘を受けワイン造りを志す。1998年に株式会社ルミエール入社。2014年に退社し、ペイザナ農事組合法人の代表理事を務め、「ドメーヌ・オヤマダ」ブランドを立ち上げる。

大橋健一MW（1967－）

栃木県出身、慶應義塾大学商学部卒業。山仁酒店株式会社代表取締役社長。2015年マスター・オブ・ワイン（MW）の称号を獲得。日本在住のマスター・オブ・ワインとして、国内外で活躍している。

柿崎ゆうじ（柿崎裕治）（1968－）

山形県出身、カートコーポレートグループ代表取締役会長、映画監督。代表作の「ウスケボーイズ」（2018）が、マドリード国際映画祭2018で、最優秀作品賞、最優秀監督賞、アムステルダム国際映画祭2018で、最優秀監督賞など、多数受賞。共著に『治安回復100の証言検証—治安・拉致を考える』（2004、国書刊行会）。

竹島由夏（1986－）

東京都出身、俳優、NHK大河ドラマ「八重の桜」等に出演。映画「ウスケボーイズ」（2018）、「シグナチャー～日本を世界の銘醸地に～」（2022）で、安蔵正子役を演じる。

平山浩行（1977－）

岐阜県出身、俳優、映画「男たちの大和／YAMATO」等多数に出演。映画「シグナチャー～日本を世界の銘醸地に～」（2022）で、安蔵光弘役を演じる。

川崎琴葉（1999－）

山梨県甲州市勝沼町出身。安蔵正子の姪。2020年山梨県農業大学校養成科果樹学科卒業。2022年同専攻科卒業。2019年丸藤葡萄酒工業株式会社で研修、2021年シャトー・メルシャン勝沼ワイナリーで研修。2022年4月に丸藤葡萄酒工業株式会社入社。

安蔵正子（旧姓水上）（1970－）

山梨県出身、山梨県出身の父親の転勤で水上家が住んでいた広島で生まれ、その後沖縄、東京、鹿児島で生活する。中学1年から高校卒業までを鹿児島で過ごす。1994年山梨大学工学部化学生物工学科卒業、富士発酵工業株式会社（1905年創業、2001年廃業）を経て、1995年丸藤葡萄酒工業株式会社入社。1998年に、岡本英史とボーペイサージュ設立のため、同社退職。2005年に丸藤葡萄酒工業株式会社に復帰、2022年3月に同社退職。株式会社Cave an設立、代表取締役。

安蔵光弘（1968－）

奥付の著者略歴参照

目次

第二章 Chateau Reysson 2003
２００１年1月〜２００５年2月 …… 113

第三章

Mercian 甲州かおりロゼ 2006

第四章

万力ルージュ2014

2014年4月～2018年12月 263

第五章

Cave an万力ルージュ2019

2019年4月～2022年8月……329

注）ブドウの品種名Merlotは、発音は「メルロ」が近いが、桔梗ヶ原メルロー（商標）のように商品名に「メルロー」を用いることもあるので、この稿のカタカナ表記は、「メルロー」に統一した。

プロローグ

ワイン造りを志す

1989年4月～1995年3月

農芸化学科へ　１９８９年４月〜１９９１年３月

私がワイン造りを志すようになった経緯には、いくつかのステップがある。

その最初は、大学の進学先として農芸化学科を目指したことだ。

高校生の頃、集英社の『週刊ヤングジャンプ』に「栄光なき天才たち」という漫画が連載されていた。偉業を成し遂げながら、そのときには正当な評価が得られなかった天才たちにスポットをあてた伝記漫画で、何話か読んで面白そうだと思い、コミックスを買った。

その第1巻に、世界で初めてビタミンを発見した化学者、鈴木梅太郎博士（１８７４－１９４３）のエピソードがあった。この話を読んで、鈴木梅太郎が東京帝国大学（現東京大学）で教授をつとめていた「農芸化学」という学問分野に興味が湧いた。

愛読していた作家の星新一が、著者略歴を見ると東京大学の農芸化学科の卒業生だったことも、この学科に興味をもった理由の一つだ。

東京の駿台予備校で2年間浪人をしたが、何とか１９８９（平成元）年に、生物・化学系への進学者が多い東京大学教養学部理科二類に入学することができた。

東京大学は学部・学科ごとではなく、6つの類

栄光なき天才たち第1巻
（ヤングジャンプコミックス、集英社、1987年）

（文科一～三類、理科一～三類）に分けて募集が行われる。前期課程の2年間はまず教養学部に所属し、2年生の秋に教養の成績順に進学する学部・学科が決まるシステムだ。

入学した時点の私は、もちろん農芸化学科へ進学するつもりだったが、2年生の春の時点では迷っていた。2年におよぶ浪人生活で精神的に疲れていたのかもしれない。1年生のときは講義に出るよりも、遊びたい気持ちが強かった。

「遊ぶ」といっても、目的もなくぶらぶらしているだけの毎日だ。そんな生活を続けるうちに、文転（理系から文系に進学すること）したいという気持ちが芽生えてきた。制度上は、文系に進学するのも可能なのだ。

学部・学科の進学志望は、2年生の初めに、第1希望～第3希望を教務課に提出する。集計後、各学科の進学に必要な最低点が掲示される。志望先は、この点数や学科のガイダンスを参考にして、2年生前期の試験の後の最終決定までに2回変更することができる。1年生対象のガイダンスでは、農芸化学科の研究室は実験が忙しく、毎日夜遅くまで研究室にはりつくような生活になると説明された。

最初は第1希望に農芸化学科を登録したが、当時の農芸化学科は人気が高かったので、最低点は高くなりそうだった。文系は実験がなくて楽だろうとも考えた。そこで、変更のタイミングで実験がない農業経済学科に変更した。

1年生後期の試験が終わったあとの春休み、JR普通列車が乗り放題になる「青春18きっぷ」を使って京都・奈良を1人で旅行した。当時の手帳を見ると、1990年3月16日（金）の朝8時13分に東京駅を出て、電車を5本乗り継ぎ、京都に着いたのが16時44分。ゆっくりした鉄道での旅の道連れに、岩波新書の『日本の酒』をもっていった。

二浪していたため、入学時にすでに20歳を超えていて、清酒に興味があった。この本は、しばらく絶版だったのが、このころにリクエスト出版という形で再版されたものを大学の生協書籍部で見つけ、なにげなく買ったもの。著者は、酒の世界ではとても有名な坂口謹一郎先生で、東京大学農芸化学科の伝説的な教授なのだが、そうとは知らずタイトルに魅かれて選んだ本だ。

時刻表を片手に、東海道線を乗り継いで京都へ向かう道すがら、快速列車でこの本を読み、坂口先生が農芸化学科の名誉教授であることをはじめて認識した。文章に文化的な香りがあり、加えて日本の酒造りが微生物学の視点から書かれていて、気がつくとのめり込むようにページをめくっていた。

京都駅ではＪＲ奈良線に乗り換えて奈良駅まで行き、奈良市内のビジネスホテルに1泊。翌日、近鉄線で橿原神宮前駅まで行き、ここで近鉄吉野線に乗り換え、飛鳥駅で下車し自転車をレンタルした。

その自転車で、飛鳥の農村風景の中をのんびり走っているときだった。

「農芸化学科に進学して、微生物学を専攻しよう」

青春18きっぷ（1990年3月16日）

『日本の酒』（坂口謹一郎著、岩波新書、1964年）

という気持ちが湧き上がってきた。一人旅を続け、東京に戻ったときには、文転しようという気持ちはすっかりなくなっていた。最終の変更手続きで、第1志望を農芸化学科に戻した。

五月祭のイベントの責任者に　1991年4月

当時はバイオテクノロジーの分野が注目されていて、農芸化学科は人気だったが、無事進学することができた。本郷の弥生キャンパスで3年生の1年間、微生物学や生化学、有機化学などを学び、4年生に進級するときに微生物利用学研究室（現在の応用微生物学研究室）を選んだ。

この研究室は、坂口謹一郎先生が教授をつとめていた発酵学研究室から分かれた研究室で、かつては酒に近い研究もしていたが、この時点で酒に関する研究テーマはなかった。

4年生になると、就職するか、大学院に進学して研究を続けるかを選択する。この研究室を含め、農芸化学科には酒につながるテーマがなく、研究を続けるモチベーションは湧かなかった。

夏休み中に実施される大学院の試験を受けずに就職しよう、と考え、就職活動を始めた。農芸化学科の同級生は80人ほどだが、4年生の時点で就職を希望したのは10人に満たなかった。

東大本郷地区（弥生・浅野地区を含む）では、「五月祭（ごがつさい）」と呼ばれる学園祭を5月に開く。農芸化学科の4年生はこのとき、「東大農芸化学科きき酒大会」という伝統あるイベントを担当する。全国の酒蔵から清酒や焼酎を提供してもらい、それを来場者にテイスティングしてもらうのだが、全国の酒蔵や酒類の会社に農芸化学科のOBがいることもあり、かなりの数の清酒や焼酎、ワインやウイスキーが集まる。

五月祭の中でも大きなイベントで、責任者は酒蔵への依頼状の発送や、送られてくるお酒の管理、当日の会場のセッティング、酒に関するアンケートの実施や発表などを仕切ることになっていた。４年生の5月は研究室に配属されたばかりで実験に忙しい時期なので、進んで責任者になろうという学生はいない。

私はその責任者に立候補した。このころの私はどちらかというと引っ込み思案で、多くの人数をまとめる責任者をしたことは一度もなかったが、清酒には興味があったし、翌年春には就職して大学を去ることになる。正直「自分にできるかな？」という気持ちはあったが、社会人になる前に大学時代の思い出として、なにかやってみたかった。

80人の同級生の中から各セクションの責任者を指名した。ほかにも教授の方々や大学事務局との折衝、清酒の蔵や各地の醸造会社に依頼状や礼状を送る作業の取り仕切りなど、慣れないことに戸惑いはあったが、やりがいも感じた。

１９９2年5月23日（土）・24日（日）に行われた「きき酒大会」には、多くのお客様に来ていただき、清酒に関する知見や、飲酒に関するレポートも配布し、成功裏に終了した。

「長期間にわたりこのイベントをまとめてくれた安藏君に拍手！」

片付けが終わった後の懇親会の冒頭で、同級生からねぎらいの言葉と拍手をもらい、大きな達成感を味わった。

こういった責任者に立候補したのは生まれて初めてだったが、これをきっかけに、積極的な姿勢を持つようになったと思う。

一大イベントの五月祭が終わり、就職活動を継続した。いくつかの会社から内定をいただいたが、伝統ある「きき酒大会」を仕切ったことで、農芸化学科に愛着が湧いてきて、もう少し研究を続けてみようと思うようになった。教授と相談し、内定をお断りして大学院の試験を受けることにした。

夏休みに入ってからは試験勉強に明け暮れ、真夏に大学院の入学試験（院試）を受け、無事合格を勝ち取った。この時点では清酒に興味をもっていたので、将来は国家公務員I種試験を受けて、大学から近い北区王子の滝野川にある国税庁醸造試験所（現在の酒類総合研究所）に入りたいと思っていた。

◇

全国きき酒大会で3位入賞　1993年2月

1993年になり、卒業論文の追い込みをしている最中の2月3日、アパートで夕食をとっていると電話が鳴った。

「こんばんわ。東京都酒造組合です。今月の25日、新宿で日本酒のきき酒の全国大会があります。安蔵さんを東京都代表として選びたいのですが、良かったら出場していただけませんか？　承諾していただければ、概要を送ります」

最初は、どうしてこういう電話が来たのか思案したが、たぶん「日本酒センター」がきっかけだと思った。

当時は歌舞伎座の向かい側の銀座5丁目に、日本酒造組合中央会が運営する「日本酒センター」があ

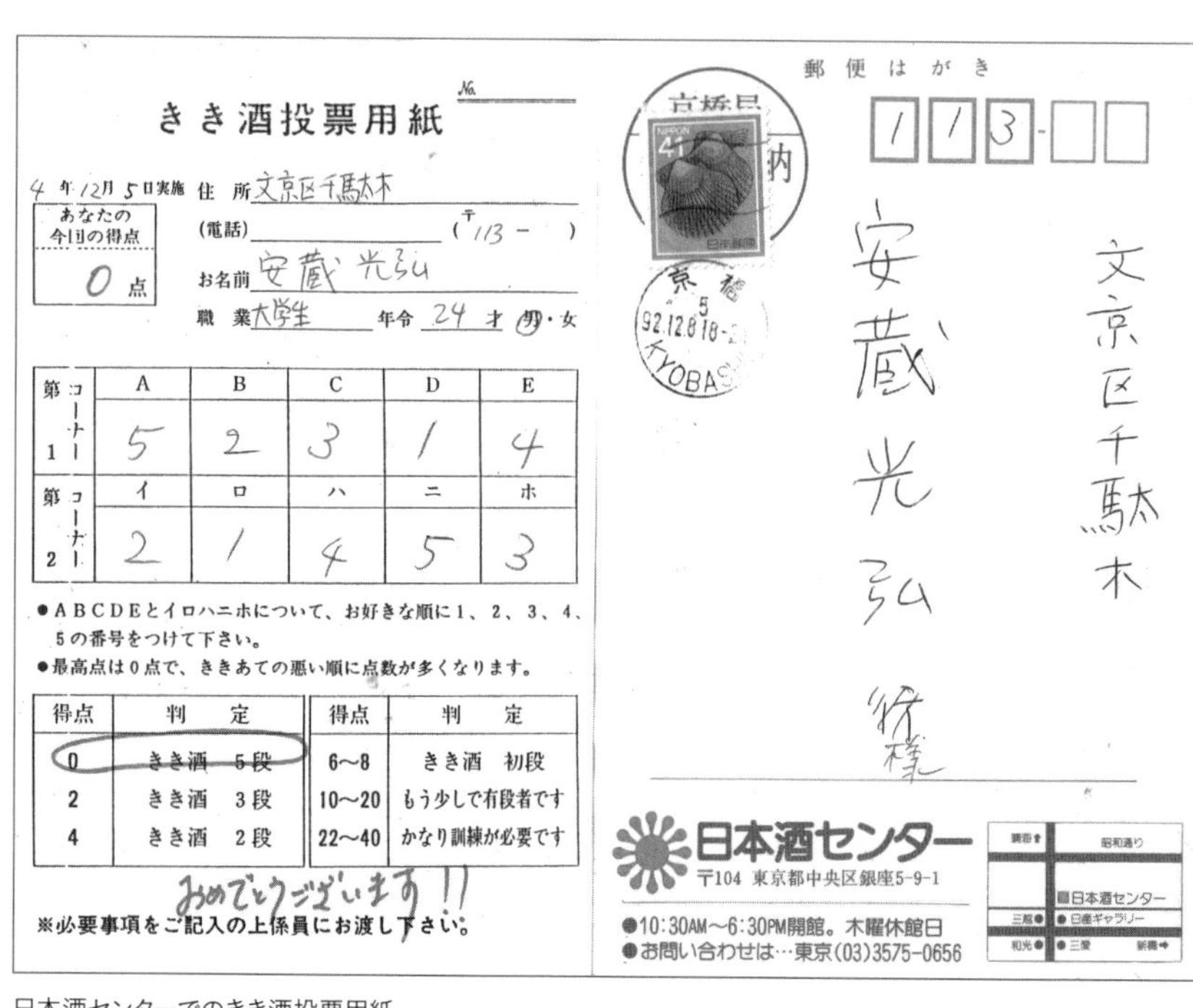
きき酒投票用紙　No.

4年12月5日実施　住所　文京区千駄木

あなたの今回の得点　0点

(電話)　(〒113-　)

お名前　安藏光弘

職業　大学生　年令　24才　男・女

	A	B	C	D	E
第1コーナー	5	2	3	1	4
	イ	ロ	ハ	ニ	ホ
第2コーナー	2	1	4	5	3

●ABCDEとイロハニホについて、お好きな順に1、2、3、4、5の番号をつけて下さい。

●最高点は0点で、ききあての悪い順に点数が多くなります。

得点	判定	得点	判定
0	きき酒　5段	6～8	きき酒　初段
2	きき酒　3段	10～20	もう少しで有段者です
4	きき酒　2段	22～40	かなり訓練が必要です

おめでとうございます!!

※必要事項をご記入の上係員にお渡し下さい。

郵便はがき

113

文京区千駄木

安藏光弘　様

日本酒センター

〒104　東京都中央区銀座5-9-1

●10:30AM～6:30PM開館。木曜休館日

●お問い合わせは…東京(03)3575-0656

日本酒センターでのきき酒投票用紙

り、館内に無料のきき酒コーナーがあった。少し離れた2つの場所に、それぞれ5種類の清酒が置かれている。どちらもおなじ清酒だが、順番を変えてあり、ブラインドでテイスティングして、どれとどれがおなじかをマッチングさせる。ハガキに印刷された投票用紙に名前・住所を書いて提出すると、後日採点結果が送られてくる仕組みだった。

間違いがあると点数が上がる方式で、全問正解だと0点、間違いが多いほど数字が大きくなる。清酒に興味があったので月に2回は訪れていたが、何度も全問正解をしていたことから、東京都代表に選ばれたのだろうと思った。

ただ、大会は卒業論文の発表会の前日。さすがに無理だろうと逡巡(しゅんじゅん)していると、

「午前中に行われますし、参加するだけでも賞品が出ます。いかがですか?」

少し考えたが、面白そうだという気持

ちに負けて、教授に内緒で参加してみることにした。

大会の前日、研究室には「明日は午前中に用事があるので、午後になってから来ます」とだけ伝えた。当日の朝は少し早く起きて、新宿のホテル・センチュリーハイアット（現在はハイアット・リージェンシー東京）へ出かけた。

ホテルに着くと、会場には「第13回 日本酒造組合中央会主催 全国きき酒大会」と大きな垂れ幕がかかっていた。各県から2名、東京都は8名の代表が選ばれており、総勢86名の思っていたよりずっと規模の大きい大会だった。

予選は、日本酒センターのきき酒コーナーより1つ多い6種類の清酒を、ブラインドでどれとどれがおなじかマッチングする。サンプルが1つ多くなることで、偶然当たる確率が下がり、かなり難しくなる。まず1つ目の部屋でA、B、C、D、E、Fの6種類の清酒をテイスティングし、メモをとる。それから2つ目の部屋に移動し、イ、ロ、ハ、ニ、ホ、への6つの清酒の好みの順番を記入して、係の人に提出する。

1つ目の部屋には戻れない仕組みなので、じっくりきき酒をしてメモを取り、解答用紙を提出した。

1時間ほど経ってから、結果が発表された。全問正解は私を含め13名で、少し時間をおいてプレーオフを行うとのこと。この時点で、研究室に戻るのが遅くなるのは確実だった。

プレーオフも予選とおなじ方式で行われた。ほどなく採点が終わり、10位から結果が発表された。入賞は10位以上で、順位の発表とともに賞品も読み上げられた。しかし、順々に読み上げられる中に私の名前はなかった。

「11位以下だったのかな？」と、あきらめかけたころだ。

「第3位、安蔵光弘さん、24歳、大学生、東京都代表」とコール。

正直びっくりしたが、賞状に加えて、清酒券やおこめ券、クリスタルの酒器のセットなど、たくさんの賞品を頂いた。

表彰式のあとに立食形式の懇親会があり、優勝した宮城県の教諭の方や上位の何名かと、テイスティングについて話す機会がもてた。懇親会の前に、参加者の年齢や職業が記載された名簿が配られていた。

大阪代表の会社員の方は、「これでいいですか？」と空になった私のグラスに吟醸酒をついでくれた。

「ありがとうございます」

「安蔵さんは学生でまだ24歳なのに、3位とはすごいですね。私は、日本酒はもちろんですが、ドイツワインもよく飲みます。安蔵さんはどんなワインが好きなんですか？」

都内の百貨店の酒売り場に定期的に通い、全国各地の有名な清酒を買って飲んでいたが、ワインはほとんど飲んだことがなかった。

グラスのお酒を一口飲んで、「そうですね、ワインはあ

第13回全国きき酒大会 第3位のメダル（左/表面、右/裏面）

まり飲まないんです」と答えると、彼は少し意外という表情を見せた。

「そうなんですね。ワインも面白いですよ」

いずれは国税庁に行って清酒の研究をしたい気持ちに変わりはなかったが、「ワインも面白いかもしれない」という想いが、頭の片隅に残った。


夕方になってから、賞品と賞状を両手に抱えて研究室に戻り、おそるおそる教授室に伺った。

「お誘いの電話が来て、卒論の準備は終わっていましたので参加しました」

賞状を見せて入賞の報告をすると、教授は笑顔になった。

「私は、日本酒は国酒として大事にしたいと思っている。うちの研究室から受賞者が出るのは誇らしいよ」

機嫌が良いのでほっとして話を続けた。

「銀座にある日本酒センターでトレーニングしたおかげかも知れません」

「私も仕事できき酒をすることがある。そうそう、冷蔵庫に卒業生が送ってくれた吟醸酒があるな。飲みながら話そうか」

教授と2人でほどよく冷えた吟醸酒を飲みながら、きき酒大会のテイスティングの様子を報告した。

◇

さっそく翌日、書店でワイン入門のポケットブックを買い、実験の合間に目を通してみた。カラーでワインのボトルがたくさん並ぶページをめくっていると、ドイツワインにはカビネットやシュペートレーゼなど、いくつかのランクがあることがわかった。

現物を見てみようと、農学部の正門前にある高崎屋酒店に行った。江戸時代から続く老舗の酒屋だ。ワインの棚を見ると、ドイツワインはおなじ銘柄でもボトルに「シュペートレーゼ」とか「アウスレーゼ」とシールが貼ってある。

「なるほど。おなじ銘柄でもいくつかのレベルがあるんだ。ワインも面白そうだな」と思った。

大学院に進学するまでの1か月弱で、甘口のドイツワインを何本か買って飲んでみた。フルーティーですっきりしており、心地よい酸味のある素晴らしいお酒だと思った。

アカデミー・デュ・ヴァンで学ぶ　1993年4月〜1994年3月

英会話でも習ってみようと思い、大学院に進学する少し前に『ケイコとマナブ』という雑誌を買った。後にも先にも、この雑誌を買ったのはこのときだけだ。大学に近い英会話スクールを探していると、目に止まった見出しがあった。

「ワインのテイスティングが学べます」

詳細を読んでみると、渋谷にアカデミー・デュ・ヴァンというスクールがあり（当時は渋谷にあった）、毎週1回、4月から8月まで20回のテイスティングの授業があるという。初回だけ見学することも可能のようだった。

私の清酒のきき酒はまったくの自己流だったので、

「きっとワインはテイスティングの手法が整っているはず。それを学ぶことで、将来清酒でも役立つはずだ」と考え、結局英会話には行かず、アカデミー・デュ・ヴァンのＳＴＥＰ１のコースを申し込み、登録料を振り込んだ。

１９９３年４月13日（火）の夜、第１回のクラスに出るために、うまく研究室を抜け出した。丸ノ内線と銀座線を乗り継いで渋谷駅まで行き、地図を見ながら歩いていくと、教室は駅から徒歩７〜８分の雑居ビルの地下にあったが、このビルの入口が、なんとも薄暗い。エレベーターに乗って地下に下りながら、「いやな雰囲気だったら、１回目だけでやめておこう」と思った。

エレベーターを降りると、こじんまりとした教室はとても明るく、これからクラスメートとなるべき社会人たちが10名ほど着席していた。長机がコの字型に配置されており、挨拶をして講師から左側の真ん中あたりに座った。

ほどなく授業が始まり、講師の自己紹介に続いて、受講生も簡単に自己紹介をする。応用微生物学を専攻する大学院生であることと、清酒が好きであることを話すと、講師はこうコメントした。

「日本酒はワインに比べると糖分が多いんですよね。発酵のことが出てきたら、ぜひ補足してくださいね」

受講生のうち学生は自分だけ、ほかはかなり年上の社会人。世代の格差に違和感はあったが、授業が始まるとすぐに打ち解けた。もちろん、２回目以降も引き続き受講することにした。

クラス時間は19時00分〜21時00分。終わるのは遅い時間だが、その後は終電まで近くの居酒屋で飲み会というのが恒例のようだった。学生の身分では毎回は難しかったが、ときどきはアフタークラスの飲み会にも参加した。

二浪していることから、大学では同級生より年上だったが、この飲み会に年下の立場で参加するのは心地よかった。

毎週の授業でさまざまなワインに出合い、４か月ほどのあいだにすっかりワインの面白さに目覚めた。テイスティングしたワインの中には、日本のワインも含まれていた。夏休みに入り、ブドウ畑やワイナリーを実際に見てみたいと思い、山梨県の勝沼を旅行することにした。

初めて見る勝沼は一面のブドウ畑に覆われていた。色づいたブドウが棚に鈴なりになっている。それは感動的な風景だった。ガイドブックを見ていくつかのワイナリーを訪問したが、その中に丸藤葡萄酒とメルシャンがあった。

丸藤葡萄酒は、ワインの銘柄がルバイヤートで、イランの四行詩人オマル・ハイヤームが書いた「ルバイヤート」を読んでいたので興味を持った。メルシャンは、アカデミー・デュ・ヴァンで何度かブラインドでシャトー・メルシャンのワインが出てきて、品質が高いと思っていたことがきっかけだった。

今思うと、丸藤葡萄酒は妻が２０２２年3月まで勤めていたワイナリー、メルシャンは私自身がその後就職したワイナリーなので、不思議な縁を感じる。

メルシャンでは、売店で元勝沼ワイナリー工場長の「麻井宇介」（本名・浅井昭吾）という人の本がたくさん並んでいるのを見て、『比較ワイン文化考』（中公新書）を購入し、少しずつ読んでみた。

◇

夏休み中に、仲良くしていた同級生がスペインの学会に参加すると聞いた。

「あいつが海外に行くんなら、自分も学生のうちに海外に行ってみよう」と急遽パスポートをとり、夏休みの後半に海外へ一人旅することにした。

どうせなら、興味をもったばかりのワインにつながる国がいい。目的地はフランスとドイツに決めた。

１９９3年8月23日（月）、成田空港を出発した。はじめての海外旅行だ。

訪問先のボルドーのシャトーで（当時25才、1993年8月26日）

パリに着いて、日本の旅行会社に予約してもらったホテルまでの行き方がわからず苦労したが、翌日TGVでどうにかボルドー駅までたどり着いた。『地球の歩き方』の地図を見ながら、駅から徒歩10分弱のユースホステルに到着したが、ちょうど昼休みで窓口が閉まっている。30分ほど待ってからチェックインして荷物を預け、観光案内所に向かった。『地球の歩き方』に、ボルドーの中心部まで20分ほど歩いて、この案内所がシャトーめぐりのバスツアーを主催しているとの情報があったからだ。

窓口では、たどたどしい英語でやりとりして、なんとか翌日のツアーを予約できた。旅先ではこういった経験を繰り返しながら、交渉に慣れていった。

翌日のツアーは、オー・メドックのコースの日で、バスでメドックのグラン・クリュ街道を走り、グラン・クリュを含むいくつかのシャトーを訪問した。

バスがシャトー・マルゴーやラフィットの前に停まるたびに、多くの参加者が盛んにシャトーの建物にカメラを向ける。そんなとき、ワイン好きの日本人の参加者が、話しかけてきた。

「ほらほら、あの建物、ワインのラベルとおんなじだね！」

そう言われても、ワインはまだ学びはじめたばかりで、ラベルの絵柄が頭に浮かんでこない。各シャトーではテイスティングがあり、出されたワインもとてもおいしく、楽しいツアーだった。このときは、8年後に自分がこのボルドーに住むことになるとは、想像もできなかった。

ヨーロッパ中の鉄道が乗り放題となるユーレイルパスを日本で購入してきたので、ボルドーに2日滞在したあとはＴＧＶでパリに戻り、夜行列車を予約しフランクフルトへ移動した。フランケンとラインガウを列車で回り、すっかりワインにはまって日本に戻ってきた。

秋からはアカデミー・デュ・ヴァンのＳＴＥＰ２という上級コースを申し込んだ。学校は雑居ビルの地下から、青山の高層ビルの上層階に移転した。教室も広くなり、明るいイメージに変わった。

就職活動、メルシャン内定

1994年1月〜7月

理系の大学院生の就職活動は、学部4年生より早く始まる。修士1年の正月明けの1月から、まず各社に資料請求をして募集の概要を把握する。私はすでに国家公務員第Ⅰ種試験の農芸化学部門に合格しており、国税庁の醸造試験所でワインの研究をしたいと考えていた。しかし、醸造試験所はこの数年後に東京から広島に移転することが発表されていた。

加えて、「研究でワインを造って良いものができても、それを友人に見せたり、販売したりはできないな」と思ったこともあり、ワインをやるならワイナリーで働こうという気持ちもあった。

ワイン会社はメルシャンとサントリーに興味があり、両社に資料請求をした。

学科の先輩で、4年生の醸造学の講義でワインを担当していたサントリーの湯目秀郎さんに相談したところ、その当時、日本で勤務しておられた鈴田健二さんをご紹介いただいた。ほどなく、鈴田さんから研究室に電話をいただいた。シャトー・ラグランジュを復活させた日本人としてボルドーでも著名な方なので、直接電話をいただいて恐縮した。

鈴田さんは、ゆっくりとした感じで話してくださった。

「湯目さんからお話をもらいました。ワインに興味があるんですね。今ワインは景気が悪いので、今年はワインの技術者は採用がないとのことです。もし弊社に入りたい場合は、医薬品の部門でなら募集があるとのことです。将来社内で分野を変えることも不可能ではないので、ワインをやることもできるかもしれませんよ」

状況がわかり、「少し考えてみます。ありがとうございました」とお礼を言って電話を切った。

メルシャンからも、研究室に連絡をいただいた。

「弊社はワインが中心の会社なので、ワインに配属される可能性は十分あると思います」

結局サントリーは受験せず、メルシャンの採用試験を受けることにした。アカデミー・デュ・ヴァンで、何度かブラインドで出されたシャトー・メルシャンの品質を高く感じていたことも、背中を押してくれた。

何度かの試験と面接を経て、役員面接にこぎつけた。

面接室をノックして中に入る。

「お座りください」

少し怖い雰囲気のある面接官は、少しのあいだ書類に目を通していたが、顔を上げて「ワイン造りに興味があるんですね？」と質問した。

ワインに興味をもった経緯や、醸造全般に興味があることなどを話すと、面接官は表情を変えずに言った。

「あなたは大学院で微生物を専攻しているので、入社後は研究所を希望ですよね？」

「私はワインを造りたいので、研究所ではなく、ワイン造りの現場に行きたいと思っています」

「大学院を出て、現場を志望する方は珍しいですね」と面接官は少し笑顔になった。

このときの受け答えが影響しているとは思わないが、入社以来28年間、一度も研究所には配属されていない。

入社の内定をもらったあと、一度勝沼のワイナリーを訪問して浅井昭吾さん（ペンネーム・麻井宇介）とお話ししてみたいと人事部に連絡し、１９９４年7月22日（金）に勝沼を訪れた。

対応してくれたのはワインメーカーの平山繁之さんだった。

「浅井さんは今日急な用事ができて、安蔵さんに会うことができないから、くれぐれもよろしく伝えてくださいと言ってました」

ワイナリーとブドウ畑を一通り案内してもらった後は、試飲。桔梗ヶ原メルロー１９８７をはじめ、多くのワインが用意されていた。

それらのワインの品質の高さに驚いた私は、こうお願いした。

「可能でしたら記念にラベルを頂いてもいいですか？」

平山さんは「余ったワインつきで、ボトルごともって行っていいよ」と手提げ袋を用意してくれた。

半分以上残った桔梗ヶ原メルローなど数本のボトルをもちかえり、東京のアパートでもう一度飲みなおした。勝沼ワイナリーに配属されるかどうかはわからないが、こんなワインを造るワイナリーで働きたいと、強く思った。このときのラベルは、ボトルからはがして今も大切に保存している。

訪問時に試飲した桔梗ヶ原メルロー1987のラベル

卒業旅行はフランスのワイン産地へ　1995年2月〜3月

１９９５年に入り、２月７日（火）に修士論文の発表を行い、無事審査に合格した。入社までの春休みを利用して、２月22日（水）からほぼ１か月間、フランスのワイン産地を１人で巡った。

最初にロンドンに入り、市内で２泊した。最初にロンドンに行ったのは、３か月前に開通したばかり（１９９４年11月14日開業）のユーロスターに乗ろうと思ったからだ。ドーバー海峡をトンネルで横断し、パリの北駅に着いた。ボルドーに１週間、ブルゴーニュに５日間、シャンパーニュ、アルザス、パリ市内など、フランス中を巡った。

成田空港に帰り着いたのは３月20日の夜。この日の朝、都内ではオウム真理教による地下鉄サリン事件が起きていた。この時点の成田では、「地下鉄でテロがあったらしい」としか情報がなかったが、住んでいたのが葛飾区金町で都心を通らないため、それほど混乱なく帰宅できた。

まもなく、２年ほど住んだアパートを引き払った。メルシャンの人事部から、荷物を山梨に送るように指示があったので、希望通り勝沼ワイナリーの配属になったことがわかった。メルシャンの入社式を経て、３月27日（月）から９日間の新入社員研修を受けた。研修の中には、酒販店での営業研修も２日間あり、商品を販売する大変さを実感した。

３月29日（水）は修士の卒業式で、この日は新入社員研修を休んで参加した。

卒業式は、長年閉鎖されていた安田講堂で行われた。私が生まれた５か月後に起きた大学紛争の東大安田講堂占拠事件（１９６９年）以来使われていなかった大講堂での卒業式は、感無量だった。修士課程の同期で懇親会を行い、夜になってから研修の宿舎に戻った。

第一章

Chateau Mercian
桔梗ヶ原メルロー
シグナチャー 1998

1995年4月〜2000年12月

勝沼ワイナリー着任　1995年4月

新入社員研修の最終日、配属先が発表になり、人事部の担当者から切符と特急券を渡された。私の配属先は勝沼ワイナリー製造課だ。

翌日の4月5日（水）、新宿駅から中央線特急かいじに乗り、山梨市駅で電車を降りた。駅舎は今よりもずっと小さく、駅前の道路は車がすれ違うのがやっとの細い道だった。

駅前でタクシーに乗った。

「『鴨居寺のメルシャンの独身寮まで』、といえばわかるといわれたのですが、わかりますか？」

運転手は一瞬怪訝そうな表情を浮かべたが、

「メルシャン？　ああ、三楽オーシャンね」とうなずいた。

この10年ほど前に、三楽オーシャンからメルシャンに社名が変更されていたが、運転手は以前の社名を記憶しているようだった。

10分ほどで独身寮に着いた。昭和30年代後半に建てられた古い建物で、住み込みの管理人はいるが、表の玄関はいつも開けっ放し。居室は6畳の広さの和室だった。かつて、ワイナリー勤務者が60名以上いたころは、独身の社員も多く、6畳に2名ずつ住んでいたという。その後ワイナリーの勤務者数は漸減していき、この時点ではワイナリーの勤務者は25名ほどになっていた。居室は7部屋あったが、入居者は私を含めて2名だけだった。古びた独身寮と駅前の雰囲気は、昭和にスリップしたような錯覚があった。

翌日からワイナリーに出社し、製造課の業務として、ビン詰めラインに入った。ビンの中に異物が入っていないかを検査する役割（検ビン担当）で、最初のころは流れていくボトルを眺めているうちに目を回してしまい、代わってもらったこともあった。

ビン詰めがないときは、製造場のモップがけや草取りなどを行った。

4月14日（金）に、石和温泉にあるホテルで、退職して非常勤顧問になる浅井昭吾さんの送別会が開かれた。このとき私の歓迎会も一緒に行われた。

畳の広間の宴会場には売店のスタッフを含めて30人ほどが参加しており、テーブルには、シャトー・メルシャンのワインが並んでいた。

冒頭に浅井さんが退任のあいさつをし、私も自己紹介をした。

しばらくして浅井さんのグラスが空になっているのを見て、赤ワインのボトルをもってあいさつに行った。

「初めまして。新入社員の安蔵と申します。赤ワインでよろしいですか？」

「ありがとう。以前ワイナリーに来てくれたときは急な用事ができて、不在ですみませんでした。これからは、山梨に用事があるときは、独身寮に泊まるのでよろしく」

と、私のグラスにもワインをついでくれた。

「今後ともよろしくお願いします」

浅井さんと独身寮での交流

1995年5月〜11月

その後、ワイナリーでは単調な作業が何日も続いた。ある日、不完全燃焼の気持ちで独身寮に帰ると、浅井さんが浴衣を着て、食堂で新聞を読んでいた。

浅井さんは新聞から顔を上げ、笑顔で迎えてくれた。

「お疲れさま。今日はワイン酒造組合の用事で山梨に来たので、ここに泊まります」

寮の風呂で汗を流してから食堂に戻ると、浅井さんはテレビを見ていた。

あいさつをして夕食を食べ始めると、浅井さんが声をかけてくれた。

「今日の仕事はどうでした？」

「今日は一日検ビン作業をしていたので、目が疲れました。醸造に関することを早くやりたいです」

浅井さんは、そういう返事を予想していたのだろう。

「焦る気持ちがあると思うけど、若いときは何でもやった方がいい。将来の財産になるからね」

少し気持ちが楽になり、それからワイン造りに関することを遅くまで語り合った。これ以降、ときどき独身寮に泊まる浅井さんと話をするのが、楽しみになった。

ある日、ワイナリーで浅井さんと会うと、思いがけない誘いを受けた。

「安蔵君、今から丸藤葡萄酒に行くけど、一緒に行かない？」

丸藤葡萄酒は学生時代の勝沼旅行で一度訪問していたが、勝沼に来てからはまだ行っていない。

「今日はビン詰めがないのでぜひ同行させて頂きたいですが、私の一存では…」

浅井さんはすぐに「安蔵君借りていくけどいいよね？」と私の上司に話を通し、2人で勝沼ワイナリーから車で5分ほどの丸藤葡萄酒に向かった。

大樽を加工して作ったテーブルのある部屋に通され、当時専務だった大村春夫さんに紹介された。

「安蔵さんというんですね。よろしくお願いします。こちらも今年入ったばかりの水上（みずかみ）さんを紹介しますね」

大村さんは作業場の方に行き、「タロウちゃんいる？」と声をかけた。

ほどなく1人の女性が来た。タロウ？と聞こえたが、聞き違いだろうと思った。

「水上正子といいます。よろしくお願いします」

浅井さんは、

「水上さんは、勝沼でも少ない女性醸造担当なんだよ」

と付け加えた。

私は後に水上正子と結婚するが、このとき「ワイナリーの現場で働く女性もいるんだな」と思ったのが最初の出会いだった。

浅井さんは仕込みが始まった9月以降は近隣のビジネス・ホテルに泊まるようになったので、独身寮には新入社員の私と話すために泊まってくれたのだと思い至った。

仕込みの時期は、酵母や樽発酵を担当したが、それ以外はほぼビン詰め作業で、検ビンや、空のボトルをビン詰めラインに乗せる担当だった。ビン詰めの現場で多くの作業を経験したことは、浅井さんの言葉通り、今では貴重な財産となっている。

◇

初めての仕込みでは、酵母の担当に抜擢された。ブドウの破砕から酵母の添加など、すべてが目新しく、とても刺激的だった。

11月に入って仕込みが終わったころ、出版されたばかりの浅井さんの著書『ブドウ畑と食卓のあいだ』（中公文庫、１９９５）をいただいた。浅井さんはもう独身寮に泊まらなくなっていたので、本の感想を書いて郵便で送ると、次に掲げる手紙をいただいた。

'95・11・28

安蔵光弘様

拝復

『ブドウ畑と食卓のあいだ』読後の感想を寄せて下さって　有難うございます。

書き手にとって　読み手からの反応があるということは　とても嬉しいことです。

まして、それが一般の飲み手からではなく、後事を託す　酒のつくり手からであることに深いよろこびがあります。

酒つくりを　單なるモノ造りと考えず　つくることも　飲むことも　文化なのだと見てとるつくり手にならなければ　飲み手に感銘を与える酒はつくれない　というのが　長い年月試行錯誤してきた　私の　漠とした予感です。

どうか　体から先に仕事になじみ　頭があとからついていって支える　というような　勉強をして下さい。それと語学。みずから　仕事の情報を発信できる（平明な言葉で　酒に興味を抱く人達へ）

そういう　つくり手を　目指して下さい。
とりいそぎ　御礼まで。

浅井昭吾

「体から先に仕事になじみ、頭があとからついていって支える…」
今読んでも貴重なアドバイスだったと思う。

'95. 11. 28

安蔵光弘 様

拝復

『ブドウ畑と食卓のあいだ』読後の感想を寄せて下さって有難うございます。

書き手にとって読み手からの反応があるということはとても嬉しいことです。

まして、それが一般の飲み手からではなく、後進を託す酒のつくり手からであることに深いよろこびがあります。

酒つくりを単なるモノ造りと考えず、つくることも飲むことも文化なのだと見てとるつくり手にならなければ、飲み手に感銘を与える酒はつくれないというのが、長い年月試行錯誤してきた私の漠とした予感です。

どうか体から先に仕事になじみ頭があとからついていって支えるというような勉強をして下さい。それと語学。みずから仕事の情報を発信できる（平明な言葉で酒に興味を抱く人達へ）そういうつくり手を目指して下さい。

とりいそぎ御礼まで。

浅井昭吾

1995年11月28日付の浅井さんからの手紙。酒つくりの心構えに関して貴重なアドバイスをいただいた

ワインの仲間との出会い　１９９６年11月

１９９６年の夏ごろ、ある日の朝、仕事が始まる前に先輩の味村興成さんから、プリントの束を見せられた。

「このあいだ、山梨大学の後輩たちに呼ばれてシャルドネのワイン会に出たんだけど、すっごく面白いやつがいるんだ。これ見てよ」

そこでのブラインド・テイスティングをまとめたレポートだという。

『老舗ワイナリーの@@（ワイン名）、レベルの高いシャルドネではあるが、ややスケールが小さい。今後に期待したい　by ウスケ』

こんな調子で、国内ワイナリーが造るワインのコメントが書かれている。文末の「ウスケ」は、浅井さんのペンネーム（麻井宇介）からとったのだろう。

味村さんは楽しそうな表情で続けた。

「自宅(うち)から歩いて行けるところに、水上さんの家があって、そこでテイスティング会があったんだけど、これを書いたのは後藤といって、塩尻でワインを造っているんだ。他にフジッコの営業からワイナリーに移動したばかりの岡本というのも面白いんだよ。みんな安蔵と年が近いので、今度紹介するよ」

少し前に丸藤葡萄酒の大村専務に紹介された水上正子の実家と、味村さんの自宅は、徒歩で行ける距離だった。後藤というのは後藤亜紀人さん（のちに城戸）で、当時塩尻市桔梗ヶ原にある五一わいん（株式会社林農園）に勤めていた。

水上と後藤さんは山梨大学工学部のワイン研究センターの先輩・後輩で、後藤さんが１年先輩。

このワイン会には、当時勝沼のフジッコ・ワイナリーにいた岡本英史さんも参加していた。岡本さんは２人とは別な研究室だが、やはり山梨大学の出身で、後藤さんと同級生。

３人は、学生時代から頻繁にワイン会をしていた。３人とも私とおなじく、１９９５年にそれぞれのワイナリーに入社している。

岡本さんは大学院でワイン醸造学を学んだが、ワインの営業職を希望してフジッコに入社した。翌１９９６年に、ワイン造りを希望して、仙台の営業担当から、勝沼のフジッコ・ワイナリーに転勤してきた。これをきっかけに、ワイン会が再開したということだった。

11月下旬に、甲府商工会議所が主催して、甲府でえびす講まつりが開かれた。山梨県内の各ワイナリーが出店し、各ブースにテイスティング・コーナーが設置された。

初日は会社が休みだったので、午後になってから会場にワインを飲みに行くと、味村さんがブースを担当していた。

「ついさっきまで、このあいだ話した岡本がブースにいたんだよ。明日は安蔵が担当するんだよね。岡本に『安蔵という面白いやつがいるから、あいさつするように』と伝えてあるので、明日も来ると思うよ」

「岡本さんという方ですね。会ったら話してみます」

翌日、岡本さんがわざわざ甲府の会場まで来てくれた。

「味村さんから紹介されたフジッコの岡本です。よろしくお願いします」

「味村さんに見せてもらったけど、あのレポート面白いですね」

岡本さんは何度もうなずきながら、

「あれを書いたのは、後藤というやつなんです。そうそう、明日、丸藤の水上さんが牡蠣を取り寄せたので、勝沼で牡蠣パーティーをやるんですけど、そこに後藤もきます。よかったら安蔵さんも参加しませんか？」

と誘ってくれた。

「丸藤は近所なので、水上さんは会ったことがあります。ぜひ、参加させてください」

明日は日曜日で、とくに用事はない。よろこんで参加することにした。


翌日、指定された場所に行くと、水上が牡蠣パーティーに至った経緯を説明してくれた。

「三重県の的矢（まとや）のすぐそばの浦村（うらむら）で、少し前に『牡蠣の国祭り』というイベントがあり、うちの専務（現社長の大村春夫氏）が招待されたんです。牡蠣のうまみと甲州シュール・リーが合うのではということで、講演をしたので、その縁で殻つきの生牡蠣を取り寄せました。皆で楽しみましょう！」

甲州シュール・リーに含まれるアミノ酸と、牡蠣がもつうまみの相性が良いのではとの仮説で、各社の甲州シュール・リーが集められていた。生牡蠣も悪くなかったが、焼き牡蠣との相性はとても良かった。

水上は、牡蠣が大量に入ったクリーム・シチューもつくった。

仲間たちとのワイン会へ　１９９６年12月〜

少しして、勝沼町役場近くの岡本さんのアパートで、もちよりのワイン会を開くとの誘いを受けた。レギュラー・メンバーは、岡本さん、水上に加えて、長野県の塩尻から日産テラノのＳＵＶでやってくる後藤さん、などだった。私以外はすべて山梨大学工学部の出身で、学生時代も甲府の岡本さんのマンションに集まって、ワイン会をしていたそうだ。

岡本さんと後藤さんは私とおなじ学年だが、彼らは現役で大学に入っているので2歳年下。水上は彼らの1学年下の後輩だが、一浪しているので、おなじく2歳年下だ。

水上はみんなから「タロウ」、「タロちゃん」と呼ばれていた。女性がタロウのはずはないので、最初は「タオ」の聞き違えかと思ったが、しばらくしてニックネームがタロウだということがわかった。

もちよったワインのボトルにアルミホイルをまいて、ブラインドでコメントする。アルミホイルで包むと、ブルゴーニュ瓶やボルドー瓶のボトルの形がわかってしまうので、ブルゴーニュ瓶のなで肩の部分に新聞紙を詰め込み、太めのボルドー瓶に見えるような工夫をした者もあった
岡本さんはワインの香りをかぎながら、

「安蔵さん、これってアルデヒドですよね？」

としばしば聞いてきた。

私は、大学院時代にワインスクールに行っていたので、ワインの銘柄はいろいろ知っていても、学生時代からワインの研究をしていた彼らより技術的な専門用語の理解度が低かった。アルデヒドがアセトアルデヒドのことで、どういう化合物かという知識はあっても、それが実際にどんな香りがするのか、まったく経験がなかった。

グラスの香りをかいで、「うん、そんな感じかな？」とごまかした。


翌日会社で、「アルデヒドってどんな香りですか？」と味村さんに聞いてみた。

「実物があったほうが説明しやすいな。今度そういうワインに出会ったら教えてあげるよ」

アルデヒド、ヴォラタイル（揮発酸）、など、私はまだコメントに使えるレベルではなかった。

ワイン会は「日本と海外のシャルドネの比較」など、テーマを設定するときもあったが、各自1本のワ

インをもちより、ブラインドで気楽なコメントを出し合うことが多かった。

最初のうちは生産国も品種もなかなか当たらなかったが、ほどなく各自の好きなワインがわかってくると、「これは新世界的なシャルドネのように思うけど、水上さんがもってきたからブルゴーニュだね」などと、違った意味で当たるようになった。

以前シャルドネをテーマにした会で、後藤さんがまとめたテイスティングのレポートにあったカタカナ半角文字の「byウスケ」の記名を、私と岡本さんは「半角ウスケ」と呼んだ。


ほかにも、大学院のときに通っていたアカデミー・デュ・ヴァン時代の友人たちと、東京でワイン会を開くことがあった。

金曜日の夜から日曜日の夜まで、3日連続で東京に出かけることも多く、入社から間もない時期でホテルに泊まる余裕がなかったので、友人の家に泊めてもらうことが多かった。

当時は、特急かいじと夜行の急行アルプスの自由席に乗れる「かいじ切符」というトクトクきっぷがあり、東京を鈍行で往復するよりも安いので、この切符にはだいぶお世話になった。金曜日は定時ぴったりに会社を飛び出し、東京に向かう。日曜日は新宿から夜行の急行アルプスに乗り、山梨に深夜に着くこともしばしばだった。急行アルプスは新宿駅を23時50分ごろに出発、山梨市駅に深夜2時少し前に着くという夜行列車だった。かいじ切符は２００１年、急行アルプスは２００２年に廃止された。

東京に行かない週末で予定が合うときは、岡本さん宅のワイン会に参加した。このワイン会は楽しく、だんだんと東京に行く比率が下がり、山梨でのワイン会に参加する回数が増えていった。

本社転勤　１９９７年７月

入社して勝沼ワイナリーで２年３か月を過ごしたあと、１９９７年７月に東京本社に異動することになった。

ほぼおなじころ、岡本さんと水上は、まだそれぞれの会社に籍をおいていたが、近い将来独立し、自分たちで醸造専用種のブドウ畑を始めることを決めた。

彼らは当時マンズワインの栽培担当だった志村富男さんから指導を受け、自分たちで接ぎ木をして苗つくりを始めた。苗を自製することで、少しでも初期投資を減らすのが目的だった。

「海外では当たり前の〝ドメーヌ〟は、日本でもできるはずだ！」という気持ちが岡本さんと水上にあったのだろう。ドメーヌの形態をとるワイナリーは、当時の日本では珍しかった。ましてや、ワイン会社に所属するサラリーマンの醸造担当が畑を拓（ひら）くというのは、ほとんど例がなかった。

接木したメルローの苗を、勝沼町の借りた畑に植える水上正子（左）と岡本英史（右）（1998年5月）

当時の私は、入社以来2回の仕込み時期に醸造にかかわれたものの、普段はもっぱらビン詰め担当。栽培にはまったくタッチできていなかったし、今度は本社でマーケティングを担当する。

「自分でブドウ畑を拓いて、自分のワインを造る」――そんな発想は、私にはまったくなかった。岡本さんと水上はずいぶん先に行っているな、と思った。

前ページの写真は、東京に転勤した翌年に「苗を植えるので、よかったら来てください」と連絡をもらい、勝沼に行ったときに撮ったもの。畑から始めるのはリスクの高いチャレンジだと思ったが、ワイン造りの現場から離れている私には、正直うらやましかった。

水上はすでに浅井さんと面識があったが、岡本さんや後藤さんは面識がないとのことで、いつか浅井さんに紹介する機会をつくりたいと思った。

浅井さんとプロヴィダンス1993　1998年1月

年が明けてしばらく経った1月28日（水）、お昼ご飯を食べてオフィスに戻ると、所属する部署の部長から呼ばれた。

「浅井さんから連絡があって、面白いワインを手に入れたので、安蔵君にもワインの感想を聞きたいそうだよ。今日の夕方、分析とテイスティングをするので、藤沢の研究所まで来てほしいと連絡が来たんだけど、行けますか？」

〝面白いワイン〟というワードがなんとも魅力的だ。ぜひ参加したい。

「行っていいんですか!?」

「浅井さんからのお誘いなので、仕事の調整ができれば行ってきてください」

仕事を早めに切り上げ、東京駅から東海道線で藤沢まで行くと、ワインを1本持参した浅井さんは背景を説明してくれた。

「あるテイスティング会で、シュバル・ブランと、プロヴィダンスというワインがブラインドで出されたんだけど、僕が一番手に選んだワインが、このプロヴィダンスというニュージーランドのワインだったんだ。しかも、亜硫酸は添加していないというんだよ!」

浅井さんは、半信半疑ながらも、湧き上がる興奮を抑えている様子だった。

「プロヴィダンス」はニュージーランドのワインで、日本語に訳せば「神の意志」。オーナーは弁護士のジェイムズ・ヴルティッチ氏で、「先祖がヨーロッパにいたころの、中世の醸造方法」を踏襲し、亜硫酸を使わずに醸造した赤ワインだという。

氏が目標とするのは、ボルドーでトップ10に入る素晴らしい赤ワイン、サンテミリオンのシャトー・シュバル・ブラン。ニュージーランド北島のマタカナで、シュバル・ブランにならって、カベルネ・フランとメルローを主体に、若干のマルベックを栽培している。

浅井さんは私を含む数人の技術者の表情を確認するように見渡して、続けた。

「テイスティングしたとき、このワインに対するコメントは控えたんだ。僕は技術者なので、コメントするのはちゃんと調べてからと思ってね。『本当に無添加かどうか分析してからコメントを報告する』と伝えて、1本もらってきたので、みんなも飲んで意見を聞かせてくれるかな?」

グラスに少量注がれたワインを口に含むと、柔らかい口当たりで、果実感のある素晴らしい赤ワインだった。私も半信半疑ではあったが、研究所で分析したところ、確かに亜硫酸を添加していないと思われる結果が出た。

「高品質な亜硫酸無添加ワイン」が存在するのは驚きだった。

さらに驚いたのが、「ニュージーランドという新興産地で、ボルドーの最高級ワインと肩を並べる赤ワインが造られている」ことだった。この事実は、おなじく新興産地の日本でワインを造る者にとって、勇気づけられることだった。

ニュージーランドのワインは今でこそ簡単に手に入るが、当時はまだ、日本のマーケットではなじみがなかった。ワイン雑誌で時折、「マルボロという地域で、良いソーヴィニヨン・ブランができ始めている」と書かれる程度だった。

マルボロ地区にソーヴィニヨン・ブランが初めて植えられたのは１９７５年。メルシャンが桔梗ヶ原に大規模にメルローを植えた１９７６年とほぼおなじ時期だ。

それから徐々にニュージーランド・ワインの名声と輸出量は上がってきていたが、この時点では未知の産地だった。しかも、かろうじて聞いたことがあるマルボロではなく、聞いたこともないマタカナという産地。会社にあった『World atlas of wine, the third edition（１９８５）』というワインの本には、ニュージーランドのワイン産地を説明する地図に、マタカナという地名の記載さえなかった。

プロヴィダンスがブドウを植えたのは１９９０年、最初にワインが造られたのは3年後の１９９３年で、浅井さんが持参したのはまさにこのファースト・ヴィンテージ（初収穫）のワインだった。

ボルドーやブルゴーニュの造り手たちは、「ブドウは樹齢を重ねると樹勢が落ち着き、樹が充実して、凝縮した高品質な果実ができる」と説明することが多い。樹齢10年未満のブドウは、シャトー名を冠するワインに使わず、セカンドラベルに格下げするところもある。それに対して、このワインは植えてからわずか3年目の初収穫のブドウで造られている。

「ニュージーランド」、「マタカナ」、「亜硫酸無添加」、「若いブドウ樹」、「造り手は技術者ではなく弁護士」など、多くの要素が、それまで「高品質なワインの常識」のステレオタイプとして頭にあったことと、かけ離れていた。

鎌倉ワイン会の熱気　1998年2月

本社では、勝沼ワイナリーの製品だけでなく、会社全体のワインの商品開発を担当した。本社ビルは当時、東京駅に近い京橋の中央通り沿いにあった。会社の多くの部署とかかわりをもつことができ、充実感はあったものの、ワイン造りの現場から離れた寂しさが消えることはなかった。

浅井さんには、「勝沼に、畑から始めてワインを造ろうとしている若手がいます。今までにないチャレンジでやる気のある人たちなので、機会をつくって紹介します」と、手紙や電話で伝えていた。

それを実現しようと、1998年に入り「鎌倉ワイン会」を企画した。このときの様子は、映画「ウスケボーイズ」にも登場する。

当時、鎌倉駅から由比ヶ浜へ行く途中に、メルシャンの研修センターと宿泊施設があった。浅井さんの自宅が鎌倉にあったこともあり、ワインの仲間と研修センターに泊まり込みでのワイン会を企画した。浅井さんにも参加をお願いして快諾を得た。

開催日は1998年2月14日（土）。声をかけたのはすべて若手の技術者。前述の岡本さん、後藤さん、水上と、岡本さんが小布施ワイナリーの曽我彰彦さんにも声をかけた。他にも3名に声をかけ、全部で8名。全員に「メルローを1本もってくること」と伝えた。

浅井さんと若手をつなげたいという想いだけでなく、ワインの現場から離れているので久しぶりに皆に会いたいという気持ちがあった。

当日は昼ごろ集合。研修所にキッチンがあるので、鎌倉の街へ食材を買い出しに行き、水上が中心になって料理を用意した。浅井さんは夕方に到着し、もちよった7本のメルロー（国産ワイン4本、ボルドー、カリフォルニア、チリ各1本）を、ブラインドでテイスティングした。銘柄をオープンし、後藤さんが担当した「五一メルロー1996」が、浅井さんから特に高い評価を受けた。

浅井さんはワインではなく、一升瓶の吟醸酒をもってきた。一升瓶からワイングラスについで一口飲み、浅井さんの意図を確かめようとした。

「なぜ清酒お持ちになったんですか？」

浅井さんはにっこり笑って、「なぜだと思いますか？」と逆に質問し、何も答えなかった。

参加者からいくつかコメントが出たが、浅井さんはずっとニコニコして聞いていた。今思うと、

「あなたたちはワインの技術者なので、ワインに興味があるのは当然でしょうが、清酒やウイスキーなど、それぞれの〝酒〟には、それぞれの完成度があります。ワインだけでなく、いろいろな〝酒〟に興味をもって下さい」

ということだったのだろうと思う。

ちなみに、翌年1月末に企画した第2回鎌倉ワイン会には、甕壺（かめつぼ）仕込み芋焼酎の一升瓶をもってこられた。

曽我彰彦さんと会うのはこのときが初めてだった。彼はブルゴーニュでの研修から帰ったばかりで、ピ

ノ・ノワールを含む複数の品種を植える計画だった。

それを聞いた浅井さんは、こうアドバイスした。

「これまでどの品種が日本のテロワールに合うか、先人たちが試した知見があるのだから、可能性の高い品種に絞るべきだよ。とくにピノ・ノワールは難しいと思うよ」

メルシャンは、これより10年ほど前に、長野県北部でピノ・ノワールにチャレンジし撤退していた。曽我さんの畑は、ほぼおなじ地域にあたる。１９７６年に桔梗ヶ原にヴィニフェラを植えるにあたり、品種をメルローに絞った浅井さんらしい意見だった。


テイスティングのあと、料理を食べながら、残ったワインと清酒を飲みながら夜中まで議論した。浅井さんは0時過ぎに帰宅したが、会話はますます盛り上がり、とても寝る気にならなかった。

「そういえばおなかが空いたね」

議論が一段落したタイミングで声が上がり、真夜中に鎌倉の街を散歩し、コンビニでカップラーメンを買ってきて食べた。それから男部屋、女部屋に分かれて床についたが、浅井さんの「品種を絞るべき」とのアドバイスに関して、布団に入ってからも、眠りにつくまでさらに意見を述べあった。

「ピノを植えるのはやめた方がいいんですかね？」

曽我さんは、迷っているようだった。私は布団にあおむけになったまま、自分の意見を言った。

「浅井さんはピノをやめた方がよいという意味で言ったのではないと思うよ。過去メルシャンはおなじ地域でピノを植えて、失敗している。今はシャルドネを植えてうまく行っている。過去のそういう経験を生かしてほしい、ということだと思うよ」

「メルローの方があってるんじゃない？」という意見もあった。最終的に、曽我さんはピノ・ノワールの比率を下げ、他の品種を増やすことにした。

このワイン会をしたのは初夏だったような記憶があるのだが、当時の手帳を見ると2月14日だ。夜中に外を歩いたときは相当に寒かったはずだが、寒さの記憶はない。よほど熱中していたのだろう。若き日の懐かしい思い出だ。

翌日、私以外のメンバーは車に分乗して、山梨と長野のワイナリーに帰って行った。私だけが川崎の独身寮に向かうのが寂しかった。

◇

予定が合うときは、勝沼に行き、岡本宅でのワイン会に参加した。

下は翌週の2月20日（金）のワイン会のときに配布されたプリント。鎌倉ワイン会で「来週シャルドネのワイン会をやるので、可能だったら参加して下さい」と誘われた。21日（土）から長野へスキーに行くことに

日本の醸造家達の熱き挑戦その２

Chardonnay　Challenge

あれから３年。３年前あの場所にいた日本の醸造家達はこの３年間どのような思いで過ごしてきただろうか。確かに３年前には、そこにいた者すべてが世界の壁を感じずにはいられない結果となってしまった。しかし、それであきらめてしまった者はいなかっただろう。あれから３年。日本のシャルドネはどうなっただろうか。もしまた今回の結果が前回と同じ結果になっても、また挑戦し続けようではないか。（by ウスケ２）

wine list

RIDGE SANTACRUZMOUNTAINS　1993
SANFORD 1994
CASA LAPOSTOLLE 1995
BOURGOGNE　Goisot　1995
MACON VILLAGES　Olivier Leflaive　1995
Rybaiyat　1997
Grace 1996
Fujiclair 1996
Mercian 1996

2月20日のワイン会（シャルドネ）のワインリスト

していたので、金曜日の午後に半日有給をとって途中勝沼に寄り、急遽参加することにした。文章の最後にある「byウスケ2」という署名は岡本さんが入れたもので、後藤さんの「半角ウスケ」をもじったものだ。

半日有給を取れることは直前に確定し、私が本社へ転勤する前の年に仕込んだシャルドネを1本もって行った。直前の参加表明だったので、プリントのワインリストにメルシャンのワインは印刷されていない。銘柄をオープンしたあとは、皆で食事をとりながら語り合った。

このプリントを読むと、当時の雰囲気が甦ってくる。ちなみに、プリントの文章にある「前回」は、味村さんが参加した1996年に水上宅で行われたシャルドネのテイスティング会のことなので、正確には3年前ではなく、2年前だ。

赴任希望はナパ？ ボルドー？ 1998年3月

ボルドーのシャトー・レイソンに赴任している齋藤浩さんが一時帰国した。

3月13日（金）の午後、東京でワイン業界の人やワイン雑誌の記者向けに齋藤さんのセミナーが実施されることになり、浅井さんにお誘いを受け参加した。

齋藤さんには少し前にボルドーへ1人で旅行したときに会っていた。セミナーのタイトルは「ワインの香味に対する土壌の影響」。内容は刺激的で興味深く、ボルドー大学での最新の研究成果と、シャトー・レイソンでの仕事を通しての気づきがちりばめられていた。

セミナーが終わると、齋藤さんが私の席に来た。

「久しぶりだね」

「ボルドーに行ったときは有難うございました」

「安蔵は1人でボルドーに来るくらいだから、海外志向が強いんでしょう？ ナパとボルドー、どっちに行きたいの？」

当時のメルシャンは、ボルドーのオー・メドックにシャトー・レイソン、カリフォルニアのナパ・ヴァレーにマーカム・ヴィンヤードを所有していた。

少し考えてから、

「大学ではドイツ語選択でフランス語はやってませんし、いろんなワイン産地を1人で巡っているので英語はそこそこできます。やはりカリフォルニアですね」

と答えると、齋藤さんは軽く頷き、

「俺はどっちも駐在したけど、確かにカリフォルニアは楽しい。人生を楽しむならナパだね。でもワイン造りとブドウ栽培を身につけるのであれば、ボルドーはいいよ。なあに、フランス語は現地に住めばどうにかなるさ」

そう言われても、フランス語をどう勉強していいかわからないので、ボルドーへの赴任は想像ができなかった。

どちらに行くにしても英語はやっておくべきと思い、会社へのアピールのためにも、ＴＯＥＩＣを定期的にうけ、スコアは順調に上昇した。

ポンタリエ氏の貴重なアドバイス　１９９８年４月

１９９８年の前半には、私のワイン造りのフィロソフィーを形成するうえで、もう一つ貴重な体験をした。シャトー・マルゴーの総責任者のポール・ポンタリエ氏（１９５６-２０１６）が来日し、ワインにコメントをくれたことだ。

ポンタリエ氏とは、メルシャンのボルドー駐在者のアパルトマンが氏の自宅の近所にあり、子供どうしが小学校の同級生だった縁で交流が始まり、シャトー・メルシャンのワインにアドバイスをいただくことになった。

この年の4月、ポンタリエ氏は「メルシャンの新酒を利く会」に出席するため、初めて勝沼ワイナリーに来場した。現在は実施していないが、当時の「新酒を利く会」は、前年に勝沼ワイナリーで仕込んだワインを、全国のソムリエや学識経験者など専門家に見てもらって評価を受けるメルシャン最大のイベントだった。

4月9日（木）の新酒を利く会にゲストとして参加したポンタリエ氏は、翌10日に勝沼ワイナリーのスタッフとミーティングを行った。本社ワイン事業本部で商品企画を担当していた私は、新酒を利く会の手伝いで勝沼に出張しており、翌日のミーティングにも飛び入りで参加した。ワイン造りの現場に戻りたい気持ちが強くなっていた時期だったから、この機会はうれしかった。

ポンタリエ氏には、赤ワインを中心に、１９９６年以前のすでにビン詰めされているものと、樽からサンプリングした１９９７年のワインを見ていただいた。

その中でも、桔梗ヶ原のメルローに関するコメントが印象に残っている。（当時フランス語はまったくわか

らなかったので、先輩の通訳で内容を理解した）

日本の当たり年の一つである「桔梗ヶ原メルロー１９９２」を、自信をもって出したのだが、コメントの中に「ヴェジタル（青臭い）」という単語が何度も出てきた。

「ヴェジタル」は、当時我々がワイナリーで「ほおずき香」と呼んで、メルローの特徴香だと思っていたもので、イソブチル・メトキシピラジン（ＩＢＭＰ）というピーマンに多く含まれる化合物由来の匂い。

ブドウが熟すとともに減るが、生育期間中のブドウの房に太陽光（紫外線）が十分に当たらないと、収穫時期まで残る。とくに、ボルドー品種のメルローには、他の品種より多く含まれており、かつ、残りやすい。

当時の桔梗ヶ原は棚栽培しかなく、頭上に広がる葉が日射しを遮り、房に十分な太陽光が当たらなかったことも、この匂いの原因だった。

また、収穫期に農家が塩尻分場にもち込んだブドウをまとめて勝沼に移送する仕組みだったため、醸造の単位は畑ごとではなく、持ち込まれた日ごとだった。そのため、おなじロットに熟度の異なるブドウが混在していた。

1998年に初来日し、勝沼ワイナリーでテイスティングするポール・ポンタリエ氏

加えて「新樽の香りが強すぎる」とのコメントもあった。

おそらくこの時点では、「青いニュアンスのある濃い赤ワイン」は、世界中のワイン愛好家がもつ「ボルドーの典型的な赤ワイン」のイメージだったと思う。

「青い匂いはボルドー品種の特徴香ではない。ブドウの熟期をそろえ、太陽光を当てることで改善できる」という見解がボルドーで出てきたのは、まさにこの少し前で、シャトー・マルゴーで最先端のワイン造りの総指揮をとり、高いフィロソフィーをもつポンタリエ氏だからこそ、この時点でこういったコメントをくれたのだと思う。

我々はショックを受けたが、早い時点でこのアドバイスをもらったことは、その後のワイン造りに有益だった。

ポンタリエ氏はゆっくりとした口調で続けた。

「ブドウのポテンシャルに合わせて、発酵の際の抽出を今より軽くし、バランスのとれた赤ワインを目指すべきです。ワインの酒質とバランスがとれるように、新樽の比率も下げるべきです。桔梗ヶ原にメルローを垣根で植えて、樹齢が上がり、充実したブドウが収穫できるようになってから、抽出の強いワインを造ればよいのです」

今このコメントを思い出すと、なるほどと思えるのだが、当時はポンタリエ氏のアドバイスに、すぐに納得できたわけではなかった。

ポンタリエ氏のコメントで、「ブドウの熟度に合った抽出」、「青い匂いを伴う力強さより、果実感のあるエレガントさ」、「バランスのとれた新樽の割合」という言葉が頭に残った。

それまで、「濃いワインがよい赤ワイン」と思い込んでいたが、考えが少しずつ変わっていった。

ワインスカラで浅井さんと　１９９８年６月〜

本社勤務にも慣れたころ、石井もと子さんが主宰していたワインスクール「ワインスカラ」で、浅井さんが月１回、平日の夜に「醸造家が伝えたいこと」と題した講座を始めることを知った。ブルゴーニュに関することがテーマになっていた。

スクールは赤坂にあり、本社のある京橋から遠くはなかったが、本社での仕事は終わる時間が読めない。すべての回には出席できないと思ったが、ワイン造りの現場を離れ、少しでも醸造や栽培について考える機会をもちたかった私は、６月〜10月まで月１回計５回のクラスに申し込んだ。

６月３日（水）の第１回目の授業の日は、案の定、会社の仕事をうまく切り上げられなかった。少し遅れて教室に入ると、浅井さんは話すのを止め、ニコニコしながら言った。

「ワインの専門家が聞いていると、話しにくいな」

一般向けのコースだったが、随所に醸造や栽培に関する奥深い考察がちりばめられており、考える材料をもらうことができた。

初回のテーマは、「Chablis（シャブリ）」で、座学が終わったあとのブラインド・テイスティングは、ステンレスタンクで熟成したものと、樽発酵をしたものの比較だった。

授業が終わったあと、教室に残ってグラスの片付けを手伝いながら話をしていると、

「安蔵君、帰りは東海道線でしょう？　少し歩くけど、丸の内線の赤坂見附駅まで行って、東京駅経由で帰ろうか」

と誘われ、ご一緒することにした。浅井さんは鎌倉在住、私は当時川崎にあった会社の独身寮に住んでいた。

話をしながら10分ほど歩いたあたりで、浅井さんが提案した。

「今日は暑くてのどが渇いたので、ビールでも飲もうか？」

駅の近くのチェーン居酒屋に入った。店は混んでおり、壁際の向かい合わせの席に座った。

授業が終わってリラックスした感じの浅井さんは、「中ジョッキでいいかな？」と中ジョッキを2つ注文。ほどなくビールが来ると、「じゃあ今日はお疲れさま」とおいしそうにジョッキを傾けた。

入社以来、浅井さんとの知遇を得てから3年が経っていたが、浅井さんがビールを飲むのを見るのは初めてで、何か不思議な感じがした。

「浅井さんもビールを飲むんですね？」

浅井さんのジョッキを見ながら思わず口にすると、ジョッキをテーブルにおいた浅井さんは、

「そりゃあ僕だって、いつもワインばかり飲んでいるわけじゃないよ。のどが乾いたら、まずはビールだよね」

と顔をほころばせた。

「ところで、本社勤務はどう？」

このころは、本社でワインの評価をする際には必ず声がかかり、商品開発の業務で任せてもらえる部分が増えており、やりがいを感じるようになっていた。

「1997年の仕込みをすることができず残念でしたが、本社で良い経験をして、いずれはワイナリーに戻りたいと思っています」

1997年は、天候に恵まれ収穫量も多いヴィンテージだったようで、仕込みの現場にいられなかった

ことを残念に思っていた。本社で担当している商品開発の仕事のことを少し話し、その日の講義で出てきたことについての自分の考えを話した。

ひとしきり自分の話をしたあとのことだ。

「そうそう、このあいだね、サントリーから社内向けの勉強会で酒に関することを話して欲しいと頼まれたんだ。いままでならライバル企業の僕にこんなことを依頼してくるなんて、考えられなかった。僕もメルシャンを離れて、ニュートラルになったということだね」

この少し前、浅井さんの顧問契約は更新されず、技術会議など機会があるときだけ声がかかる立場になっていた。明るい表情で、活動の場が広がってうれしいと話してくれたが、「ニュートラル」という言葉や、これからが楽しみだという語り口の裏に、一抹の寂しさが感じられた。

ほどなくして、浅井さんがこう切り出した。

「プロヴィダンスのようなワインを日本でもつくれるか、チャンレンジしてみないか？」

4か月前に浅井さんと藤沢で試飲したプロヴィダンスの印象は鮮明に残っていた。

「ニュージーランドでできたのだから、日本でもできるはずですよね？ワイナリーにいれば自分で是非チャンレンジしたいところですが、今は本社勤務ですから…。勝沼ワイナリーのスタッフにチャレンジしてもらいたいです」

「あの機会にワイナリーのスタッフもテイスティングしたので、ぜひチャレンジしてほしいね」

「そうですね。私もワイナリーにいたら、仕込んでみたいところです」

1時間ほど飲みながら話したあと、居酒屋を出て、赤坂見附から丸ノ内線に乗り、東京駅で東海道線に乗りかえ、私が川崎駅で電車を降りるまで、さらに話をした。

このときの話をきっかけに、桔梗ヶ原のメルローでこの仕込みができないだろうかと、考えるようになった。

ヒントを求めてフランスへ　1998年8月

醸造の現場から離れて1年が経ったが、本社勤務をしながらも、浅井さんの「チャレンジしてみないか？」という問いかけが、ずっと頭の中で渦巻いていた。

「新興産地のニュージーランドでできたのだから、日本でもできないはずはない」と想い続けていた。

入社以来、日本のワイナリーの現場で実際にワインを造ってみて、「海外のワイン産地では、どのようにブドウ栽培とワイン醸造をしているのか」を、自分の目で見たくてウズウズしていた。また、海外のワイン産地で、醸造・栽培をしている人たちと、直(じか)に話をしてみたかった。

入社してからも、長期の休みが取れるたびに、自費で海外のワイン産地を訪問した。勝沼ワイナリーでは仕込み時期の9月10月は日曜日のみが休みで、ほかの時期に土曜日と祝日の休みが振り替えるので、9日間連続の長い休みが年に4回ほどあった。

その休みを使い、オーストラリア、イタリア、カリフォルニア、ニュージーランド、フランスを見て回ったが、本社勤務になってからは、長期の休みは夏休みだけになり、海外産地には行けていなかった。

1998年の夏、仕事を調整して8月22日（土）から9日間連続の休みをとり、フランスのワイン産地を1人で旅行した。最初にマルセイユに入り、レンタカーで北上しコート・デュ・ローヌを訪問。それからボルドーまで地中海沿いに高速道路を移動し、メドックやサンテミリオンのシャトーを見学するというプランだった。

旅程の最初にローヌを入れたのは、シャトーヌフ・デュ・パプのシャトー・ド・ボーカステルを訪問するため。このシャトーのワインは品質の高いことで知られており、醸造・熟成の段階では亜硫酸を加えず、2年間ほど樽で育成したあと、少量の亜硫酸を添加してからビンに詰める手法をとっていることが、ワイン雑誌で紹介されていた。

プロヴィダンスは、ビン詰めの際にも亜硫酸を加えないので、まったくおなじではないが、何かヒントが得られるのではないかという期待があった。

ボルドー在住の友人にお願いして、ボーカステルに予約を入れてもらうことができた。ワイン醸造の話をしたかったので、醸造担当の人をリクエストしたところ、醸造責任者に直接話を聞けることになった。

成田から英国航空でロンドン・ヒースロー空港へ、そのあとガトウィック空港に移動し、マルセイユ・プロヴァンス空港に飛んだ。空港を出ると、気温は高いものの湿度は低く、雲一つない真っ青な真夏の空に、これからのワイナリー訪問への期待感が高まった。空港でレンタカーを借り出し、一路シャトーヌフ・デュ・パプを目指す。地中海から遠ざかり郊外に出ると、道路の周りの緑は減り、砂埃が舞う草原になった。

ボーカステルに着くと、醸造責任者が出迎えてくれた。フランス語はまったくわからなかったので、英語での会話だ。畑を含めて一通りシャトーの説明を受けた後、ブドウの破砕から発酵までのプロセスを詳しく聞きたいと伝えると、「除梗・破砕したブドウを、ステンレスの二重の配管の中で加温し、温度を下げてから発酵する」プロセスと、現場の加熱装置の仕組みを説明してくれた。

加熱する温度は、熱燗の温度より少し高いくらい。発酵前に色素を抽出する目的で温度をかける醸造法=マセラシオン・ア・ショーとおなじプロセスだが、マセラシオン・ア・ショーは熱をかけて色素を抽出

シャトーヌフ・デュ・パプのブドウ畑

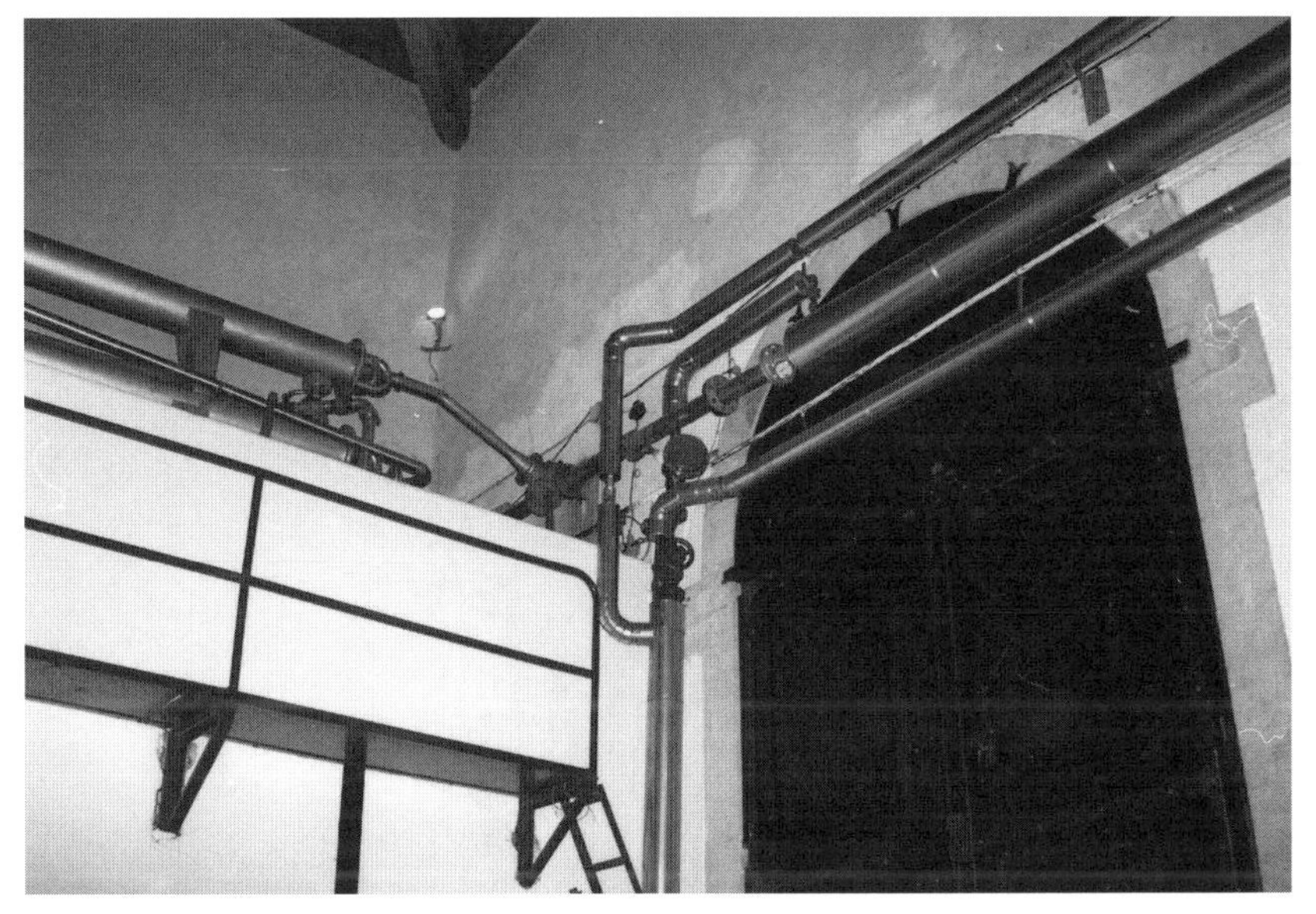

加熱用の二重管

した後、すぐに圧搾して、液体の状態で発酵する手法。ボーカステルでは、そのあと普通の赤ワインとおなじように果皮とともに醸し発酵をする。

短時間ではあるが温度を上げることで、果皮にある酸化酵素を壊す効果があると解釈した。酸化酵素が働かなければ、果汁の酸化はあまり進行しないはずだ。

翌日は、ローヌからボルドーに向けて、高速道路を通って移動した。途中パーキング・エリアで休憩しながら、8時間ほどかけて地中海からカルカッソンヌ、トゥールーズを通り、ボルドーまで至る道を運転しながら、ボーカステルでの話と、日本でどういう仕込みが可能かを考えた。

ボルドーでは、駐在の齋藤浩さんと再会し、今回の旅行の目的を話しながら夕食をご一緒した。

ワイナリーに復帰

1998年9月

8月31日（月）にフランスから帰国し、9月1日に久しぶりに本社に出社すると、上司から別室によばれた。フランス旅行の話を少しした後、ワイナリー復帰の内示があった。休みに入る前に、ワイナリーへの復帰があるかもしれないことを、非公式に聞いていた。

所属部署の担当役員のデスクに転勤のあいさつに行くと、思いがけない話を聞いた。

「ワイナリーに戻れてよかったね。それはそうと、醸造家は2年続けて仕込みをしないと、勘が鈍ってしまうんだってね。あなたを今年の仕込みにはワイナリーへ戻すべきだと、ある人が強く言ってきたので、戻すことにしたんだよ」

それが誰なのかは教えてくれなかったが、浅井さんが本社の役員にかけあってくれたのだと思った。

本社勤務は１９９７年７月中旬〜１９９８年９月上旬の１年２か月で終わった。もっと長くなると覚悟していただけに、とてもうれしかった。

本社では、多くの人たちと交流することができ、いくつかの新商品を開発することができた。ワイナリーでのワイン造りだけではなく、ワインを買ってくれるお客様のことを意識することができるようになったと思う。短期間ではあったが、有意義だった。

すでに仕込みが始まっている９月15日付けでワイナリーに戻るという辞令だった。

２年ぶりに仕込みに参加できるので、気持ちは高ぶっていた。１９９８年は７月までは雨が少なかったが、８月以降雨が多く、難しいヴィンテージになりそうだった。

ワイナリーに復帰した翌日の16日、予定されていた仕込み会議に参加した。仕込みのテーマを見ると、「亜硫酸を添加しないメルローの仕込み」は担当者が決まっていなかった。同僚に聞くと、どういう仕込みをすればよいのか思いつかないという。

フランスで得たヒントをもとに、考えていたやり方を試したいと思い、担当者に立候補した。


勝沼ワイナリーには、ボーカステルとおなじ設備はない。

ボーカステルでは、破砕したブドウを果皮ごと送れる直径が20㎝程度の太さのステンレスの二重の配管を備えていた。タンクに送る際に配管のあいだに熱湯を通して、内側の配管を通るブドウを、果皮ごと温度を上げる仕組みだ。

勝沼ワイナリーにある設備でおなじ効果を上げるためにはどうすればよいか、フランスで車を運転し

1998年9月、勝沼ワイナリー横に流れる日川の様子。連日の雨で増水している

ながら考えた。

勝沼ワイナリーには二重の配管はなかったが、ワイナリーにある熱交換器が使える。しかし、熱交換器は厚みが1㎝もないので、ブドウの果皮は詰まってしまい通すことができない。果汁であれば固形物がないので、熱交換器で加熱することができる。

赤ワインの醸造では、破砕したブドウをタンクに入れた後、ワインの色合いを濃くする目的で、一部の果汁を抜いて果皮の比率を上げる工程を行うことがある（セニエ法）。

このようにして抜いた果汁であれば、温度を上げてから果醪（かもろみ）*（Ｐ80参照）に戻すことで、果醪全体の温度を上げることができるはずだ。

醸造だけでなく、ブドウの収穫も工夫するつもりだった。

ブドウの果皮に傷がつくと、ブドウは傷口をふさぐためにラッカーゼという酸化酵素を出す。この仕込みをするためには、ラッカーゼが出ないように、無傷のブドウを集めなければならない。

この年は、夏から秋にかけて非常に雨が多く、傷のないブドウを手に入れようとすれば、メルローの栽培地である塩尻市の桔梗ヶ原まで行き、醸造担当の目で厳しく房を選ぶしかないと判断した。

年ごとに任命される〝統括〟と呼ばれる仕込み責任者に、

「仕込みでもっとも忙しい時期に、ワイナリーを一日留守にすることになるので申し訳ないですが、実際にブドウ畑に行って自分の目で見てブドウを摘んでこないと、この仕込みはできません」

と訴え、なんとか了承をもらった。

この収穫は、一番状態の良いブドウ園で、醸造担当の目にかなう房だけを摘むため、栽培農家にとっては収穫が二度手間になる。ご迷惑をかけることになり、理解してくれる農家が必要だった。

予定した収穫日の少し前に統括が詳しく説明をしてくれ、一軒の農家が快く同意してくれた。このブドウ園で、10月1日に園主の家族とともに、半日かけて約1トンのブドウを収穫することになった。

2トントラックを近くのリース会社でレンタルし、2名の同僚も同行することが決まり、あとは10月1日の朝を迎えるばかりになった。

ところが、仕事中のちょっとした不注意から、左手の人差し指と中指、手首の3か所をガラスで切ってしまい、5針ほどを縫う怪我をしてしまった。収穫に参加するのはあきらめざるを得ないと思ったが、怪我をしていてはどうせワイナリーにいても役に立たないと思い、仕込み統括に予定通り収穫に行くことを了解してもらった。

初めてづくしのメルロー特別仕込み　1998年10月

10月1日（木）の早朝、ワイナリーに出社し、レンタルした2トン車で、同僚2名と雨の中央道を西へ向かった。左手を怪我していて包帯を巻いていたので、運転は同僚にお願いした。

桔梗ヶ原に着いた時点ではあたりはまだ薄暗く、小雨がぱらついていた。ブドウ畑の園主はすでに畑で待っていてくれた。

「今回はご協力ありがとうございます。今日は状態のよい房だけ収穫させてもらいます」

包帯をした左手が濡れないように、コンビニのレジ袋を巻きつけて収穫をした。

昼前には天気が回復し、お昼ご飯を挟んで6時間ほどかけ、午後3時までに何とか約1トンのブドウを収穫した。気が張っていたので、左手の怪我は気にならなかった。

休憩したいところだったが、仕込みの本番はワイナリーに帰ってから。ブドウ園の園主と家族に挨拶を

収穫直後の約1トンのメルロー

勝沼ワイナリーに到着したブドウ

約1トンのメルローを仕込んだステンレスタンク

して、すぐに勝沼に向けて出発した。

2時間後の午後5時過ぎには準備万端整ったワイナリーに到着し、仕込み場にブドウを運び入れた。この日の通常の破砕はとっくに終了していたが、スタッフはスタンバイして待っていてくれた。

手間をかけて収穫した約1トンのブドウを除梗・破砕し、ちょうどよい容量の小さめのステンレスタンクに入れた。ここで遅くまで付き合ってくれた現場の人たちにお礼を伝え、同僚とともに仕込みを継続する。

タンクの下部から抜いた果汁を熱交換器で加温し、それを再びタンクに戻した。ボーカステル同様、全体が熱燗程度の温度になるまで加温、1時間ほど温度を保持してから、タンクの周りに冷水をかけて冷却し、常温に戻した。

ここまでですでに深夜0時を過ぎており、温度を確認してから酵母を添加し、タンクのふたを閉めてから深夜に独身寮に戻った。


仮眠してから朝5時に出社し、酵母が湧きついていることを確認した。酵母が湧きつけば、糖分を分解して炭酸ガスを発生する。果醪の表面を覆う炭酸ガスは、ブドウを酸化から守るはずだ。

とりあえず前日からのプロセスは一段落した。不思議と疲れは感じなかった。当時はちょうど30歳、若かったからこそできたことだろう。


亜硫酸を入れない仕込みのため、アルコール発酵酵母だけでなく、望ましくない野生酵母も増殖しやすいと考え、野生酵母を殺す能力（キラー活性）がある培養酵母を使った。

果醪は順調に発酵しており、酸化のニュアンスはなかった。毎日、朝夕にピジャージュ（円盤のついた棒で果帽（かぼう）**を押し込む作業）を行った。けがをした左手はだいぶ良くなり、包帯を簡単に巻いているだけになった。

酵母を添加してから2日経った発酵が旺盛なときに、少し還元的なにおいが出たため、通常の赤ワインとおなじくルモンタージュ***を行った。ルモンタージュには、赤い色素を抽出する効果と、増殖する酵母に酸素を供給する目的がある。

亜硫酸が入っていないので、酸素を供給する必要はないと思っていたが、還元的なにおいが出るということは酸素が足りないサイン。ポンプを使わずに、一部をステンレスのバケツに抜き、タンクの上からかけ戻すことを、朝晩各1回、2日ほど行った。

＊果醪　ブドウを破砕してから、発酵終了までの状態を指す。白ワインの醸造は液体（果汁）のみの発酵で、赤ワインの醸造は果汁と果皮・種子などの固形分が含まれる。

＊＊果帽　赤ワインの発酵中に、発酵で生じる炭酸ガスの圧力で果醪の表面に浮き上がったブドウの果皮と種子。果醪の帽子のように見えることからこう呼ばれる。フランス語では、chapeau（帽子）と呼ばれる。

＊＊＊ルモンタージュ　Remontage、赤ワインの醸造において、果醪の液体部分を発酵容器下部から抜き、果帽の上からかけ戻す作業。

発酵は順調に進み、通常の赤ワインよりもかなり早い日数で、ワインの引き抜きをした。１９９８年は雨が多い年で、ブドウが完熟の状態ではなかったので、長く醸すことはしなかった。可能な限りポンプを使わない方針だったので、タンクにホースをつなぎ、高低差を利用してワインを地下セラーの2つの新樽に入れた。

ポンプを使わない発想は、カリフォルニア・サンタバーバラのバイロン（Byron）・ワイナリーで、重力を活用してポンプを使わない醸造設備を見学したことがヒントになった。このワイナリーには、本社に異動する前、勝沼ワイナリーに在籍していた１９９７年のゴールデンウィークに旅行した際に、訪問していた。

早めに樽に入れたのは、「早めの引き抜きであれば、ワインに炭酸ガスが多く残っていて酸化が防げるのでは」という期待からだった。

ＭＬＦ＊＊＊＊は樽の中で行った。今では樽内ＭＬＦという言葉は一般的だが、この時点では意識的に行ったわけではなかった。ＭＬＦの最中に乳酸菌がリンゴ酸を乳酸に変換する際、微量生じる炭酸ガスに

特別仕込みのメルローを入れた2つの新樽(地下カーブでMLFをしている段階)

酸化を防ぐ効果があると考え、ＭＬＦが始まる前に樽に移した。

あとから考えれば、入社して以来、樽で赤ワインのＭＬＦをするのは初めてだった。

ワインを樽に収めたことで、一通りの醸造工程は終わった。あとは、樽貯蔵庫でワインが成長するのを見守るだけだ。

＊＊＊ＭＬＦ　Malo Lactic Fermentation（マロラクティック発酵）の略称。ブドウに含まれるリンゴ酸（Malic Acid）を、乳酸菌の働きで、乳酸（Latic Acid）に変換する発酵のこと。

出来上がったワインは、重厚ではないが柔らかく、樽内ＭＬＦの特徴であるコーヒー様の香りがあり、これまでとは違うニュアンスがあった。

この年のブドウは完熟ではなかったものの、今思えば、単一畑（塩原園）、醸造担当による房選りの収穫、収穫後すぐの破砕、ビン詰めまでポンプを一切使わない、樽内ＭＬＦなど、酸化を防ぐ意図でとった施策が、結果的に酒質に好影響を与えたように思う。

このワインは、最初は「無添加仕込み」あるいは「プロヴィダンス仕込み」と呼んでいたが、このワインの価値は亜硫酸を加えないことではなく、収穫から樽詰めまでの各工程にあると思い、「メルロー特別仕込み」と呼び方を変えた。

久々のワイン会　1998年12月

勝沼に戻ってからしばらくは「特別仕込み」で頭がいっぱいだったが、仕込みが終わって落ち着くと、近隣ワイナリーの仲間たちとワイン会を再開しようという話になった。

すでに岡本英史さんと水上正子は、会社を辞める意思を固めており、前年に植えた接ぎ木苗も順調に生育していた。

12月13日（日）に、岡本さん、水上、私で、会社の独身寮の食堂を会場とし、それぞれがもってきたワインをブラインドでテイスティングすることになった。ワインを飲みながら造り手どうしで会話をするのは、2月の鎌倉ワイン会以来だった。

本社での仕事も刺激的で面白いものだったが、これからもワイン造りの現場で仕事をつづけたいと思った。

「鎌倉のワイン会は楽しかったので、近いうちにまた企画するね」

そう伝えると、2人とも楽しみにしているとのことだった。

特別仕込み、2人のコメント　1998年12月

12月の後半、会社をやめる岡本さんと水上が、勝沼ワイナリーにあいさつに来た。少し話をした後、これから頑張って欲しいとの想いをこめて地下の樽庫にいざない、上司に了解をもらって、発酵が終わっ

て2か月ほどの育成中のメルロー特別仕込みを、樽からサンプリングしてテイスティングしてもらった。

「どう？」

どういう仕込みをしたかは伝えずに、感想を聞いてみた。

「とても美味しい」

「日本のワインじゃないみたい」

少し驚いた表情の2人のコメントはうれしかった。

「現時点で亜硫酸を入れてないんだ」

と言うと、2人はさらに驚いた。

これから日本のワイン造りを変えて行くはずの2人に対して、私もこういう形で頑張っていることを示したい気持ちと、せめてものはなむけの気持ちがあった。


「2人が会社を辞めて独立するとのことで、あいさつに来ましたよ」

後日ワイナリーに来た浅井さんに伝えると、いよいよだねと前置きして、

「岡本くんは良いとして、水上さんが辞めるのはまだ早いんじゃないかな。今からでも思いとどまるように言えない？」

と浅井さん。

その後わずか1か月半ほどあとに、2人が袂（たもと）を分かつことを予期していたとは思えないが、浅井さんの心配は、はからずも当たってしまった。

水上からの電話　1999年1月

年が明けて、1月30日（土）に第2回の鎌倉ワイン会を企画し、第1回とおなじメンバーに声をかけた。どうしても予定の合わない後藤さんと曽我さん以外は、全員参加することになった。

ワイン会を2日後に控えた夜に、独身寮の私の部屋の電話が鳴った。電話は水上からだった。

「水上さん、俺の電話番号、知っていたの？」

水上は元気がなかった。

「自分で話をしたいので、岡本さんに番号を聞いたんです。いろいろあって、鎌倉ワイン会に参加できなくなりました。申し訳ありません」

話を聞くと、岡本さんと考え方の違いから決別することになったという。

水上の自宅の電話番号を聞き、鎌倉ワイン会が終わった後に連絡をする約束をして、電話を切った。

NZ、プロヴィダンスでの確信　1999年2月

第2回鎌倉ワイン会から戻り、水上に電話し、会の様子を伝えた。この4日後に、ニュージーランド旅行に行く予定も伝えた。

今回も一人旅。浅井さんと石井もと子さんに紹介してもらったヴルティッチ氏のプロヴィダンスを訪問し、そのあとマルボロやホークスベイなど、いくつかのワイン産地を巡ることにしていた。

2月3日（水）、成田空港からオークランドへ向けて出発した。ヴルティィッチ氏は、オークランド市内のホテルまで車で迎えに来てくれた。

プロヴィダンスでは、ブドウ畑をしばらく見せてもらったあと、醸造所に案内された。醸造所の床はピカピカで、どこもきれいに保たれていた。ワインに亜硫酸は使わないが、醸造器具やタンクはすべて亜硫酸水で殺菌しているという。

メルロー特別仕込みで、「とにかくきれいに仕込もう」と考えたことは正解だったと確信した。

ニュージーランドの各地のワイナリーを巡り、2月15日（月）に帰国して山梨の独身寮に戻ると、留守番電話が入っていた。

再生すると水上からだった。

「今度、苗木でお世話になった志村（富男）さん、丸藤にいたときの同僚と私の3人で、ニュージーランドに視察旅行に行くことになりました。ちょうど安蔵さんがニュージーランドに行ったところなので、情報を教えてください」

2人で飲んだニュージーランド・ワイン　1999年2月

すぐに水上に電話をした。

「今帰ってきたところです。ニュージーランドで何本かワインを買ってきたので、どこかにもち込んで、飲みながら話しませんか？」

水上も賛成し、都合の合う10日ほど後に、甲府の寿司屋で会うことにした。この店には知り合いの寿司職人がいるので、モンタナ社の「オーモンド・エステート・シャルドネ１９９６」を持ち込ませてもらった。ギズボーン地区のワインだ。

店に入り、小上がりの席に座った。

「最初は生ビールでいいね？」

水上は我が意を得たりという表情で同意する。ニュージーランドの話をしながら、ビールを待つ。

「ニュージーランドは南半球だから、今はいい季節だよ」

「楽しみです。いろいろ情報を教えてくださいね」

ほどなくビールが届き、ジョッキを合わせて乾杯をした。

「ニュージーランドのワインはほとんど飲んだことがなかったけど、現地に行くとフランスに負けないワインがたくさんあるんだ」

「そうなんですか。日本ではあまり見ないですもんね」

実際、ニュージーランドのワインは、専門の業者が一部輸入しているだけで、当時の日本ではあまりなじみがなかった。

「現地で買ったワインの本によると、この5、6年で一気によくなってきたような感じだね。10年くらい前までは、日本とおなじく甘口ワインが多かったみたい」

水上は軽く頷きながら聞いていた。

「甘口も含めて、ニュージーランドのワインは、たぶん飲んだことないです」

「マルボロという産地は、品質の高いソーヴィニヨン・ブランができていると、ワイン雑誌に載っているくらいだね。でも、マルボロでは、ピノ・ノワールも大規模に植え始めてるんだ。そろそろ、持ち込ませてもらっているワインを飲もうか？」

「ぜひぜひ！」

水上はうれしそうな表情になった。ラベルを隠してワインをグラスにつぐと、真剣にテイスティングを始める。

「樽はちょっと強めですね。ブルゴーニュっぽいですね」

オープンしてラベルを見せると、

「ニュージーランドにこんなしっかりしたシャルドネがあるんですね」

と驚いている。

「美味しいでしょ? こんなシャルドネがニュージーランドでできてるんだなと思ってもってきたんだ」

樽で発酵させた、重めのシャルドネだった。

「美味しいです」

「先入観を持たないように、ブラインドで出そうと思ってね」

少し雑談し、水上のグラスにワインをついだ。

「水上さんは、甲府に住んでるということは、甲府一高とか日川高校の出身なの?」

水上はワインを一口飲み、

「両親は山梨出身なんですけど、父の仕事で転勤族だったので、中学と高校は鹿児島にいたんです。なので、高校は鹿児島玉龍高校です」

ずいぶん離れた土地だが、幕末から明治にかけての薩摩藩の歴史に関心があったので、興味をそそられた。

「大学に入る頃に山梨に戻ったということ?」

「私が高校を卒業するときに、甲府に家を建てて、山梨に戻ってきたんです。父はそのまま下関に単身赴任でした」

ふと思いつき、前から気になっていたことを聞いてみた。

「そういえば、なんで〝タロウちゃん〟と呼ばれているの？」

水上はちょっと照れたような表情になった。

「小学校のときに、同級生の飼っていた犬のタロウに似ていたことから、それがニックネームになったんです。小学校は、東京だったんですけどね」

「何回も転校したのに、ずっと〝タロウ〟と呼ばれてきたのはどうして？　丸藤の大村さんもタロウちゃんと呼んでいたよね？」

「転校して最初に挨拶するときに、『前の学校では何と呼ばれていたの？』と必ず聞かれるんです。そのたびに〝タロウ〟だったと教えると、『おもしろーい、じゃあタロウと呼ぶね』が繰り返されて、現在に至る、という感じですね」

「自分でも結構気に入ってるんじゃない？」

「気に入っているというより、慣れているという感じでしょうか」

これ以降、頻繁に水上と会うことになった。

水上はなぜワイン会社に？　1999年4月

水上と飲みに行く回数が増えた。週に2回飲みに行くこともあった。

その当時、我々が住んでいたあたりには、ワインを置いているところや持ち込めるところは少なく、居酒屋でビールや清酒を飲むことが多かった。

「水上さんはどうしてワイン会社に入ったの？」

水上はビールをぐっと飲んだ後、

「私は鹿児島がすごく気に入っていたので、家族がバラバラにならないように、両親は私に鹿児島県内ではなく、山梨の大学に行ってほしい気持ちがあったと思うんだ」

「山梨と鹿児島は遠いもんね」

水上は軽く頷いた。

「それであるとき、鹿児島市内の焼酎蔵を家族で見学して、甕の中でサツマイモのモロミが発酵しているのを見て、最初は金魚のぶくぶくが入っていると思ったんだ。『すごく面白い』と興奮していたら、両親から『山梨には発酵を勉強できる大学があるみたいよ』と言われて、山梨大に入ろうと思ったのがきっかけ。うまく両親にのせられた感じかな」

鹿児島時代の水上について、もっと知りたかった。

「高校3年まで部活でバスケをやっていて、今までで一番楽しかったな。現役のときは夏まで部活一色で、勉強が間に合わなかったんだ。甲府で予備校に通って、梨大（山梨大学のこと）の工学部化学生物工学科に一浪して入ったんだよ。親が浪人を許してくれたので、よかった。合格しなかったら、料理学校に入ろうと思ってたんだ」

浪人を経験していることがわかり、

「俺も二浪してるから、浪人した人には親近感があるよ。浪人中は勉強以外に学ぶことがあるよね。それで卒業して丸藤に入ったんだね」

水上は首を振って、

「それが違うんだよ。大学のときには、岡本さんたちとワイン会をやっていたので、ワインを造りたい気持ちはあったんだけど、研究室の先生から『女性がワイナリーに入ると、分析か案内の担当になる。食品の会社に入ったほうがいい』と言われて、そういうものかなと思ったの。甲府市内のワイナリーにも合格したんだけど、富士発酵の食品部門に入ったんだ」

　１９９４年に水上が就職した富士発酵の工場は、私がいる鴨居寺の独身寮からほど近く、塩山駅に向かう途中にあった。

「富士発酵はワインもやってるけど、食品部門の方だったんだね」

「ワイン部門もあったけど、食品部門での採用だったので、調味液の部門に配属されて、〝たれ〟のブレンドをやってたのね。唐揚げとかつくって、たれの相性を試したあと、余った料理をもって梨大の研究室に遊びに行くわけ。岡本さんや、後藤さんと夕方からワインを飲むときのつまみね」

「それはみんな喜んだろうね」

「うん、すごく！　富士発酵はメオ・カミュゼとかエマニュエル・ルジェとか、すごく良いブルゴーニュを輸入していたので、社員割引きで安く買ってもって行くこともあったよ」

　これらのワインは、その後ものすごく値上がりして、高額ワインになっている。

「今じゃすごい値段だよね」

「その頃もっと買っておけばよかった。就職してしばらくすると、やっぱりワイン造りをやりたくなって。まずはワインの勉強をしようと思って、渋谷にある日本ワインアカデミーに通ったの。少し早めに仕事を上がって特急で行けば、毎週の授業にはぎりぎり間に合ったんだ」

　富士発酵がある塩山からは、新宿まで特急を使っても、渋谷のワイン学校まで片道2時間以上かかる。

「毎週は大変だったね。でも勉強になったでしょう？」

「授業は楽しかったし、ワインもおいしかったんだけど、終電の関係で授業の後の懇親会に出られなかったのが残念だったな」

「自分も大学院生のときにアカデミー・デュ・ヴァンに通っていたけど、授業の後の飲み会は楽しいよね」

2つのワインスクールは当時、それほど離れていない場所にあった。私が通っていたのは1993年、水上は1994年。私も彼女も、おなじ頃に近くでワインを学んでいたとわかり、親近感を感じた。

そして、水上に転機が訪れた。

「富士発酵で、秋に仕込みを少し手伝わせてもらったんだけど、ワイン造りの現場を見たら、やっぱりワインを造りたくなって。あのころは額は少なかったけど、ボーナスが出るとワインを買いに行っていたのが、甲府の新富屋（ワイン専門店）さん。（店主の）中山さんと話していたら、『勝沼の丸藤葡萄酒で人手を探しているんだけど、もし興味があるようなら紹介するよ』と教えてもらったの。すぐにお願いして、（大村）専務に面接してもらって、転職したんだ」

「1995年の4月から？」

「2月にはもう丸藤に移ってた。だから富士発酵にいたのは10か月」

その丸藤を4年で辞めたことについて突っ込んで聞いた。

「岡本と独立を目指さずに、丸藤に残っていればよかったのに。浅井さんも『水上さんはまだやめない方がいいんじゃないか』と言ってたし」

水上は少し考えてから、

「そうだね。でも、あのころは、ずっとワインを造っていたい一心だった。私は女性だから、何年かすると現場から外されてしまうかもしれないと、不安だったんだ。それで、ずっとワインを造っていられる岡本さんの独立の話に乗ったんだよ」

しかし、この決断は結果的に、水上がワイン造りの現場から離れるのを早めることになってしまった。

「そうだったんだ。今でもワイナリーにいる女性は、分析とか案内の担当が多いもんね。水上さんは、現場を続けたいという気持ちが強いんだね」

水上は頷きながら、

「一升瓶のワインが6本入った木箱を、頭の高さまで黙々と積む作業も、男に負けないように頑張ってやった。『女性だから力がない』と言われたくなかったから。おかげで腕がこんなに太くなっちゃった」

と右腕で力こぶをつくって笑った。

駐在先はやっぱりボルドー？　1999年5月

1999年の5月に齋藤浩さんがボルドー駐在を終えて帰国し、勝沼ワイナリー栽培課長に復帰した。前年に東京で行われた齋藤さんのセミナーに参加したとき、齋藤さんと海外赴任先について話をしたことがあったが、再び話をする機会があった。

「前にも聞いたけど、どっちが希望？」

すでに水上と付き合い始めており、彼女にカリフォルニアを希望していることを告げてあった。英語の勉強も続けていた。

「TOEICのスコアもだいぶ上がったし、やっぱりナパがいいですね」

「安蔵がカリフォルニアといったら浅井さんががっかりするから、ボルドーにした方がいい。フランス語はどうにでもなるから」

浅井さんとそういう話をしているんだな、と思った。

ボルドー駐在の可能性をイメージしてみた。フランス語を勉強する苦労はあるだろうが、大学院生のときから4回訪れているボルドーの広大なブドウ畑の風景が脳裏にひろがった。齋藤さんからボルドー生活の話を聞かせてもらううちに、少しはフランス駐在について現実味が感じられるようになってきた。

水上と付き合いだして、ほどなくプロポーズし、1年後の2000年をめどに結婚することになった。

「赴任先はカリフォルニアじゃなくて、ボルドーになるかも」

「本当はボルドーに行きたいんじゃないの？　私は構わないよ。ボルドーも面白そうだね」

このころから少しずつフランス語の勉強を始めた。

水上は甲府の実家に住んでおり、岡本さんとのプロジェクトから抜けたあとは、以前お世話になった苗木商で苗づくりのアルバイトをしているだけだった。

それまで女性醸造家としてテレビの特集番組で取り上げられるなど目立つ存在だったのが、ブドウの苗木という部分でかろうじてワインの世界とつながっているだけになっていた。

両家の顔合わせ　1999年7月

5月のゴールデンウィークに、水上を水戸にある私の実家に案内し、両親に紹介した。続いて7月下旬、私は両親とともに、甲府の水上の両親にあいさつに行った。単身赴任をしている水上の父が、自宅に戻っている日に合わせての訪問だった。

水上家で夕食をごちそうになっていると、水上の父が、正子の名前の由来を私の両親に話してくれた。お酒にあまり強くないので、少し顔が赤くなっている。

「正子という名前は、私の兄の正からとったんです。水上の家では私は一番下で、兄とはかなり年齢が離れていました。兄は優秀で、陸軍士官学校を卒業して戦争に行き、南方で戦死しましたが、出征が決まったときに実家に帰省し、そのとき生まれたばかりの私を『こいつは俺の生まれ変わりだ』と言って出征したそうです。

その話を両親から聞いていたので、男の子が生まれたら、正とつけようと思っていたのですが、うちは2人とも女だったので、次女に正子とつけたわけです」

私の父も陸軍士官学校だったことを話した。

「私の世代で父が陸軍士官学校というと年が合わないようですが、うちは4人兄弟で、兄は11歳上、姉は9歳上、私は3番目で、弟は2歳下です」

水上の父はにっこりして「4人兄弟だとにぎやかですね」と言い、父の方を見た。

「安蔵さんはちょうど士官学校卒業の年が終戦の年だったんですね？」

清酒を飲んで少し顔が赤くなっている父は、居ずまいを正して水上の父の方を向いた。

「そうなんです。あのころは、どんどん在学期間が短くなって、繰り上げ卒業になっていたんです。もう少し戦争が続いていたら、出征したと思います」

父が士官学校では通信科だったことを話すと、水上の父は大きくうなずいた。

「確か兄貴も、士官学校の通信科だったと聞いています。縁がありますね」

この日は、正子と正子の母の手料理を食べながら話が盛り上がった。結婚式の日取りは、翌2000年の4月に決まった。

水上、九州のワイナリーに誘われる　1999年8月

次に水上と会ったとき、彼女はこう切りだした。

「九州に新しくできるワイナリーから誘われているんだけど、遠いからどうかな？　と思ってるんだ」

丸藤にいたときにお世話になった醸造コンサルタントの方から連絡があり、九州にオープンするワイナリーが醸造責任者を探しており、今どこのワイナリーにも属してない水上にどうかと打診してきたのだという。

水上は、いきなり醸造責任者は難しいと答えたが、「これまでの実績からみて、できると思う。私もフォローするから」と強く勧められたとのこと。「お断りすると思いますが、考えてみます」と言ってあるという。

「もともと鹿児島にいたんだし、いい話なんじゃない？　ワイン造りができるんだから。水上さんがやりたいのであれば、いいと思うよ」

思ってもみなかった話題に少し動揺していたが、こう答えた。

「そうか。考えてみようかな」と水上。

ワインが造りたいのに、その場所がない水上にとっては、またとないチャンスに違いない。それは確かにそうなのだが、私の返事には強がりがあった。

次に会ったとき、正直に告白した。

「この話は水上さんにとって、とてもいい話だけれど、本音を言えば山梨にいて欲しい」

水上はにっこりして、

「私も甲府に両親がいるし、お父さんも単身赴任なので、いい話だとは思ったけど、断るつもりだよ」

この言葉に、正直ほっとした。とはいえ、水上は人一倍ワインを造るのが好きなので、何とかワイン造りに戻って欲しい気持ちはあった。今でこそ日本には数多くのワイナリーがあるが、１９９９年当時は少しずつ新しいワイナリーができ始めた程度で、それほど求人があるわけではなかった。

水上、中伊豆ワイナリーへ　1999年8月～10月

しばらくして、水上には志村富男さんからも誘いがあった。

「シダックスが伊豆で醸造用ブドウの栽培をやっている。来年、中伊豆ワイナリーがオープンするんだけど、醸造部門の立ち上げをやってくれないか？」

水上は丸藤葡萄酒にいたころに、接ぎ木苗づくりなど、志村さんにだいぶお世話になっていた。どこの会社にも属していない水上に、白羽の矢が立ったのだろう。

この話は、期間も限定されていることもあり、私も賛成した。水上は、「ずっとは難しいですが、今年の仕込みだけということであればお受けします」と返事した。志村さんにはまだ二人の結婚のことは話していなかった。

ワイン造りから1年近く離れていた水上は、うれしそうだった。１９９９年の夏から年明けの1月まで、半年ほど静岡県の中伊豆で暮らすことになり、8月のお盆前にワイナリーから近い大仁町のマンションに引っ越した。水上にとっては生まれて初めての一人暮らしだった。

中伊豆ワイナリーの周囲には広大なブドウ畑が広がっていたが、樹齢が若く、初年度はまだ収穫が見

込めない。山梨から取り寄せる甲州の仕込みだけをすることになり、約10トンのブドウが10月初めにワイナリーに届くことになった。

水上は仕込みの計画を立てる段階で、電話で相談してきた。

「破砕のときの亜硫酸ってどのくらい入れるんだっけ？　あと、酵母は何ｐｐｍくらい入れるもの？」

「丸藤でいつもやっていたでしょう？」

「そうなんだけどね…」

実際、水上は１９９５年から１９９８年まで、丸藤で４シーズンの仕込みを経験しており、醸造の経験は十分にあった。

「実際自分でやるとなると、失敗できないというプレッシャーを感じるんだ。今年の仕込みはこれ１回だけだしね。これまでは専務（現社長の大村春夫氏）と一緒だったから、相談して決めることができた。こっちの現場にはもう１人若手がいるけど、私が全部決めなければならないし、１回だけの仕込みで失敗できないし…」

仕込みの前夜まで電話がかかってきたが、当日は前年までの経験を思い出し、順調に破砕・圧搾の作業を終えたようだ。

発酵がはじまったころに電話をすると、

「もうワインにかかわれないと思っていたから、果汁が発酵しているのを見れてとてもうれしかった。ここで仕込むのは今シーズンだけだけど、いいワインに仕上げるつもり」

と、緊張の数日間を終えて、ほっとしているようだった。

◇

このころ、石井もと子さんから電話があった。

「ワインスカラで醸造に関する講座を、月1回6か月間で開催しようと思うのだけど、安蔵さん講師をやらない?」

調整すれば自分で対応する時間はとれると思ったが、

「自分は多忙なのでお受けできませんが、もしよかったら、知人の若手醸造家を紹介しますが、どうですか?」

と、つきあっていることは言わずに、水上を推薦した。少しでもワイン業界との接点をもってほしかったのだ。

水上に講座のことを説明すると、「セミナーの講師なんてできないよ」と難色を示したが、興味があるようだった。私が資料作成を手伝う、という条件で受けることになった。その後半年間、三島駅から東京駅まで新幹線こだまで移動して、月1回の講座を担当した。水上にとってはかなりのプレッシャーだったようだが、ワイン業界から離れていただけに、業界につながる仕事を広げたい気持ちがモチベーションになっているようだった。

正子、「万力畑」を借りる　1999年10月

このころ、水上はブドウ畑を探していた。

「叔父さんが山梨市に住んでいて、農地を探してもらったんだ。フルーツ公園に上る途中で、すごく小

整地が完了した正子の万力畑（2000年4月）

さな畑だけど、ワイン用ブドウを植えたい」

「どのくらいの広さなの？」

「畑自体は7畝で、畑の形が四角ではないので、4畝くらいしか植えられない。０・04ヘクタールだね」

「となると、成園になっても最大５００kgだね。ブドウはどうするの？」

少し考えて、

「将来どうするかまで考えてないけど、ワインの世界から離れてしまうのが怖くて。とりあえずブドウを植えたい。お父さんも、週末は単身赴任先から帰ってくるので、手伝ってくれると言ってるし」

「そうなんだね。今度畑の場所を見せてね」

「苗植えまでに整地してもらうので、そのあとね」

この畑は、山梨市万力（まんりき）地区の畑で、翌２０００年の春にメルローを植えることになった。ブドウの引き取り先のあてがあるわけではなかったが、ブドウ栽培からワイン造りまで、ドメーヌとしてのワイン造りを目指して丸藤葡萄酒を辞め、夢が破れたことを考えると、ブドウを植えたいという気持ちは痛いほど理解できた。

ヴルティッチ氏のコメントは「おめでとう！」　1999年11月

1999年の仕込みが終わったあとの11月23日（火）、浅井さんがプロヴィダンスのオーナーのヴルティッチ氏とともに、勝沼ワイナリーに来場した。

浅井さんには、仕込みが終わって1年経った「特別仕込みのメルロー」の酒質をこの1か月ほど前にみてもらっていたが、「機会があればヴルティッチ氏にみてもらおう」と言ってくれ、プロヴィダンスのプロモーションで来日するヴルティッチ氏に、勝沼にくるよう依頼してくれたのだ。

ヴルティッチ氏とは、1999年2月にニュージーランドのプロヴィダンスを個人的に訪ねていたので、面識があった。ワイナリーから車で10分ほどの距離にある「城の平」のブドウ畑を見学した後、ワイナリーに戻り、地下にある樽庫へ狭い階段を降りて行った。

地下の樽庫には、樽で育成中の2樽だけの特別仕込みのメルローがあった。どういう仕込みをしたか少し説明をした後、このワインを試飲したヴルティッチ氏は、片目をつぶって、

「Congratulations!」

とだけ言った。

浅井さんはコメントを言わずに、笑顔でこの言葉を聞いていた。

収穫から1年以上たつので、そろそろビンに詰めようと思っていることを伝えると、

「酸化することを心配しているのだと思うが、今日テイスティングした感じでは、もっと良くなると思うので、あと1年樽で育ててはどうか」

浅井さんもこの意見に賛同した。

樽で貯蔵中のワインのあと、シャトー・メルシャンの赤ワインをいくつかお見せした。ヴルティッチ氏がテイスティングするのを待って、気がかりだつた点を質問する。

「ヴェジタルなニュアンスを感じますか？」

ヴルティッチ氏はグラスから顔を上げて、

「ウイスキーとミスター安蔵は、すぐに『ヴェジタル』というんだな。バランスの良いワインは、少しくらいこういう香りがあっても大丈夫だよ」

と笑いながらウインクした。

浅井さんのペンネーム麻井宇介の「宇介（ウスケ）」が、ウスケボー（スコットランドの古語でウイスキーを指す）からとっていることから、彼は浅井さんのことを「ウイスキー」と呼んでいた。

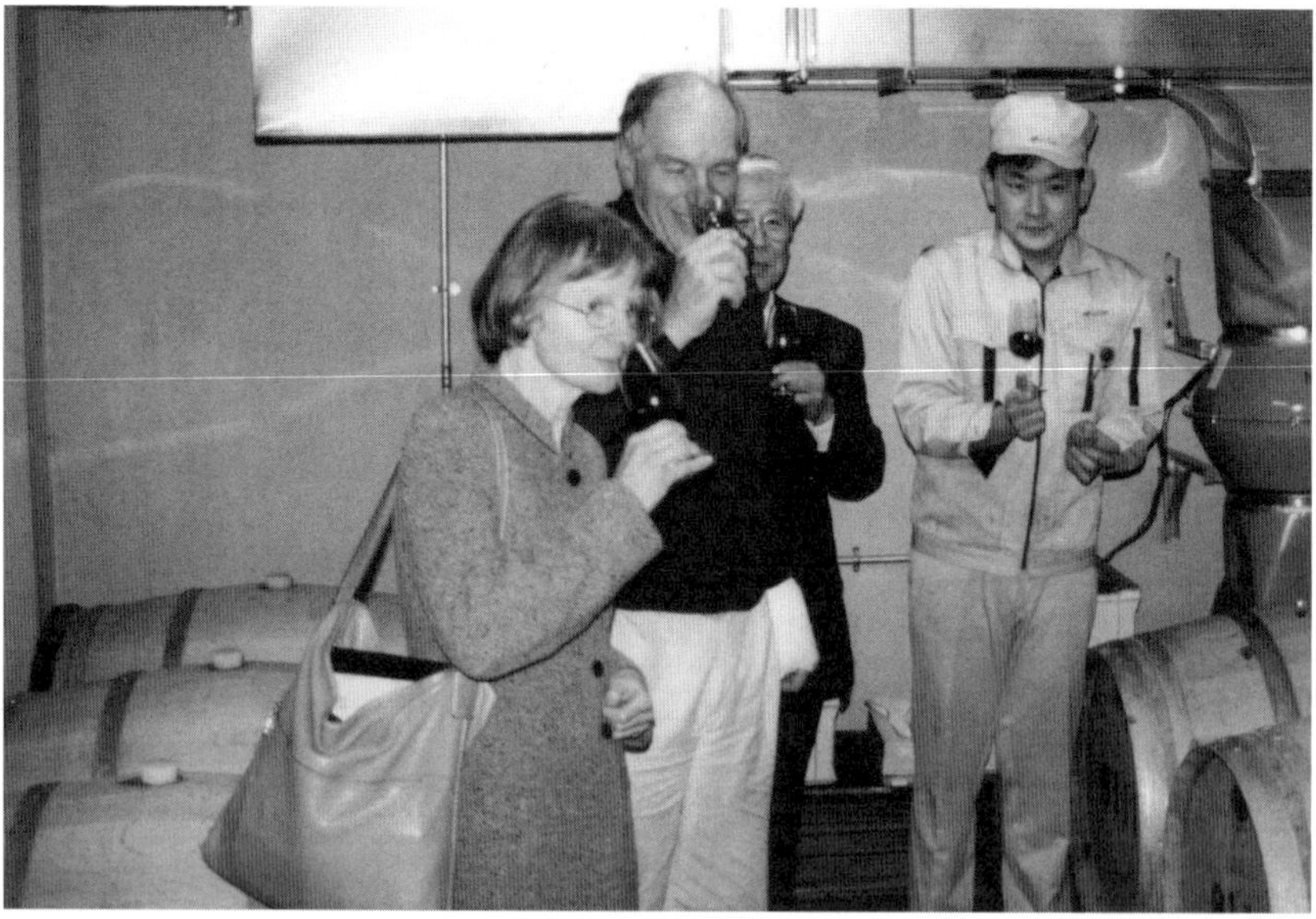

ヴルティッチ氏の勝沼ワイナリー訪問。左から、奥様、ヴルティッチ氏、浅井さん、筆者（1999年11月23日）

このころは、この1年半前にポンタリエ氏に指摘されたことで、ヴェジタルな匂いに過敏になっていたように思う。浅井さんも「ヴェジタル」というワードを頻繁に使っているのだな、と思った。

結局、このワインはこの後さらに1年間、トータルで収穫から約2年間、何度かの滓引きを経て、亜硫酸を加えずに新樽で育成した。酸化のニュアンスはなく、酒質は軽めだが柔らかく満足のいくものだった。

「亜硫酸無添加でも、きちんと管理すれば良いワインは造れる」ことは実証できたと考え、ボーカステルにならい、少量の亜硫酸を添加してから、2000年の初夏にビン詰めした。

1998年10月1日に小雨のぱらつく桔梗ヶ原で収穫したブドウは、2年後に約500本のワインとなり、ラベルのないボトルの状態で地下のセラーで眠りについた。

このワインは、のちに「シャトー・メルシャン 桔梗ヶ原メルロー シグナチャー1998」と命名され、2001年のニューヨーク・ワイン・エクスペリエンス（NYWE）で披露された。その後、2003年にパリのフォションなど海外で売られることになった（日本では未発売）。

このワインを仕込んだことで、日本でも品質の高いワインができる確信を得ることができた。

水上のフランス旅行　2000年3月

水上は2000年の1月中に、中伊豆から甲府の実家へ戻るはずだったが、中伊豆ワイナリーが1月にオープンし、ワインの管理や後任への引継ぎのため、ここでの勤務が3月まで延長されることになった。

そんなとき、水上から電話があった。

「このあいだワインスカラの授業をやったときに、石井もと子さんから、『浅井さんと一緒にフランスを回るのだけれど、一緒に行かない？』と誘われたんだ。フランスには一度も行ったことがないので、行ってみようかと思うんだけど、どうかな？」

「時期はいつなの？」

「3月下旬」

4月下旬には結婚式が予定されている。4月上旬には新居への引越しなどもあり、忙しい時期だったが、一度も行ったことのないフランスを経験する良い機会だ。

「せっかくの機会だし、勉強になると思うよ。帰ってきたら、結婚式の準備だからね」


出発日に合わせて成田経由で水戸の実家に帰省することにし、水上を成田空港まで送り届けた。空港でお会いした石井さんは、私たちを見てニヤニヤしている。

「昨年は、水上さんを講師に紹介してくれてありがとう。あのときは、2人がつきあっているのは知らなかったけれど、そういうことだったのね」

浅井さん、石井さんには、4月の結婚式の案内状を送付していた。

後から聞いた話だが、行きの飛行機では、よく眠れるようにと3人はそれぞれ離れた席をとっていたが、機内は空(す)いていた。水上の隣は空席で、浅井さんは水上の隣に移動し、フランスやワイン造りの話をしてくれたとのこと。初めてのフランスで緊張している水上の緊張を和らげようとしてくれたのだろう。

新婚旅行はアメリカのワイナリーへ　2000年4月〜5月

2000年4月22日(土)、品川プリンスホテルで結婚式を挙げた。浅井さんには披露宴の主賓として出席してもらい、最初に祝辞をいただいた。浅井さんは、私を新入社員として受け入れたときのことや、丸藤葡萄酒で正子が現場で働いているのを見て頼もしく思ったことなど、いくつかのエピソードを話し、次の言葉でスピーチを締めくくった。

「光弘さん、正子さん、ご結婚おめでとうございます。これまでは、それぞれが違ったことを見てきましたが、これからはおなじことを2人の目から見ていってください。日本のワイン造りを頑張って下さい」

まだ内示は出ていなかったが、おそらくフランスに行くことになるだろうと予想していたので、新婚旅行はカリフォルニアとオレゴンに行くことにした。ゴールデンウィークと結婚休暇を合わせて、18日間連続の休みだ。

カリフォルニアにもオレゴンにも、行ってみたいワイナリーはたくさんある。事前に「たくさんワイナリー訪問を入れるよ」と正子に相談し、了解が得られたので友人や会社に依頼して、かなりの数のワイナリーに予約を入れた。

成田からロサンゼルス空港へ飛び、初日はユニバーサル・スタジオへ。この日は新婚旅行らしく、終日アトラクションを楽しんだ。

翌日からは、レンタカーでサンフランシスコを目指して北上。1日3〜4件のワイナリーを訪問していった。最初のころは正子も楽しんでいた様子だったが、私が英語で聞いたことを全部翻訳する余裕がなかったため、だんだん退屈になってきたのだろう。

オレゴン州コロンビア・ヴァレー

「新婚旅行なのに、研修旅行みたい」と不機嫌になってきた。

カリフォルニアの沿岸を北に移動するに従い、ブドウ畑の様子が変わっていく。バイロン、カレラ、リッジなど、全行程で27か所のワイナリーを訪問することができた。

サンフランシスコから近いナパ・ヴァレーには、当時メルシャンが所有していたマーカム・ヴィンヤード（Markham Vineyards）があった。以前勝沼ワイナリーで一緒に勤務した同僚が赴任しており、マーカムが所有するゲスト・ハウスに泊めてもらった。

ナパに滞在しているあいだに、マーカムの従業員とサンフランシスコにメジャー・リーグの試合を見に行くことになった。ライト側が極端に短く、そのすぐ外側が海になっている不思議な形の野球場だった。当時、サンフランシスコ・ジャイアンツにはバリー・ボンズが所属していて、この翌年にシーズン73本のホームラン記録をつくった。ワイナリー訪問の強行軍が続いていただけに、正子は楽しんだようだった。

マーカムのみんなと別れ、ロシアンリヴァー・ヴァレーのワイナリーを巡った後、サンフランシスコ空港でレンタカーを返し、飛行機でオレゴン州に向かった。ピノ・ノワールで注目されるようになったワイン産地だ。

ポートランド空港で再びレンタカーを借り、ウィラメット・ヴァレーに向かった。ドメーヌ・ドルーアンなど、オレゴンでも多くのワイナリーを巡った。オレゴンは森林や山の風景が日本に似た感じで、乾燥した風景が多いカリフォルニアに比べると湿潤な気候なのだろうと思った。

ワインスカラで西海岸のピノ・ノワールを講義　2000年7月

旅行から戻ってしばらくして、石井さんから電話があった。

「新婚旅行でたくさんのワイナリーを回ったことで、何か気づいたことをワインスカラで話してくれませんか？」

確かに旅行中は、「何か文章を書くための題材になるようなことはないか？」という気持ちでいた。カリフォルニアでは、カーネロスやロシアンリヴァー・ヴァレーで、素晴らしいピノ・ノワールに出会った。また、オレゴン州は、ピノ・ノワールが世界的に有名だ。セミナーの題材は、ブルゴーニュ以外のブドウ産地でピノ・ノワールが広がっていった経緯と、新興ブドウ産地の最近の品質向上、それにかかわった人たち、などについて、まとめようと思った。

「醸造家が伝えたいこと、アメリカ西海岸のPinot Noir」というタイトルで、世界のピノ・ノワールがどのように広がったかを、カベルネ・ソーヴィニヨンやシャルドネのケースと比較してお話しした。浅井さんもセミナーに参加してくれた。

酒販ニュースにもピノ・ノワールの記事執筆　2000年8月～11月

ほどなく浅井さんから会社に電話があった。

「このあいだのセミナー、お疲れ様。安蔵君がワインスカラで話した内容をベースに、『酒販ニュース』に寄稿してみませんか？」

いつかはワインに関する記事を書いてみたい気持ちはあったので、光栄に感じた。

「ありがとうございます。書かせていただけるのであれば、頑張ります」

浅井さんは少し声のトーンを落として、

「安蔵君はまだ若いので、こういった記事を書くと社内で反感をもつ人が出るかもしれない。僕も若いころに記事を書いて、社内からいろいろ言われた経験がある。今回の件は、『僕に原稿の依頼が来たが、余裕がないので安蔵君に代わりにお願いしたい』という流れで、僕から本社経由で依頼するという形でどうでしょう？」

浅井さんの指摘に、そういう心配も必要なんだな、と思った。

当時私は入社6年目で31歳。浅井さんの気遣いはありがたかった。

しばらくして、本社の部長から電話があった。

「浅井さんから、忙しいので代わりに原稿を書いて欲しいと依頼が来たけど、安蔵君は対応できますか？」

満ちた果実味あふれる赤ワインの連想はシャルドネやカベルネれる。これは、ピノ・ノワールとの例証といえよう。
しか真価を発揮しないという意ワールは持ち出すことができなールが現れてきている。ブライめったことも多い。この稿では、ニュージーランドがどのように

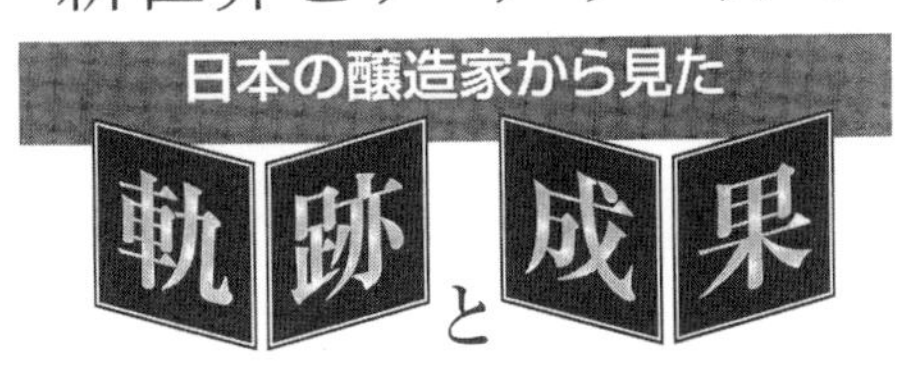

例えばヨーロッパ及び他の国々においてはつまらない、平凡なワインになる」。「(カリフォルニアのピノ・ノワールを)バーガンディーと比較してはならない。カリフォルニアのピノは色がとっぷりと濃く、『こく』があり、『濃厚』で『丸みのある』ワインだが、ごてごてした泥臭いスタイルで、典型的なフランスのピノの『ブドウの香り』及び『香味』には及びもつかない」。

これが、この本の改訂版『マイケル・ブロードベントのワインテースティング』(西岡信子訳、柴田書店一九九六年)では、上記のコメントに以下の二つの文が加えられている。『もっとも今日ではカリフォルニアの一部で際立ってピノ・ノワールの特徴が出ているワインがつくられるようになった』『(カリフォルニアでは)いくらか目を見張るようなピノ・ノワールの模範のようなワインができている!』。一七年の歳月が著者の認識を変えたことがわかる。

◆日本より小さな産地◆　次に、栽培面を概観してみる。表1はカリフォルニアの品種ごとの栽培面積で、グラフは主要品種の「新植」面積である。新植面積は、その時点で栽培家がどの品種に将来性を感じていたかを端的に示す数字と言える。一九九一年以降各品種とも増加傾向にあるのは、フィロキセラ禍のために大規模に改植が行われたことが影響している。

表1とグラフからピノ・ノワールは栽培面積自体はまだ少ないが、この五年ほどで急速に注目を集めていることがわかる。表2はオレゴンのデータで、ここではピノ・ノワールが約四〇%を占め、他の産地と比べかなり高い比率となっている。この比率はさらに増加傾向にあり、全体の面積もこの三年間で約二七%増加している。表3はニュージーランドのデータで、一九九一年時点で最も面積の広いミュラー・トゥルガウがわずか七年間で約六〇%減少したこと、赤品種ではピノ・ノワールが最も多いことなどが読み取れる。また、ブドウ生産量はニュージーランド七万八、三〇〇t(九七年)、オレゴン一万八、七〇〇t(一九九七年)で、これは生食用を含めた日本の生産量二五万九〇〇t(九七年の醸造仕向け量は二万七、七〇〇t)と比べてもずっと少ない。「ブドウ栽培」に関しては、どちらも日本よりかなり小さな産地である。

安蔵光弘
あんぞう・みつひろ
1968年、茨城県水戸市生まれ。東京大学農学部農芸化学科卒業、同大学院応用生命工学専攻修士課程修了、専門は応用微生物学。メルシャン株式会社入社。現在、技術係として醸造及び栽培の技術的側面を担当。

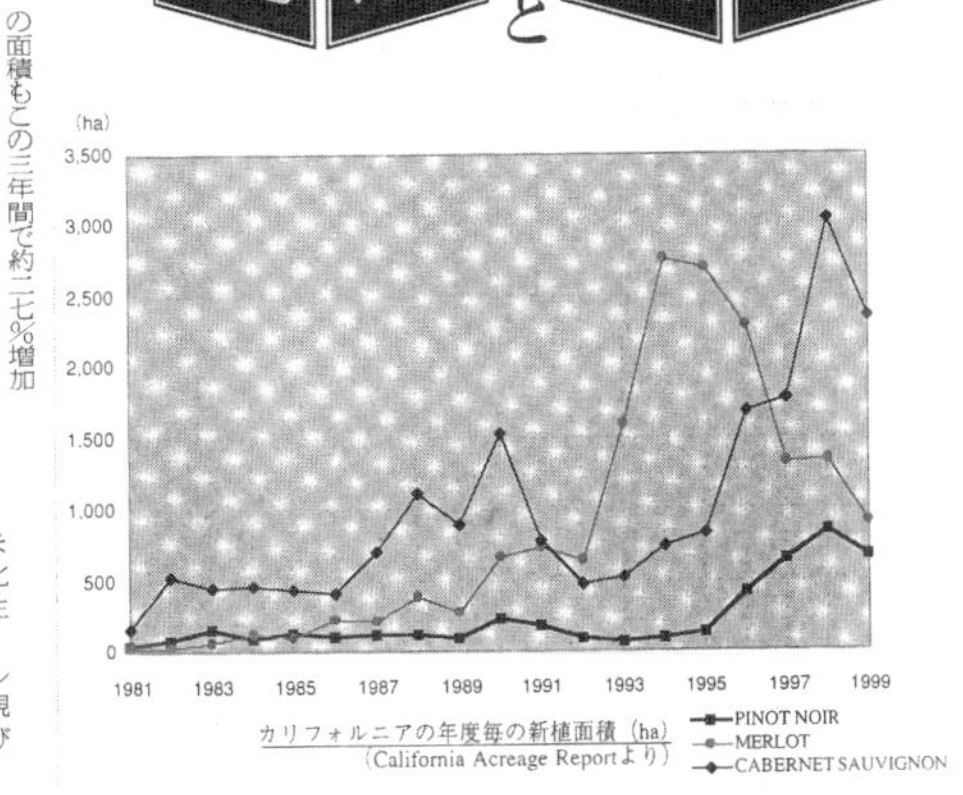

カリフォルニアの年度毎の新植面積 (ha)
(California Acreage Reportより)

ピノ・ノワールについて書いた『酒販ニュース(2000年11月11日号)』(醸造産業新聞社)より

「はい、ぜひ書かせていただきます」

このときの記事は、11月11日号の『酒販ニュース』紙に、「日本の醸造家から見た新世界ピノ・ノワールの軌跡と成果」というタイトルで、3ページにわたって掲載された。これ以前にも、浅井さんの記事に注釈を入れる仕事はしていたが、この寄稿が、私にとって自分の名前で書いたワインに関する最初の文章だ。掲載された『酒販ニュース』(醸造産業新聞社)が届いたときは、とても嬉しかった。とはいえ、浅井さんが心配してくれたことも考え、1人で静かに喜びをかみしめた。

大善寺宿坊のワイン会 2000年10月

2000年の仕込みが落ち着いた10月28日(土)、石井さんがワインスカラの関係者と山梨に来ると知らせがあった。

「今日は昼間にメルシャンを見学して、夜大善寺に泊まるので、一緒に食事をしませんか?」というお誘いだった。

大善寺は、国宝に指定された本堂をもつ勝沼の古刹で、「ぶどう寺」として知られる。甲州ブドウ発祥の伝説と深く関わりがあり、甲州のワインを仕込んでいる寺としても有名だ。境内に宿坊があって、泊まることができ、食事も提供される。

「ワインをもち込めるように交渉したので、何かもって正子ちゃんと一緒に参加しませんか?」

仕込みが終わりに近づきホッとしていた時期で、とくに予定はなかったので参加しようと思った。

「大丈夫です。ぜひご一緒します」

電話を切って、正子を誘った。

「石井さんとも久しぶりなので、行こうと思うけど、正子も参加するよね？」

久しぶりのワイン会。喜んで参加すると思ったのだが、正子の表情が曇った。

「うーん、今年は仕込みをちゃんとできていないので、ワイン関係者に会うのはちょっと気が引ける。行かなきゃダメかな？」

中伊豆以来、ワイン造りの現場から離れているので、無理もないと思った。この年の仕込みは、昔の知り合いから誘われて、あるワイナリーの手伝いをしたが、雑用が中心で、自分で仕込んだワインと呼べるものはなかった。

「こういうときこそ、ワイン関係者の人と会って、話をした方がいいよ」

正子は少し考えてから、「気は進まないけど、じゃあ参加するかな」としぶしぶ納得した。

夕方大善寺の宿坊に行き、ワインスカラのグループと合流した。ワインを飲みながら歓談する中、正子は楽しめないようだった。

ボルドー駐在の内示　2000年12月

ボルドーに駐在することが正式に決まり、内示を受けた。

その日は浅井さんがワイナリーにきていたので、早速報告をした。

浅井さんは「おめでとう。それは良かった」と笑顔になって、私にこう質問した。

「ボルドーに行って、どういうことをしたいと思ってる？」

私は少し考えてから、

「メルロー特別仕込みを経験して、日本ですごいワインができることがわかりました。この延長線上で、ボルドーでも、少量でいいので区画を決めてワンランク上のワインを造ってみたいと思います。クリュ・ブルジョアのシャトーでも、グラン・クリュのようなワインができると思います」

おそらくこういった返事を予想していたのだろう。浅井さんは笑顔のまま頷き、少し声のトーンを落として、ゆっくりとした口調で私を諭した。

「そういう気持ちをもつのはいいことだね。でも、長い歴史のあるボルドーで仕事をする際に、日本での経験をあまり前面に出しすぎると、見えるものも見えなくなる。

せっかくワインの本場に行くのだから、『変えてやろう』と思うよりも、『ボルドーに学ばせてもらう』という気持ちでいた方が、多くのことを学べるはずだよ」

初めての海外勤務で気負っている私を見て、肩の力を抜いて歴史のあるワイン産地「ボルドー」と向き合う姿勢を示唆してくれたのだと思う。

浅井さんのこの言葉は、ボルドー駐在の期間中、常に頭の中にあり、「ボルドーに教わる」という気持ちを保つことができた。今振り返ってみても、貴重な言葉を頂いたとしみじみ思う。

第二章

Chateau Reysson 2003

2001年1月～2005年2月

フランス生活は語学研修からスタート　2001年1月〜7月

2001年1月、結婚して10か月間住んだ石和のアパートを引き払った。私の渡仏の日は2月2日（金）に決まった。まずは語学研修に集中するため、しばらくは単身赴任の生活。ジロンド川河口の大西洋岸に位置するロワイアン（Royan）という町にあるCAREL（Centre Audiovisuel de Royan pour l'Etude des Langues）という語学学校で、フランス語を学ぶのだ。ロワイアンはリゾート地だが、冬の時期は観光客もほとんどなく、静かな雰囲気だった。ゴールデンウィークに正子が1週間フランスに遊びに来た以外は、7月下旬まで6か月間、フランス語漬けになった。

7月14日（土）、半年遅れで正子がフランスに引っ越してきた。しばらくの間、昼間は私は語学学校に通い、正子はボルドーへの引っ越しに備え寮の部屋の片づけをする。

夜は一緒に荷造りをしたり、近くのスーパーで買い物をして、部屋のキッチンで調理をした。語学学校の同級生を部屋に呼び、正子がつくった料理をふるまうこともあった。

片づけをしながら、正子が打ち明けた。

「日本にいると、いろんな人が岡本さんとのプロジェクトのことを聞いてくるんだ。そのたびに『身を引いたんです』と言うのは、とてもいやな気持ちだった。正直、フランスに来てほっとした」

正子はボルドーで始まる新しい生活に期待しているようだった。

7月21日（土）に、ボルドー市コーデラン（Cauderan）地区のアパルトマンへ引っ越した。

◇

8月から、メドックのヴェルトゥイユ村にあるシャトー・レイソンでの勤務がスタートした。シャトー・レイソンは1988年にメルシャンが取得したAOCオー・メドックのクリュ・ブルジョアのシャトーで、ジロンド川の少し内陸に位置する。通勤は車で、片道60㎞ほどの距離を1時間弱。往復だと120㎞とかなりの距離を走るが、途中無料の高速道路区間があるので、それほど苦にならない。

シャトーへ通う傍ら、ボルドー大学醸造学部にも週2日通い、テイスティングや醸造学を学んだ。ボルドー駐在中に、ボルドー大学で学習したこと、シャトーで習得・体験したことはとても刺激的で、それに対する自分の考えをレポートの形にして、郵便やファックスで定期的に浅井さんに送った。浅井さんからも、それに対するコメントが、ボルドーの自宅にファックスで送られてきた。

このときのレポートは、その後酒類専門紙『酒販ニュース』（醸造産業新聞社）に2004年から2年間連載した「等身大のボルドー」のベースとなっている。

プロジェクトへの誘い（いざない）　1998年7月・2001年6月

話は渡仏前に戻る。本社勤務をしていた1998年、ワインスクールで浅井さんのクラスを受講し、初日の帰りに浅井さんと飲んだ話は第一章で書いたが、そのあとにも浅井さんから帰り道に居酒屋に誘われたことがある。店内はそこそこ混雑していた。

このとき私は、自分が考えていたことを勢い込んで話した。

・プロヴィダンス仕込みについて考えたこと

・夏休みに個人旅行で南仏に行き、ボーカステルを訪問すること
・1年間ワイナリーから離れているので仕込みをしたくてうずうずしていること
・ワイナリーにいる誰かがこの仕込みをやってくれるかどうか心配していること

浅井さんはボーカステルを訪問することについて少しコメントし、それからビールを一口飲んで、少し改まった口調で話し始めた。

「今すぐということではないんだけど、僕が進めているプロジェクトにあなたを誘ったら、一緒にやる気はある？　1～2年は準備期間だから、そのあいだワイン造りはできないけどね。そのあいだは、酒文化研究所の方を手伝って欲しいと思っているんだ」

メルシャンの顧問を外れて非常勤顧問となった浅井さんが、「Takara酒生活文化研究所」の顧問をつとめていることは、メルシャンでも知られていた。浅井さんは私の反応を確かめるように、少し間をおいてから、こう加えた。

「実は僕も、昭和37年にオーシャンと三楽が合併した後、ある会社から転職の誘いを受けたことがあるんだ。あのときはずいぶん迷ったんだけど、結局残ることにした。それが正しい選択だったのかどうか、今でもわからないけどね」

浅井さんが進めようとしているプロジェクトに誘いを受けたことを光栄に感じた。また、ワイン造りの現場から離れていたときだったので、ブドウ畑から始めるという大きなプロジェクトに魅力を感じた。

日本では農地法による規定で、会社組織であるワイナリーがブドウ畑を経営することには制限がある。今でこそ規制緩和で、農地所有適格法人（旧農業生産法人）を設立するか、会社組織自体が農地所有適格法人の認定を受ければ、ブドウ畑を経営できるようになったが、当時は「ブドウ畑から、ワイン造りまで」というコンセプトは画期的な響きがあり、脳裏にボルドーのような広大なブドウ畑が広がった。

このときはお受けしてもいいかなと思ったが、

「大事なことなので、少し考えてからお返事します」

と伝えた。

このころは、本社で新商品の開発担当として、初めて全国展開の大型新商品を企画し発売したばかりで、達成感と充実感を感じていた。また、まだ計画段階のプロジェクトに正直リスクを感じた。

数日考えたが、辞退する決意をして電話をした。

「まだ入社4年目なので、もっとこの会社で勉強したいと思っています。そうはいっても、ワイン造りの現場には戻りたいので、いつまでも本社勤務が続くようであれば、ご一緒させていただくかもしれません」

浅井さんは少し間をおいて、

「そうだな。本社での仕事もいつまでもというわけではないし、よい経験になると思うので、頑張ってください」

と言ってくれた。

あとから考えると、浅井さんはこのすこし後に、私をワイナリーに戻すように、事業部の担当役員に言ってくれたのだと思う。

◇

浅井さんが進めていたプロジェクトは、話をしてくれた時点では机上のものにすぎなかったが、その後宝酒造は本格的に長野県でのワイン造りに参入することを決定し、発表した。畑の予定地は約20ヘクタールの広さで、約１００人の地権者と合意もほぼ整い、ブドウ苗の調達も済んでいた。

しかし、２００１年６月に計画は突如白紙に戻り、ワイナリー建設のプロジェクトはなくなってしまった。あとには地権者の不信感と、２万本におよぶ大量の苗が残った。

朝食は日本風

２００１年８月

ボルドーでの生活が始まった。

最初のころの朝食は、前日の夜に買っておいたバゲットを食べることが多かったが、毎日買いに行かないとパンが固くなるし、私はご飯の方が好きだったので、正子に頼んで朝はご飯にしてもらった。使うこともあるかもしれないと思い、独身時代に使っていた３合炊きの小さな炊飯器を日本からもってきていた。変圧器を使って、平日は毎朝ご飯を炊いた。

米は、ボルドー市内のアジアショップで、イタリア産のジャポニカ米を売っていた。味はまあまあ合格点で、値段は日本よりもはるかに安かった。アジアショップでは大豆も購入し、自家製のみそを仕込んでいたので、平日の朝は基本ご飯とみそ汁。おかずは、必ずしも和風ではなかったが、目玉焼きや魚の塩焼きなどが中心で、漬け物を漬けることもあった。

ワイナリーへも、ご飯とおかずのお弁当をつくってもらって、持って行った。

正子は、「せっかくフランスに住んでるんだから、もっとパンを食べたい」と言うので、土日の朝は、アパルトマンから歩いて３分ほどのところにある評判の良いパン屋さんに買いに行き、パン・オ・ショコラとカフェオレにした。フランスのパンは美味しいと思った。

夜は必ずしも和風ではなく、ボルドーに住んでいることもあり、赤ワインに合わせる料理が多かった。正子が工夫していろいろな料理をつくり、週末は私も台所に立った。

2人で市場やスーパーに買い物に行くのは、とても楽しみだった。アジアショップに行くのは、お米がなくなりそうになるタイミングで月に1回ほど。日本製ではないが、醤油や即席ラーメンも扱っていた。ほとんどのスーパーは、国の規制で日曜日は休むが、アジアショップは午前中オープンしているので、日曜日の午前中に行くことが多かった。

浅井さんとの旅行の計画　2001年8月

このころ浅井さんは、2冊の本を並行して執筆していたため、しばらく海外を視察することができなかった。浅井さんは本の校正が終わったあと、10月下旬にニューヨーク・ワイン・エクスペリエンスに出張することになった。ニューヨークでは「特別仕込みのメルロー1998」が「桔梗ヶ原メルロー・シグナチャー1998」として披露されることになった。

このころに、私から浅井さんに送った手紙と、浅井さんからいただいた手紙を下記に掲げる。

浅井昭吾様

シャトー・レイソン
安蔵光弘

ご無沙汰しております。

日本は台風の影響で一部のブドウ畑に被害が出たと聞いておりますが、いかがですか？

「桔梗ヶ原メルロー　シグナチャー1998」を通して、ワイン造りに関していろいろと考えることができましたし、実際自分のワイン造りに対する姿勢が変わったと思います。

翌年の2月に実際にニュージーランドへ行き、ヴルティッチ氏との知遇を得たことは、自分にとって良い財産になりました。その後、1999年の11月下旬（23日だったと記憶しています）に、浅井さんがヴルティッチ氏を勝沼ワイナリーにお連れになった際に、樽熟13か月目の1998の2樽だけのメルローをお見せし、誉めていただいたことはとても嬉しく思いました（この時点ではまだ亜硫酸無添加でした）。

このワインをキッカケにして、畑での選果の機運が出てきたことは良いことだったと思います。1998年はあまり良いミレジムではありませんでしたが、それなりのレベルに達したと思っています。いつか日本で再度このような仕込みをしてみたいと思っています。

現在、レイソンで主に畑のサンプリング及び分析を担当しています。最高・最低気温、降水量等の気象データも記録しています。分析のない日は毎日畑で皆と一緒に作業をしています。
　このような作業を通していろいろなことが見えてくるように感じます。また、サンプリングの際に毎週すべての畑を歩き回るので、畑の状態が良くわかります。畝間を一日4～5キロくらい歩くこともあります。雨の翌日に歩くと、同じ区画でも場所により雨の乾き方がかなり異なり、土壌が違うことが実感されます。

　仕込み明けの10月下旬からボルドー大学でDUADの聴講が始まります。DUADはきき酒が中心ですが、醸造や栽培の講義もカリキュラムに組み込まれているようです。新しい情報も聞けるようですので楽しみにしています。

安蔵光弘様

2001・8・3

麻井宇介

7月30日付 おたより 本日落掌。お元気の様子 うれしく拝見しました。

こちらは 連日35℃を超える暑さで 熱中症で倒れる人が例年の3倍とか ニュースで 注意を呼びかけています。

小生は いま 9月刊行予定の 本 2冊の校正が同時進行になってしまい 追われています。あともう1冊、これは宝酒生活文化研究所の共同研究のまとめに寄稿するのが残っていますので 暑い最中ですが あまり なまけてはいられません。

ワインの市場は低価格のものがきびしい状況です。しかし 酒類市場全体の動向をマクロに見れば 将来ワインが後退することはありません。目先の状況に一喜一憂することなく実力を 自分自身につけていくこと だけに専念なさるよう。

今年は 前半 かなり集中して原稿を書いていたので海外へ出かけることも 見合わせていました。それで10月以降は どこへ行こうか考え始めています。

先日 足利市の ココファーム ワイナリーへ行ってきました。日本のワインづくりの可能性を探るという点で、 頑張っているなァと感心しました。

末筆ながら 奥様にどうぞよろしく。 お二人の充実した ボルドーの日々を祈っています。

草々

2001、8、3

安藏光弘 様

麻井宇介

7月20日付 おたより本日落掌。お元気の様子 うれしく拝見しました。

こちらは連日35℃を越える暑さで熱中症で倒れる人が例年の3倍とか ニュースで注意を呼びかけています。

小生はいま 9月刊行予定の本2冊の校正が同時進行になってしまい 追われています。あともう一冊、これは宝酒生活文化研究所の共同研究のまとめに寄稿するのが残っていますので暑い最中ですが あまりなまけてはいられません。

ワインの市況は 低価格のものが きびしい状況です。しかし酒類市場全体の動向をマクロに見れば 将来ワインが後退することはありません。目先の状況に一喜一憂することなく 実力を自分自身につけていくことだけに専念なさるよう。

今年は前半 かなり集中して原稿を書いていたので 海外へ出かけることも見合せていました。それで10月以降には どこへ行こうか考え始めています。

先日 足利市の ココファーム ワイナリーへ行ってきました。日本のワインづくりの可能性を探るという点で、頑張っているなァと感心しました。

大滝さんにはすっかりご無沙汰しています。どうかよろしくお伝え下さい。今度出す本には大滝さんに案内してもらった時の話がいろいろ出てきます。

末筆ながら 奥様にどうぞよろしく。お二人の充実したボルドーの日々を祈っています。

草々

2001年8月3日付の浅井さんからの手紙。ボルドー側のファックスの調子が悪く、国際郵便で送っていただいたもの。

この手紙にも記載があるが、浅井さんがニューヨークへ出張したあと、浅井さん、石井もと子さん、私と正子の4人で、フランスのどこかの地方を訪問しようという話が持ち上がった。

このあと石井さんと電話やメールでスケジュール調整を行い、浅井さんと石井さんが10月29日（月）にボルドーに入り、4人で11月上旬にかけてボルドーのシャトーをいくつか巡り、そのあと南へ下ってアルマニャック地方のブランデー蒸留所を巡ることが決まった。ワイナリーや蒸留所を浅井さんと回ることで、何か気づきが得られるのではないかという期待があった。

初めてボルドーで仕込みをした後にお会いするので、フランスで考えたことをお話ししようと思った。

ボルドーでの仕込みが始まる　２００１年10月

２００１年、海外での初めての仕込みをシャトー・レイソンで行った。

この年は平均的な天候で、秋になると日本とおなじように雨が多く降った。そういった中、いかに品質の良いブドウを収穫するか、という視点で、さまざまな工夫がとられていた。

日本のワイン造りでは、秋雨のつらさを実感していたので、これらの工夫は大変参考になった。

詳しくは、拙著『ボルドーでワインを造ってわかったこと～日本ワインの戦略のために』（イカロス出版）に書いたので、ご参照頂きたい。

10月上旬にメルローの収穫が始まった。

ある日、シャトーからボルドー市内の自宅に戻ると、正子はいつも通り夕食をつくって待っていた。ボルドーでの初めての収穫に刺激を受けている私は、少し興奮気味に正子に話しかけた。

「ボルドーでも、天候が理想的というわけではないんだね。ぎりぎりまで待って、熟度を上げる工夫もいろいろとあるんだ」

正子は寂しそうに、「いいなあ。私もワインを造りたいよ」と少しうつむき加減で言った。

正子の気持ちはすぐに理解できた。シャトーが一番活気のある仕込みの時期なのに、正子は自宅で待っているしかない。これではせっかくのフランス滞在がよい思い出にならないだろう。何とかしなければと強く思った。

収穫と仕込みにはそれ以上触れず、「何とかするので、フランス語だけはしっかりね」と言うしかなかった。

父の病気・急ぎの帰国　2001年8月〜10月

フランスでの生活を始めて半年ほどした8月、父に胃がんが見つかった。重篤ではなく手術ができるというので、水戸の母や兄弟と相談し、仕込みが終わってから年末に帰国することにした。

ところが手術から数日後の10月15日（月）、真夜中に電話がかかってきた。嫌な予感がして、ベッドから飛び起きて電話に出ると、日本にいる兄からで、突如父が亡くなったとの知らせだった。

仕込みのピークの時期だったが、すでに日本は朝を迎えているので、会社の人事部に電話をした。

「海外赴任者の近親者が亡くなったときは、旅費が出るように保険を掛けてあるから、すぐに帰国しなさい」との指示。ボルドー市内の旅行会社のオフィスが開くのを待って、その日の夜の成田行きを予約し、ボルドー・メリニャック空港からパリ経由で正子と帰国した。

成田に夜遅く着いて空港の近くで1泊し、水戸の実家に電話をして葬儀の段取りを聞いた。

翌日水戸に着くと、浅井さんからの香典が届いていた。このとき浅井さんは、体調不良で検査をして、がんであることがわかっていた。病気のため、10月末に一緒にボルドーのワイナリーを回る予定だった旅行もキャンセルされている。そのような中で香典のお気遣いをいただき、感謝の気持ちでいっぱいになった。

ボルドー大学の講義が始まる日が迫っていた。初回の講義に出ないと、そのあとついていけなくなるのではないかという心配があったので、日本滞在は3日間で、あわただしくボルドーに戻った。

ボルドー第二大学・DUAD講義開始　2001年10月

ボルドー第二大学（医学部や心理学部などがある）のワイン醸造学部に、DUAD（ワイン・テイスティング適性資格）という講座がある。

1974年にエミール・ペイノー（Emile Peynaud 1912-2004）教授が設置して以来50年近く続いている、ワイン業界のプロフェッショナル向けの、伝統ある公開講座だ。10月中旬に開講され期間は1年間、定員は約40名で、人気があるため受講許可を得るのは容易ではない。

当時のカリキュラムは、月曜日と土曜日の午前中に講義とテイスティング実習で3時間。講義はワインに関する理論的かつ実戦的なもので、テイスティング実習は科学的な視点を基礎としたもの。講義は、味覚生理学、生化学、醸造学、微生物学、ブドウ栽培学、土壌学、ボルドーの歴史、など多岐にわたる。

講師陣には、ポリフェノールの研究で有名なイヴ・グローリー（Yves Glories 当時学部長）教授や、白ワイン醸造の権威ドゥニ・デュブルデュー（Denis Dubourdieu）教授をはじめ、国立農業研究所の教授や醸造コンサルタント、有名シャトーのディレクターなど、著名な研究者やプロフェッショナルが名を連ねる。醸造学は赤をグローリー教授が、白をデュブルデュー教授が担当し、品種ごとの特徴をはじめとして、現場での醸造に関することまで、実践的な講義が行われた。

ボルドーの歴史に関する講義は、ボルドー第三大学の歴史学講座のフィリップ・ルーディエ（Philippe Roudié）教授が担当した。彼は、ボルドーワインの歴史に関して多数の著書があり、ボルドーがどのようにしてワイン産地として成立・発展してきたか、という内容だ。

フランス語の歴史の専門用語が頻出するので、非常に理解しづらかったが、とても興味深く、先生の本を何度も読み直して復習した。浅井さ

ボルドー第二大学のワイン醸造学部（タランス市、2001年当時）

んに話したら、興味をもってくれそうなことがちりばめられていた。

テイスティング実習は、香りの標準物質を水に溶かしたものと、さまざまな産地・品種のワインを使い、ブラインドで繰り返し学習した。

受講生は、2週間に1回のテイスティング小試験（10回）と、年明けの中間試験を経て、6月初めに最終試験を受ける。講義はもちろん、試験もすべてフランス語だ。

最終試験は3時間の論述とテイスティングからなり、講義の理解だけでなく論述力も必要とされる。この両方に合格すると、担当教授による口頭試問を経て、ディプロム（Diplôme 卒業免状）を取得する。

DUADの授業を通して、テイスティングの理論と実践法に多くの知見を得ることができた。

浅井さんの病気

２００１年９月～11月

先に述べたように、浅井さんはメルシャンOBの立場で、ニューヨークで開かれるニューヨーク・ワイン・エクスペリエンス（NYWE２００１、２００１年10月）への参加が決まっていた。「特別仕込みメルロー」と呼んでいたワインは、この会場で「桔梗ヶ原メルロー・シグナチャー１９９８」として披露されることになった。

ワイン名の「シグナチャー」は、「醸造担当が納得したワインにサインをして出荷する」の意味合いがある。このワインを仕込んだ担当者として、ラベルに手書きで製造番号を入れるようにと、ボルドーにいる私の元にラベルが送られてきた。

ニューヨーク・ワイン・エクスペリエンスのために用意したパンフレットに使ったボトル写真（左ページ）に

は、ラベルの右下にそのとき私が書き入れた「００１」の番号が入っている。

しかし、直前の９月11日、ニューヨークなどで同時多発テロが起こり、安全の配慮から、メルシャンは浅井さんの参加を見送る決定をした。

さらにこのころ、浅井さんは十二指腸がんであることがわかり、手術を受けることになった。体調次

NYWE2001用のパンフレット

第だが、病気を押してでもニューヨークに行く意向はあったようだ。

しかし、すでにがんはかなり進行しており、体調の面でも海外出張は無理だった。

以下は、楽しみにしていたフランス旅行に来られなくなったときに浅井さんからいただいたファックスだ。

2001 10 29
11 4

麻井宇介

シャトー・レイソン
安蔵光弘様

拝復
Fax うれしく拝見しました。'01のボルドーの仕込みでご活躍とのこと あれこれ想像しております。
本来ならば 今日は私もボルドーで貴君と再会、つもる話に花を咲かせているはずでしたのに残念です。すでに石井さんから聞かれていると思いますが（或は大久保哲ちゃんから）ここ当分ワインも飲めず おいしい料理も体が受けつけませんので、この体調を修復して明春を期したいと思った次第。
石井さんから土産話を

ここまで書いたところで電話が入り、そのまま中断して
今夜書き継ぐまで6日間もたってしまいました。

いろいろ書きたいことがあるのですが 走り書きで失礼します。
すでにあちこちウワサが広がってしまいましたが、明日（11／5）入院
明後日手術を受けます。早く体調を整え、ワインや清酒や乙焼酎や
シングルモルト、コニャック・・・・いろいろ楽しみたいと思っています。
ここ数年 あまり充電していないので、次の仕事にとりかかる転機と考えれば
絶好の充電期間だと考え、ここ数日 本屋であれこれ酒以外の本を
買い集めました。
10月31日 本社に久しぶりに顔を出し、拙著『酒をどうみるか』
を フランス勤務の皆さんに お届けするよう依頼しました。間もなく
そちらへ送られると思います。『ワインづくりの思想』のベースにある
文明論的「酒の見方」を、20世紀という時間軸の中で述べたもの
です。私はこの二つの本をセットとして書き進めました。超多忙
の仕込み時期を越えたいま、日本における21世紀の酒づくりを
日本の雑音から離れたところで じっくり考えてください。
次におたよりするのは退院後となります。末筆となりましたが
お父上の御逝去 心よりお悔やみ申し上げます。ご葬儀にも参列できず
申し訳ありません。
ではどうぞお元気で。

Fax reçu de :　　　　　　　　　　　　04/11/01　16:47　Pg: 1

2001. ~~10.29~~
11. 4

シャトー・レイソン
安蔵光弘様

麻井宇介

拝復
Fax うれしく拝見しました。101のボルドーでの仕込みでご活躍のこと あれこれ想像しております。
本来ならば今日は私もボルドーで貴君と再会、つもる話しに花を咲かせているはずでしたのに残念です。すでに石井さんから聞かれていると思いますが（或は大久保智ちゃんから）ここ当分ワインも飲めず、おいしい料理も体が受けつけませんので、この体調を修復して明春を期したいと思った次第。
石井さんから土産話を

とここまで書いたところで電話が入り、そのまま中断して今夜書き継ぐまで6日間もたってしまいました。

いろいろ書きたいことがあるのですが走り書きで失礼します。

すでにあちこちウワサが広がってしまいましたが、明日（11/5）入院 明後日手術を受けます。早く体調を整え、ワインや清酒や乙焼酎やシングルモルト、コニャック……いろいろ楽しみたいと思っています。ここ数年あまり充電していないので、次の仕事にとりかかる転機と考えれば絶好の充電期間だと考え、ここ数日本屋であれこれ酒以外の本を買い集めました。

10月31日本社に久しぶりに顔を出し、拙著『「酒」をどうみるか』をフランス勤務の皆さんにお届けするよう依頼しました。間もなくそちらへ送られることと思います。『ワインづくりの思想』のベースにある文明論的「酒の見方」を、20世紀という時間軸の中で述べたものです。私はこの二つの本をセットとして書き進めました。超多忙の仕込時期を越えたいま、日本における21世紀の酒づくりを日本の雑音から離れたところでじっくり考えて下さい。

次におたよりするのは退院後となります。末筆となりましたがお父上の御逝去心よりお悔み申し上げます。ご葬儀にも参列できず申しわけありません。

ではどうぞお元気で。


2001年11月4日に、日本からボルドーの自宅に届いた浅井さんからのファックス

大船の病院・背中の感触　2001年12月

12月に入り、石井もと子さんからメールが届いた。

「もし年末日本に帰れるようなら、浅井さんのお見舞いに行って欲しい。浅井さんも会いたがっています」

父の死に目に会えなかったことで、夏休みに帰っておけばよかったという後悔の念があった。浅井さんの病気は治ると信じてはいたが、会っておきたいという気持ちと、後悔したくない想いがあった。帰国できるとすれば年末年始の間だけだ。

12月下旬にフランスから一時帰国し、暮れも押し詰まった12月29日（土）に、正子と2人で大船駅からモノレールで1駅のところにある病院にお見舞いに行った。

夏前から一緒にワイナリーを巡るためのやり取りをしていたことで、浅井さんの病気を早くから知らされていたが、この時点では多くの人は病気のことを知らなかった。

病院に行き、面会の手続きをして5階の病室まで行くと、ベッドの浅井さんは、以前よりやせてはいたがとても元気だった。「こんにちわ」と声をかけると、浅井さんは読んでいた本から顔を上げ、「やあ、久しぶりだね。2人とも元気かな？」と迎えてくれた。

「こういう状態なので、安蔵君から送られてくるレポートに返事は書けないけど、いつも楽しみに読んでいるよ。昨日からチューブが外れたので、点滴しながらだけど、歩けるので談話室に行こう」

そう言ってベッドから起き上がり、談話室に移動した。何組かが話をしていたが、浅井さんは部屋を見渡して、冬の柔らかな日差しが入る窓際のテーブルに我々をいざなった。

浅井さんは椅子に腰かけ、いつもの柔和な表情で語りかけてくれた。

「まずは日本にお帰りなさい。あとお父様の件はご愁傷さまです」

「ありがとうございます。父の葬儀の際は、御香典有難うございました。浅井さんがご病気とのことに驚いています」

浅井さんは軽く頷き、

「うん、医者は余命3か月だというんだ。残りの時間を精いっぱい生きたいからと、主治医に正直に教えてくれとお願いしたんだよ。彼は昔から僕の性格を知っているので、包み隠さず病状を教えてくれたんだ。それからすでに3か月たっているので、あとはどこまで伸ばせるかだね」

この当時は、患者にがんであることを告知するのは、一般的ではなかった。深刻な話だが、ニコニコしながら話してくれる浅井さんを見ていると、浅井さんが重篤な病気であることが、にわかには信じられなかった。

「お痩せになったようですが…」

「最初の手術は、おなかを開いてみたら手の施しようがなかったようで、何もせずに閉じたそうなんだ。もちろん僕は麻酔が効いていて意識がないので、手術が終わってから聞いたことなんだけどね。2回目はバイパスをつける手術だったんだけど、どちらのときも、そのあとにきっちりと3キロずつ体重が減るんだよ。何も取ってないんだけどね。それと、人間ってのは点滴だけで何か月も生きられるんだな、と思ったね」

浅井さんは、1回目の手術後はしばらく点滴が続き、十二指腸のバイパス手術をしてやっとおかゆが食べられるようになったことなど、紙に絵を描きながら詳しく説明してくれた。

「病気の説明はこれくらいにして、ところでボルドーはどうですか？」

私はボルドーで刺激的なことがたくさんあること、ＤＵＡＤの講座の話、ボルドーとイギリスの歴史に興味を持っていること、ブドウ畑やワイン造りの現場で感じたこと、正子の研修先を探していること、などを話した。2時間あまりがあっという間に過ぎた。

浅井さんは、年明けの1月に開かれる「若手を励ます会」のチラシを渡してくれた。

「聞いているかもしれないけど、こんな会をやるんだ」

チラシに目を通してから、

「石井さんから聞いています。面白いワインが出るようですね」

浅井さんは点滴をぶら下げたスタンドを椅子の横にずらし、座りなおしてから言った。

「最近2冊の本（『ワイン造りの思想』（中公新書）と『酒をどう見るか』（醸造産業新聞社））を出したことで、みんなが出版記念の会を開いてくれるというんだ。でも、こうして入院してしまったから、延期になっている。僕はみなさんにお見舞いしてもらって十分励ましてもらったから、若手の醸造家を集めてもらって、僕が彼らを励ます会にして欲しいと石井さんにお願いしたんだよ」

浅井さんのこの会への意気込みが感じられた。

「それで、1月12日に藤沢のホテルで、若手のみんなに集まってもらって話をすることになったんだ。それまでに体調を整えないといけないね。そのころまで日本にいられるのかな？」

この会には2人ともぜひ出たい気持ちがあった。とはいえ、DUADの講義を休むわけにはいかない。一度休むと、ズルズルいきそうな気がする。

「とても残念ですが、ボルドー大学の講義があるので、年が明けたらすぐに帰らないといけないんです」

浅井さんの表情が少し曇った。

「それは残念。この会には、日本のワインが到達した一つの例として、君の仕込んだメルローを出してもらえるようにメルシャンに頼んでいるんだ。出してくれるといいんだけど…」

「私がボルドーに赴任する少し前に手作業でビン詰めして、滓の分が減って500本ほどになりました。ワイナリーの地下にラベルを貼らない状態で置いてあります。1月の会には参加できませんが、私としてもその会にあのメルローを出してもらいたいと思います」

いつまでも話していたかったが、「お疲れになってはいけないので、そろそろ帰ります」と告げると、浅井さんは残念そうな表情になった。

「エレベーターまで送るよ」

点滴をぶら下げたスタンドを押しながら歩く浅井さんと一緒に、病院の廊下を歩いた。

お会いするのはこれが最後かもしれない、という考えが一瞬頭をよぎったが、

「次は一時帰国するときか、延期になったフランスのワイナリー巡りのときですね」

浅井さんは笑いながら、

「そうだね。僕は治るつもりだから、サヨナラとはいわないよ」


エレベーターの前で下りのボタンを押してくれた浅井さんは、到着を待つあいだ、すこし真剣な表情になった。

「また会いたいところだけど、これが最後かもしれない」

私は何か言わなければと思ったが、ほどなくエレベーターの扉が開いた。

会釈してエレベーターに乗ろうとすると、

「あなたが日本のワイン造りを背負っていってくれよ」と浅井さんが言った。

このとき私は、入社から7年目。

「そんな重いものを、背負えるかどうか…」とつぶやくと、

「君が背負わなかったら、だれが背負うんだ！」という激励の言葉とともに、力をこめてドンドンと背中を2度たたかれた。

今でもその感触は、はっきりと背中に残っている。

振り返ると、笑顔に戻った表情の中に「頑張れよ！」という強いメッセージが感じられた。

エレベーターの扉が閉まるとき、浅井さんの笑顔を見るのはこれが最後かもしれない、と思った。

研究室 飛び込み大作戦 ２００２年４月

ＤＵＡＤを受講するために通っている醸造学部の建物の向かいに、ボルドー第１大学理学部の植物学科が入る建物があった。１年間の講座が終わりに近づいたある日の午後、帰りがてらに何のあてもなくその建物の中に入ってみた。何か正子が受講できる講座の情報でもあれば、という藁にもすがる思いだった。

１階の廊下を歩いていると、ある研究室のドアに、ブドウの絵が描かれたネームプレートがあった。プレートには、「植物病理学研究室ダルネ助教授」と書いてある。つてはまったくなかったが、ドアをノックしてみた。

「どうぞ」と声がしたので、中に入った。

ダルネ先生は、デスクで書き物をしていた。縁がグレーの眼鏡をかけた、年配の落ち着いた感じの先生だった。日焼けしたように見えるのは、ブドウ畑での実験が多いからかもしれない。

事前に頭の中で反芻していた言葉を伝えた。少し緊張していた。

「初めまして。日本から来て醸造学部でテイスティングの講座を受講している者です。表にブドウの絵が描いてあったので、ノックしてみました」

訪問の理由がわかって、先生の表情が少し緩んだ。最初はアポもなしに入ってきた外国人を警戒していたのだろう。

「僕の研究室は、ワイン用ブドウの病理を研究しています。日本人も何人か知っていますよ」

日本人を知っているというので、少し勇気づけられた。

「実は、私ではないのですが、日本でブドウ栽培とワイン醸造を担当していた妻が受講できる講座はないかと思って、ここに来ました」

「奥さんは、フランス語はできるの？」

「今ボルドー第3大学で勉強中です」

そのあと手帳を見ながら先生が口にした言葉に、私は小躍りした。

「少し先ですが、ブドウの病理学についての講座があるので、これなら社会人でも受講できますよ」

手続きのためにどこに行けばよいかを聞いて、後日正子と一緒に改めて訪問させてほしいと伝えた。

正子はフランス語に不安はあったものの、語学研修のあと、8月からこの講座を受講することになった。

あのメルローが僕には一番だな

2002年1月〜6月

浅井さんの入院で延期されていた2冊の著書の出版記念会は、ご自身の希望で2002年の1月12日

(土)、「浅井さんを囲む若い造り手たちの会」として、ニュアンスを変えて開かれた。

浅井さんは、藤沢市内の藤沢グランドホテル(その後グランドホテル湘南に名称変更し、2014年秋閉館)で開かれるこの会に出席するために体調を整え、多くの若手醸造家にメッセージを伝えた。講演を終えた浅井さんは、大船の病院に戻り再入院した。

この会のシーンは、映画「ウスケボーイズ」に出てくる。柿崎ゆうじ監督は、この会を録画したものを参考にして、当時の雰囲気そのままに映像にしている。

私も正子もボルドーに戻っていたため、残念ながらこの会には出られなかった。おなじくこの会には参加できなかった『酒販ニュース』の佐藤吉司さんが、当日の録音を文字に起こしたものを2月末に送ってくれた。ボルドーの自宅で正子とともにじっくりと読んだ。

この講演録は、余命がそれほど長くないことを若手の参加者に告げるところから始まっていた。

オールド・ヴィンテージのシャブリや、プロヴィダンスとともに、赤ワインのテイスティングに出されたのは、「桔梗ヶ原メルロー・シグナチャ

「若い造り手たちの会」での浅井さん(2002年1月12日 藤沢グランドホテルで)

ー1998」ではなく、別のヴィンテージの桔梗ヶ原メルローだった。

すこし後に録音の音声データも送ってもらった。浅井さんは、張りのある声で、講演をしていた。

桔梗ヶ原メルローをテイスティングする部分では、

「メルシャンは、このワインのさらに先に行っていて、自信満々なんです」

とコメントしていた。

このときの浅井さんの頭の中には、「桔梗ヶ原メルロー・シグナチャー1998」があったのだろう。

私はそのあとも、入院中の浅井さんにレポートを送り続けた。

浅井さんが小康を得てご自宅に戻り、電話で話せるとの知らせを受け、5月8日（水）にボルドーから電話をした。

奥様が電話に出られた。

「安蔵と申します。浅井さんが戻られていると石井さんから聞きました」

「ああ安蔵さん、いつもありがとうございます。フランスからですね。すぐに代わりますね」

少しして、浅井さんが出た。

「やあ、電話ありがとう」

声に少し勢いがないと感じた。

「退院されたと聞きました。ということは、体調は良くなっているんですね？」

浅井さんは相変わらず明るい口調で、

「僕は元気なんだけど、いろいろな数値は確実に悪くなっているんだ。僕が死ねばがんも死んでしまう。これからはがんと共生して、うまく付き合っていくことになるね」

1月の「若い造り手たちの会」の講演録を読んだことを伝え、この会の様子を聞いてみた。

「桔梗ヶ原のあのメルローは出なかったんですね？」

「あなたのあのメルローを出して欲しいと会社にお願いしたんだけど、本数が少ないからと、会のためには出してもらえなかったんだ。個人用に1本もらったんだけど、僕は今の体調ではワインを飲めないので石井さんに預けたよ」

声のニュアンスに残念さが漂った。

そのあと、しっかりとした声で、

「あなたが造ったあのメルローが、僕には国産ワインでは一番だな」

と言っていただいた。

浅井さんは、その約3週間後の2002年6月1日（土）に亡くなられた。

DUAD、一発合格　2002年6月

浅井さんの訃報を聞いたのは、翌々日に控えたDUADの最終試験に向けて追い込みをしているときだった。この年のDUADの受講生の中で、日本人は私1人。慣れないフランス語の講義とテイスティングの実習を1年間受けてきた。

最初のうちはICレコーダーで録音したものを、自宅で何度も聞き返してノートをとったが、半年ほど経つと、教室でフランス語の講義を聞いて、その場でノートをとれるようになっていた。

前年の10月に講座を受け始めたころは、「8か月後にちゃんと試験を受けられるのだろうか」という不安が強く、授業を受けた月曜と土曜の夜は寝つきが悪かった。

とくに最初のうちは、歴史や味覚生理学といった、慣れない専門用語が頻出する授業が多かったこともあるが、醸造や栽培の講義が始まると、自分の経験から想像がつきやすい内容になり、フランス語を聞く「耳」ができてきたこともあって、徐々に授業に出るのが楽しみになった。

年末に大船の病院に浅井さんをお見舞いしたときは、ちょうど講義の内容が理解できるようになってきた時期で、学んだばかりのボルドーの歴史に関するいろいろな話をした。浅井さんはローマ帝国時代のボルドーや、英仏百年戦争の際のボルドー市の立場について、興味を持っておられた。浅井さんとこれらの主題について話をしていると、時間がいくらあっても足りなかった。

浅井さんの質問に、明確に答えることができないものがあり、まだ自分の理解が足りていないと感じた。「もう少し調べておきます」と答えたが、残念ながら話の続きをする機会はなかった。


6月3日（月）にDUADの最終試験を受けた。

テイスティングの講座とはいえ、試験は論述式で、もちろんすべてフランス語で書く。「味覚に関する生理学的な知見を図を用いて説明せよ」、「ワインの苦みについて述べよ」、「ワインの劣化について述べよ」のような問題が2問出題される。解答用紙はB4サイズの白紙が1問につき3枚配られ、時間は3時間もある。

日本で多くみられる択一式や穴埋めの問題ではないので、偶然正解となることはなく、きちんと理解していないと書けない。逆に、理解しているところまでは書けるので、選択式の問題より良いともいえる。採点する側も、長い論述を読んで評価しないといけないので、○×式や選択式とくらべて採点は大変だが、教育のシステムとしてはフランスの方が優れていると思った。

午後は、テイスティングの試験。水溶液に溶けた香りの化合物を当てる試験と、2つのワインをブラインドでテイスティングし、コメントを書く。こちらは合わせて2時間だった。試験の出来はまあまあだと思った。

週末には試験の結果が封書で送られてきた。封書を開けると、筆記も実技も無事合格していた。翌週の6月10日（月）に実施される面接試験の詳細を記載した紙が同封されており、「面接は9時から」とあった。

面接試験の日、醸造学部に着くと、待合室ではフランス人の同級生が2人、順番を待っていた。

「お互い、最終試験に受かってよかったね」と挨拶をすると、

「まだ油断しちゃだめだよ。過去、面接で落ちた人も結構いるようだよ」

追試もあるにはあるのだが、9月に行われる追試を受けることになれば、7月、8月の夏の期間、試験向けの猛勉強をしなければならない。

夏休みは正子とヨーロッパのワイン産地を巡る予定にしているので、なんとか一発で受かりたい。会社からボルドーに派遣されてこの講座を受講するのは、私で5人目だ。過去4人の先輩は、全員最終的には合格していたが、全員追試験での合格だった。夏休みをゆっくり過ごすために1回の試験で済ませたいというのは、動機が不純かもしれない。しかし、フランスに来てワイン造りができず、不完全燃焼の正子をワイン産地に連れ出したいという使命感があった。

面接試験にどういった問題が出たかはよく覚えていないが、5枚ほどの紙がテーブルにおかれ、選ぶと

裏に課題が書いてある。少し考える時間が与えられ、15分ほどの時間で口頭で説明する。要点を整理し、きちんと説明できたように思う。

1週間ほどして大学の構内に貼り出された結果は、「合格」。成績も併記されている。日本式の優・良・可・不可の「良(Assez Bien)」だ。

早く正子に伝えたくて、すぐに車でアパルトマンに戻った。

「受かったよ!」

「おめでとう! よかったね。今日はいいワインをあけようね」

正子は自分のことのように喜んでくれた。

正直、一発で合格したことにほっとした。「捕らぬ狸の皮算用」にならないよう、旅行の計画は立てていなかった。この日の夜から、2人で行き先やコースの検討を始めた。

日本からの研修生　2002年7月

ほどなくして、7月10日(水)から3日間、長野県の塩尻志学館高校から、学生2名と先生2名が研修目的でシャトー・レイソンに来場した。

この高校は、桔梗ヶ原高校、塩尻高校と校名を変更し、2000年から現在の名称になった。1943(昭和18)年に果実酒の製造免許を取得し、授業の一環としてワイン醸造実習を行うことで知られている。学生2名(男性、女性各1名)と醸造担当の先生、フランス語のできる英語の先生で、研修をすることになった。

初日は、広大な畑と醸造所を案内し、全員シャトー・レイソンにあるゲストハウスに宿泊した。この建物は、72ヘクタールのブドウ畑を一望できる小高い丘に立つ2階建てで、19世紀に建てられた石造りの建物。内装をホテルのように整備してあり、部屋も広くかなり豪華なツインルームになっている。夕食時は正子も合流し、学生たちと話が弾んだ。

翌日はポイヤックのシャトー見学に付き添い、昼食を共にした。その後、この時参加した学生の1人は、塩尻市内のワイナリーに就職したと知らせがあった。

ワイン造りの本場を見ることで、ワイナリーに就職するきっかけになったかも知れないな、と思った。

正子の研修先が決まる　2002年7月

DUADの同級生にはシャトーの所有者が何人かいたので、正子が研修させてもらえるかどうか、授業のあとで聞いてみた。今思えば、よく交渉できたものだと思うが、当時は正子に良い経験をしてもらいたくて必死だった。

「試験が終わったら、奥さんとうちのシャトーを見に来ませんか？」と、2人の女性の同級生から誘いを受けた。2人とも、サンテミリオンにあるシャトーを夫婦で経営していた。

正子に話すと、「本当に研修できるかな？」とうれしそうだった。DUADの最終試験が終わってから、両方のシャトーを訪問させてもらうことにした。

試験の結果が発表されたあと、7月30日にサンテミリオンの北西に位置するサンティポリット村のシャトー・デステュー（Destieux）を訪問した。見学のあとは、ご夫妻と昼食を共にした。

正子はこのシャトーにとても好感をもった。

「ここで研修できたら、ありがたいよ！」と期待していたが、念願かない、翌年の春からお世話になることになった。サンテミリオンは、ボルドー市内の自宅から約50㎞。途中高速道路の無料区間があるので、道がすいていれば車で40分ほどだ。正子にも車が必要になるので、研修が始まるまでに中古車を探すことにした。

夏休みはドイツ・モーゼルへ　2002年8月

夏休みは連続で2週間とれたので、是非とも見てみたかったドイツ・モーゼル地区の畑を見に行くことにした。

リビングのソファーで食後のコーヒーを飲みながら、ドイツへの行き方を相談する。

「ドイツまで行くとなると、やっぱり飛行機かな？」

正子はヨーロッパの地図を見ながら、

「1日500㎞走れば2日で着くんじゃない？」

ボルドーからラインガウのガイゼンハイムまでは、1000㎞といったところだ。

私はミシュランのガイドを見ながら、ルートを考える。

「それくらいなら、大丈夫そうだね。途中で1泊すれば、十分車で行けそうだ。マサ（正子）はロワールのシャトー行ってないでしょう？」

私は学生時代の一人旅で、ロワールのシャトーをいくつか巡っていた。川の流域に古城が点在する美しいワイン産地だ。

「行ってないよ。そのルートで行こうか？」

当時はプジョー306のディーゼル車に乗っており、軽油はかなり安かった。8月4日（日）の朝にボルドーの自宅を出て、正子と1時間半ずつ（約200㎞）で運転を交代し、ロワール川沿いの古城を見学しながら、初日はオルレアンに泊まった。

フランスの高速道路は日本に比べて無料区間が多く、有料の部分もかなり安い。制限速度も時速130㎞とスピードを出せるので、思っていたより移動は楽で、途中多くの名所に寄ることができた。

シャンパーニュ地方では、有名なメゾンをいくつか見学した。畑の石灰質土壌、ブドウの剪定や仕立て方を見ることで、正子も久しぶりに元気を取り戻したようだった。

ランス市内に1泊し、翌朝ルクセンブルクを経由して、モーゼルに入った。モーゼルの中心都市のトリアーは、ローマ時代の遺跡が数多く残る街で、

ワイン樽を運ぶ船の彫刻。ライン州立博物館に展示されている

市内にあるライン州立博物館には、ワイン樽の世界最古の記録といわれる石の彫刻が展示されている。

このあたりはモーゼル川の上流だが、トリアー市の周辺は開けており、今回見てみたいと思っている急峻な斜面に貼りつくようなブドウ畑は見られない。

朝食をとった後、モーゼル川を下流に向かい、ライン川への合流地点を目指した。トリアー市内から街道に出るところに、ローマ時代の凱旋門がそびえていた。


町を出て車で30分ほど走ると、川は谷に入っていく。ほどなく、モーゼル川は蛇行を始め、ワイン雑誌で見た急斜面のブドウ畑が眼前に迫る。写真や文章では知っていたが、実際に見ると想像をはるかに超える勾配だ。

車窓から畑を眺めながら、

「いくら良いワインができるといっても、こんな斜面の畑で働きたくないよね」

と話しながら先へ進む。

もっとも印象的だったのは、ウルツィッヒ（Urzig）村で、斜面にブドウ畑が貼り付いているようだった。上から見下ろしてみたいと思い、畑のあいだにあるつづら折りの道を車で登った。ブドウ畑を見おろそうとして斜面に近づくと、身震いするほどだった。

このときは、「いくら高品質なワインが造れるといっても、どうしてこんなに働きづらい所でブドウをつくるんだろう」というのが正直な感想だった。

他にもいくつかの畑やワイナリー（ケラー）を回り、モーゼルでもっとも有名な、シャルツホーフベルクの畑にたどりついた。

ここも相当な斜面で、ブドウ樹につかまりながら、初老の男性が刈り込み鋏で伸びた枝の先端を切っ

ドイツ、モーゼルUrzig村の急斜面にあるブドウ畑

ていた。これだけ傾斜がきついと、機械化はできない。大変な作業だなと思って見ていたら、斜面を下りながら作業をしている男性と目が合った。ドイツ語ができないので話かけることはできなかったが、こちらを見てにっこり微笑んだ柔和な表情が印象に残った。

畑を後にして、運転しながら正子に話しかけた。

「たぶん今の人は、あの畑を管理することに誇りを感じているんだろうね」

正子もさっきの男性を思い出しながら、「そんな感じだったね」と答える。

「もしドイツ語が話せて『なんでこんなところでブドウをつくるんですか』と聞いたら、たぶん『自分はここで生まれたし、この畑に誇りをもっているからだよ』と答えるんじゃないかな？」

「なるほど」と正子は頷く。

「うちらも、日本にいるときに、『なんでこんなに雨の多い日本でワインを造るのか？ 海外に移住してつくればいいじゃないか』とよく聞かれたけど、その返事は『だって日本人だから』でいいのかも知れないね」

このとき私と正子は、１９９５年にワイン会社に入って7年ほどだったが、当時は日本のワイナリーで働くこと自体が珍しく、ワイン好きの友人や知人から、「なぜ日本で…」の質問をよく受けた。

モーゼルの急斜面で働く人を見て、「生活している土地で、その土地のワインをつくるのは、ドイツ人だって日本人だっておなじことなんだ」と思う気持ちが芽生えてきて、それを浅井さんに話してみたかった。

これからは、「浅井さんならどういうコメントをくれるかな」と、自分たちで考えなければならないと思った。

ダルネ先生の植物病理学講座　２００２年８月

８月13日（月）から正子はブドウ病理学の講座に通うことになった。春先に飛び込みで訪問した、ボルドー第１大学の植物病理学のダルネ助教授が講義する。車はまだ１台しかないので、バスでの通学だ。

最初は、私がＤＵＡＤを受講したときとおなじで、正子もフランス語で展開される授業に四苦八苦した。ダルネ助教授は、まじめな感じだが、ユーモアのある先生だった。正子は授業で配られたプリントを持ち帰り、一生懸命復習する。少しでもワインに関することを勉強できることになり、張り切っているようだった。

３年前に日本でワイン造りから離れて以来、元気がなかったが、少しずつ表情が明るくなってきた。

正子の車のめどが立つ　２００２年９月

９月２日に、ボルドーに住む日本人の集まりがあった。そこで、10年以上ボルドーに住んでいる女性に、中古車の心当たりがないか聞いてみると、耳よりな情報が得られた。

「車なら、日本からボルドー第２大学の医学部に留学している東

正子がサンテミリオンへ通うために購入したルノー・クリオ

大の先生がそろそろ帰国なので、売り先を探していますよ。ちょっと古い車だけど」

この先生の前の所有者も日本人だったとのこと。

「ぜひお願いします！」

「じゃあ、連絡してみますね」

一度会いましょうと連絡を受け、住所を聞いてアパルトマンに伺い、日本へ帰国するときに買い取ることになった。

車種はルノー・クリオ。8年落ちだが、フランスでは珍しいオートマチック車で、代々日本人が乗っていたとのこと。エンジンをかけるときにチョークを引いてからかける仕組みの車だった。

車のめども立ち、正子はシャトー研修の開始を待つばかりになった。

シャトー・デステューでの充実した毎日

2003年3月～2005年2月

3月初めに車の所有権の移転手続きが済み、正子はサンテミリオンのシャトー・デステューに通うようになった。山梨では車に乗っていたし、フランスに来てからも頻繁に運転をしていたので、片道50㎞の通勤はすぐに慣れた。

このシャトーではブドウ栽培や仕込み作業など、帰国まで2年間にわたって研修することになった。

毎朝、私は北へ、正子は東へ、それぞれ車で長距離通勤する。

夕食のテーブルでは、ブドウ栽培やワイン造りに話が弾むので、それぞれの地区の共通点や相違点がよくわかる。雨の降り方は、サンテミリオンはやや内陸性を帯び、オー・メドックは海が近いせいか海洋性の要素があるなど、２人の体験を比較してわかることも多かった。

正子の研修の初日は、私も休みをとって同行した。最初は私がフランス語の通訳をしたが、仕事の説明をしてくれたミッシェルの言葉はとてもわかりやすく、これなら正子もそのうち慣れるだろうと思った。研修を始めた頃の正子は、慣れないフランス語を聞きとるのに疲れた様子だったが、デステューのスタッフはとても親切だった。

畑担当のミッシェル・デュクロー氏は、我々より10歳ほど年上の体格の良い人で、全仏剪定選手権で何度も優勝した経験がある。これに優勝すると、「Secateur d'or（「金の剪定ばさみ」の意）」のトロフィーをもらえると聞いて、どんな大会かと質問すると、ミッシェルはジェスチャーを交えながら、体格に反してかん高い声で説明してくれた。

「この選手権は、速いだけじゃダメなんだ。正確さが伴わないとね。ブドウ樹が１列ずつ与えられ、剪定が終わったあと、審査員が１樹ずつ

デュクロー氏から剪定の指導を受ける正子

チェックし、ダメなものがあるとタイムが加算されるんだ」

ミッシェルの剪定は正確で速く、教え方も論理的でわかりやすい。正子は毎日発見があるようで、一生懸命メモを取りながら教えてもらった。

自宅に戻ってからは夕食前に、聞き取れなかった単語をカタカナでメモしたものを、私に聞いたり辞書で調べたりして、「なーるほど、そういうことを言ってたんだ」とうなずいていた。


正子がデステューに通いだして1か月ほどたつと、夕食のときの話題は、ほとんどがブドウ栽培に関するものになった。ようやく正子のボルドー生活が充実してきたと思い、うれしかった。

ミッシェルの剪定の考え方は、ブドウ樹を1本ずつキチンと観察し、それぞれの樹の状態に合わせて剪定の仕方を変えるというもので、日本で教わった剪定法とはだいぶ違っていた。

「俺はこれまで剪定したたくさんのブドウ樹をすべて覚えている。昨年の剪定は、今年のことを考えて行ったので、樹を見ればすぐに剪定できる。1本あたり10秒くらいだね」

と口癖のように言っていた。

このころになると正子の表情は、日本でワインづくりの最前線で活躍していた数年前のように明るさを取り戻してきた。

私にも、ボルドーで一緒に暮らしているからには、「正子には良い経験をしてもらわなければ」というプレッシャーが常にあったが、ダルネ助教授の講座、さらに栽培と醸造の研修先が決まったことで、気持ちが楽になってきた。

スタージュ・アン廃止？ それなら！ 2003年5月〜7月

2003年5月の時点で、フランスに来て2年3か月が経っていた。駐在の期間は決まっていないが、半分は過ぎたとの認識はあり、そろそろ帰国の時期を意識し始めた。

正子は、せっかくボルドーに来たからには、ボルドー大学のテイスティング法を経験したいと考えていた。私から、DUADの講義や実習の概要を聞いていたこともある。

この当時、醸造学部の公開講座の中に、DUADの4分の1くらいの分量のテイスティング講座（Stage1、スタージュ・アン）があった。DUADが1年間なのに対し、期間は3か月程度、試験もなく卒業免状もでない。

正子は、「まだフランス語がそんなにわからないから、こういう入門的な方が自分には向いている」と、ボルドー滞在の記念に、スタージュ・アンを受講しようと決めていた。

フランスの新学期は9月から始まり、公開講座の申し込みも例年夏前に行う。そこで定期的にボルドー第2大学のホームページを確認し、募集要項が出るのを待つ。

やっと要項がアップされたので見てみると、前年まで開講されていた「スタージュ・アン」は、なんと廃止になっていた。大学に問い合わせても、来年以降に復活するかもしれないが、とりあえず今年は開講されない、とのこと。来年復活したとしても、おそらく途中で帰国になるので最後まで受講できないし、開講される保証もない。

楽しみにしていた正子にはかなりのショックで、しばらく元気がなかった。

ボルドー大学以外に同様のテイスティング講座がないか探してみたが、2日間程度の入門的なものはあっても、プロ向けの専門的なものは見当たらなかった。

10日ほどして、ふと思いついて正子に提案した。

「どうせなら、DUADを受講してみれば？」

正子は顔をしかめて、「えー、私の語学力じゃ無理だよ」とすぐに否定したが、声の響きに、まんざらでもないニュアンスがあった。

「受かる受からないは別にして、良い経験はできると思うよ。応募に必要なモチベーション・シート（受講動機書）を書くのは俺が手伝うので、どう？」

「う〜ん、考えてみる」

翌日の朝、朝食の支度をしながら正子が切りだした。

「やってみようかな。シートは書いてくれるんでしょ。試験に受からなくても、ボルドー大学のテイスティング法を経験してみたいし」

一晩考えて決心がついたようだった。

さっそく受講動機書のフォーマットをダウンロードする。いくつか正子にヒアリングして、フランス語で「日本でワインメーカーをしていたこと」、「ボルドー大学のテイスティング法を学びたいこと」、「日本に科学的なテイスティング法を紹介したいこと」などを記入した。

封書にシートと学歴一覧、卒業証明書の法定翻訳の写しなどを入れて、大学に送付した。

1か月ほどして、大学から封書が届いた。

「受講を許可する。10月の開講日にタランスの醸造学部に集合のこと」

正子は喜んだが、すぐに少し不安な表情になった。

「聞き取れるかな？」

「俺も最初はまったくわからなくて、録音したものを10回以上聴きなおしているうちに、だんだん録音なしでノートがとれるようになったんだ。とりあえず、受講許可が出たんだから、がんばってみようよ」

正子は軽く頷いた。

「試験に合格するかどうかは別にして、受講するのがとても楽しみ！」

2003年の記録的な暑さ

2003年6月〜8月

ボルドーでの3回目の仕込みとなる2003年は、春先から気温が高く、ブドウの生育はかなり早く進行した。ボルドーの通常の夏は、日本よりもずっと過ごしやすく、当時は30℃を超える日もそれほど多くなかった。

ところが、6月にボルドーで行われるVINEXPO（ヴィネキスポ）（Bordeaux Lacの展示場を会場に開かれる、国際的なワイン展示会）の開催中に、この年初めて気温が40℃を超えた。会場の中は非常に暑く、ワインの展示会だというのに、多くの来場者が冷えたビールの試飲で一息つくありさまだった。さらに、パビリオンの1つでエアコンが故障し、その建物は異常な暑さになった。

酷暑は9月まで続き、日本では経験したことのない40℃越えの日を何度も経験した。

夏の休暇は、暑さを避けてスイスとジュラ地方に行った。旅行から戻り、8月中旬にレイソンに出勤すると、久しぶりに会う仲間達の顔は陽に焼け、みな元気そうだった。

前年よりも3週間ほど早い生育で、畑のブドウの色は濃くなっている。フランスの夏至のころは午後9時すぎまで明るい。これはボルドーが地理的に北に位置し（稚内とほぼおなじ緯度）、加えてサマータイムで1時間繰り上がっているためだ。光合成が必要な生長期に日照時間が長いのは、ブドウの栽培地として有利だといえる。「収穫はいつごろかな」と思い、色づきの良い粒を食べてみると、酸味はまだ強いがだいぶ甘い。

晩夏の日差しはじりじりと焼けるような暑さだが、日陰に入るとひんやりと涼しい。ボルドーはフランスの中では湿度が高い方だが、それでも日本に比べると過ごしやすい。

この年は、夏の高温に加えて雨も少なく、空気は乾燥していた。

9月に入ってから、グラーヴ地区を正子と車で巡った。異常に乾燥した年で、砂利の多い水はけのよい畑では、ブドウ樹が水不足に陥って生育が止まり、色づきが不十分な黒ブドウの房が散見された。

フランスの法律では、雨が少なくてブドウの樹が枯れそうになっても、水を与えることはできない。もし水を撒けば、この年は産地名を名乗ることはできず、一番下のヴァン・ド・ターブルカテゴリーになってしまう。

ジロンド川から5㎞ほど内陸に位置するシャトー・レイソンの畑は、粘土質の多い土壌で、雨の多い年はブドウが完熟しないが、収穫を数週間後に控え、畑でつまむブドウには、今までにない充実した味わいがあった。例年、レイソンの畑は「水分の多い冷たい土壌」といわれるが、この年の灼熱の暑さと、乾燥した気候に対しては、大きなアドバンテージがあった。

このままの天候で行けば、これまでにないワインになると思ったが、すべては天候次第。収穫が終わるまでは、はやる気持ちを抑えようと思った。

レイソンの丘の上と斜面にある区画は、サンテミリオンで有名な石灰質粘土（アルジル・カルケール）で、比較的水はけがよく、早くから糖度が上がる。土壌中の水分が少なくなると、ブドウは根からのシグナルでストレスを感じ、枝を伸ばすのをやめ、子孫を残すため果実を充実させる。

これに対し、丘の下の区画は砂質土壌で水分が多く、熟すのが遅れる。

曜日を決めて週1～2回すべての区画を歩き、ブドウの粒をサンプリングし、糖度と酸度の変化を調べる。収穫開始日を決定するための重要な調査で、駐在しているあいだは私が担当した。

レイソンの約72ヘクタール（東京ドーム15・3個分）の畑を、メルロー12区、カベルネ12区の合計24区に分けて調査する。平均約3ヘクタールの区画を24区分サンプリングすると、5km以上は歩くことになる。楽ではないが、数週間後の仕込みシーズンのちょうど良い準備運動になる。

各区画では2～4列の畝（うね）を決めて印をつけ、畝のあいだを歩いて両側の房からブドウ粒を交互に採取し、ビニール袋に集める。

両側から採取するのは、畝の東側と西側でブドウの熟度に少し違いがあるためだ。垣根の東側に陽が当たるのは気温の低い午前中で、しかも葉が朝露にぬれている。逆に西側は、気温が上昇し、葉が乾いた午後になってから陽があたる。これが、約5か月の生育期間中に、熟度の差となって表れる。

畝のあいだをくまなく歩き、ブドウの状態を見ることも、貴重な情報になる。畑を歩き回った印象では、ブドウは健全だった。


炎天下のサンプリングを終えて醸造棟の一角にある試験室に戻ると、中はひんやりとして心地よい。堂々とした石造りの醸造棟は18世紀に建てられたもので、50㎝ほどの厚さがある石の壁は外の暑さを遮断する。

サンプリングは退屈な作業だが、分析は楽しい。夏休み期間中は、シャトーのスタッフに手伝ってもらえないので、正子と2人でサンプリングと分析をした。分析結果は、「前の週」、「昨年同時期」の数値

ブドウをサンプリングする筆者

とともに、シャトーの掲示板に貼り出す。すぐにみなが集まり「俺が剪定した区画、今年はいい感じだろう！」「来週くらいには収穫開始だね！」などの声が飛び交う。

分析はまず果粒を無作為に１００粒数え、重さを計る。この数値は「１００粒重」と呼ばれ、重要なデータになる。他の年と比べることで、収量予想や果皮と果汁の割合の目安となる。

房数のカウントと１００粒重のデータから、例年より30～40％収穫量が減ることが予想された。

９月に入り、昼間はまだ暑さが残るものの、朝晩は過ごしやすくなった。メルローは色の濃さを増した。

収穫日を決定するには、サンプリング分析で得られる糖度や酸度の値も大切だが、畑でブドウを食べたときの「食味」が決め手となる。果粒2～3粒を口に入れ、甘味と酸味のバランスをみる。熟したブドウは、果皮が柔らかく、強い甘みを感じる。続いて、種子を奥歯で噛み砕く。苦みや乾いた渋みが舌に残るようだと、まだタンニンの熟度が足りない。

例年の収穫期は比較的雨が多く、灰色カビ病の発生状況を調べながら適熟を待つが、記録的な猛暑と乾燥のため収穫直前の畑に病気は見られなかった。この年は「１００年ぶりの暑さ」という見出しが何度も新聞の一面を飾った。

通常の年は、気温が35℃を超える日は滅多になく、湿度も日本に比べれば低いため、クーラーがなくても寝苦しくはない。しかし、この年は、日本でも経験したことがない暑い夜が続いた。雨はほとんど降らず、雲ひとつない晴天が続き、糖度は早くから上がった。

糖分は炭酸ガスと水から「光合成」によってつくられるので、日照時間が長ければ早く上昇する。８月末には、通常の年の９月下旬くらいの糖度に達していた。

これに対し、赤い色素のアントシアニンと種子のフェノール成分は光合成の直接の産物ではないため、糖度の上昇よりも成熟が遅れる。

ブドウを食べると、甘さは十分だが果皮が硬く、種子の渋みが強く感じられるため、フェノールの成熟を待つことにした。

収穫～醸造、すべて順調！　２００３年9月、10月

9月11日（木）、例年より2週間ほど早くメルローの収穫を開始した。

毎年のことだが、収穫の前夜は落ちつかず、戸外で強い風が木々をゆらす音がすると、畑で熟して果皮がもろくなったブドウが傷つかないかと不安になった。

朝までに風はやみ、どんよりとした曇り空ではあったが、雨は免れた。

収穫は順調に始まった。畑のスタッフも全員醸造現場に入り、普段静かな醸造棟は活気に満ちあふれる。収穫したブドウは、除梗して粒の状態で選果し、折れた梗や未熟な果粒を取り除く。

梗を除いてから選果することで、房の内側の色づきの悪い粒も除くことができる。選果台を通したあとは真っ黒な粒だけが残り、まるでキャビアのような文字通り「粒選り」になった。

ブドウを積んだトラクターが醸造棟に到着するたび、収穫場所を運転手から詳しく聞く。

すぐに果汁を少し取って糖度と酸度を分析する。収穫場所とともに記録し、区画ごとの作柄と、事前のサンプリングとの整合性を確かめる。

糖度は果汁をメスシリンダーに取り、比重計を浮かべて測るが、この動作に全員の視線があつまる。

最初の区画は、糖度22度（果汁1リットルに、糖を約215g含む）を示し、3台目のトラクターから糖度は23度を超えた。糖度を知らせると、歓声が上がった。1年間の畑仕事が報われた瞬間だ。

調査で予想した通り、ブドウはこれまでになく充実していた。曇っていた空からは、強い日差しが差し始め、午後には気温が33℃まで上昇した。この日最後に入荷したブドウは、糖度24度を超えた。

選果作業のあと、タンクから果汁をグラスにとり、みんなで乾杯した。熟したニュアンスとトロミのある果汁を飲み、みな口々に「今年は良い収穫になりそうだ」、「良い天気が続きそうだし、明日からの収穫も楽しみだね」と言葉を交わした。

気温が高いと、ステンレスタンクに収まったブドウの温度も高い。タンクに巻かれたジャケットに4℃の冷水を循環させ、翌日の朝までに15℃程度に下げる。今までに経験したことのない高い

若木のメルローの収穫、正面の建物が醸造所（9月18日）

気温での収穫に、冷却設備は重要だと思った。レイソンは前年の仕込み前に醸造棟の大改修を行い、区画に合わせた小容量ステンレスタンクと、温度制御設備を導入していた。

15℃で48時間程度保持する工程は、「発酵前浸漬」と呼ばれる。最近では赤ワインの醸造でしばしば行われるが、新しい技術というわけではなく、昔の技術を復活させた「温故知新」といえる。

市販の培養酵母がなかったころは、収穫したブドウを木製の発酵桶に入れ、発酵が始まるまで数日待つのが普通だった。その期間に、ブドウがもつ酵素でいくつかの反応が起きていた。

現在は加温装置を備え、培養酵母も利用できるので、発酵はすぐに旺盛になる。そのため、昔の仕込みでは自然に起きていた酵素反応が起きなくなった。

発酵が始まる前の時点では炭酸ガスが出ていないので、酸化を防ぐため、表面に「雪状のドライアイス」を噴霧し、炭酸ガスの層を作る。加えて、毎朝タンクから果汁を少量抜き、上からかけ戻して表面をぬらす。

タンクに入れて1日半ほど経ったあと、冷却水を止め、除々に室温にもどす。

タンクからは、グレープフルーツやイチゴを連想させるフレッシュで甘い香りがたちのぼる。発酵中や熟成中の重厚な香りとは明らかに違う。

少しずつ温度が上昇するとともに発酵が始まり、醸造棟には甘い香りが充満する。すべてのタンクから発酵中のワインをグラスにとり、酒質を確認するのが毎朝の日課となる。

淡いピンク色の甘い果汁は、数日後には濃い赤紫の液体となり、やがて複雑な味わいの赤ワインへと変化していく。果汁がワインに変化していく過程は、ダイナミックな反応で、実に興味深い。

アルコール発酵が終わってから、しばらく果皮と種子をワインに漬け込んでおく。これを「醸し（かもし）」と呼ぶ。

果皮と種子からタンニンが十分に抽出されたと判断したら、ワインの引き抜きと圧搾を行う。圧搾のタイミングは、渋みが出る前に行うことが重要だ。タンニンの質に注意しながら醸造担当全員で毎朝テイスティングを行い、ちょうど良いタイミングで圧搾する。

圧搾の前日には、タンクの最下部にホースをつなぎ、もう一端を地下のタンクにたらし、重力でワインの引き抜きを始めてから帰宅する。自然に流れ出すことから、「フリーラン・ワイン（free-run）」と呼ばれる。一晩かけてゆっくりと引き抜くことで、フリーラン・ワインを多く回収できる。また、ポンプを使わないため、ワインにもやさしい。

翌朝、出勤するころにはワインの引き抜きは終わっている。朝一番の作業はカス出しで、長靴を殺菌してタンクに入り、プラスチック製のシャベルでかきだす。レイソンのタンクは15～30kLのサイズで、フリーラン・ワインを抜いたあとには、3～5トンのカスが残っている計算になる。

カス出しはかなりの重労働で、タンクの中は炭酸ガスが充満しているので、送風機で空気を送りながら作業をする。発酵の熱が残っていて蒸し暑く、揮発したアルコール分を知らず知らずのうちに吸い込み、酔いがまわる。

大変な作業ではあるが、皆この作業をしたがる。発酵の完了を意味するこの作業に、充実感があるからだろう。

続いて、取り出したカスを圧搾機で搾る。ここで得られるワインは、「プレス・ワイン」と呼ばれる。フリーラン・ワインとプレス・ワインは、それぞれ別のタンクに満量で貯蔵され、20～22℃の温度を保持してＭＬＦ（マロラクティック発酵）が始まるのを待つ。

ＭＬＦは、乳酸菌が、リンゴ酸を乳酸と炭酸ガスに分解する発酵。ブドウに含まれるリンゴ酸は、糖分に比べるとはるかに少なく、ＭＬＦで発生する炭酸ガスはアルコール発酵のときよりもかなり少ない。

炭酸ガスが出始めるまでは、ワインが酸化しやすいため、タンクの最上部の細くなっている〝首〟の部分までワインを満たし、空気に触れる面積を減らす。

この年はブドウの糖度が高かったので、アルコール分も高い。乳酸菌はアルコールに弱いので、ＭＬＦの開始は遅れたが、いったん始まると順調に進行し、不安を打ち消してくれた。

ＭＬＦ完了後、２週間ほど静置してから滓引きを行い、さらに滓が沈むのを待って２度目の滓引きを行ってから、畑の区画ごとに樽に詰めていく。

生まれたての荒々しい赤ワインは、樽の中で長い熟成の眠りにつく。

メルロー、カベルネ・ソーヴィニヨンとも、一番良い区画のものは、タンクではなく、新樽の中でＭＬＦを行った。

レイソンでもこの年から、樽内ＭＬＦを大規模に行うようになった。１９９８年に、桔梗ヶ原メルロー・シグナチャーで２樽だけ経験していたが、50樽ほどの規模で、いろいろな樽メーカーの新樽に貯蔵するので、味わいの違いが感じられ、興味深かった。

樽は保温性が良いが、10月下旬ともなるとかなり寒い。ワインの温度が20℃を下回らないように、小部屋を確保し、すきま風が入らないようにして部屋ごと温める。

樽上部の穴に耳をつけると、プツプツと乳酸菌が発酵するかすかな音が聞こえる。

ＭＬＦが終わったら、樽の底に滓を残した状態で育成する。

打ち上げパーティー　２００３年10月

最後のタンクを圧搾した10月6日（月）の午後、収穫の打ち上げパーティーがシャトーの庭で催された。

収穫の遅い年であれば、10月に入ってからメルローの収穫が始まることもある。２００３年は記録的に早い収穫で、10月6日の時点で、収穫の遅いカベルネ・ソーヴィニヨンの圧搾まで終了したことになる。33℃の残暑の中、メルローの収穫で始まった仕込みは、たき火が心地よく感じられる時期にカベルネ・ソーヴィニヨンの圧搾で終了した。

メルローの果汁を皆で味わったのは4週間ほど前のことだが、もっとずっと前のことに感じる。

シャンパーニュを用意し、乾杯となった。畑の担当者が、剪定の時期にとっておいた枯れたブドウの樹をつかって火をおこし、バーベキューが始まる。

ブドウの樹で肉を焼くと、香ばしさが加わる。

ブドウの樹を燃やした熾き火でステーキを焼き上げる

この日使用したブドウの樹は、レイソンで一番古い区画のもので、50年以上にわたってブドウを実らせ続けたものだ。樹はよく乾燥しており勢いよく燃え上がった。熾火になるのを待ち、ステーキ肉を網にのせ、人数分を一気に焼く。

味付けは塩と胡椒だけで、みじん切りの生のエシャロットを乗せるのがメドック風。肉が焼ける香りが食欲を刺激し、遅めの昼食が待ち遠しく感じられる。

2000年、01年、02年と直近の3ヴィンテージのシャトー・レイソンをあけて、食事が始まった。フランスの牛肉は脂肪分が少なく噛み応えがあり、塩と胡椒だけのシンプルな味わいは若い赤ワインと相性がよかった。灰になったブドウ樹は畑に戻され、若い樹を育くむ。

食事が終わるころには、すでに辺りはほの暗くなっており、燃え残った熾き火に照らされた皆の顔は晴れやかだった。

正子のDUAD受講はじまる　2003年10月

8月にDUADの受講許可が出て、正子は準備を始めた。

私のときは、当時まだ珍しかったICレコーダーを、半年遅れでフランスに引っ越してきた正子が買ってきてくれ、講義の録音にとても重宝した。だが、2年経ってPCに保存してあった音声ファイルを聞きなおしてみると、今ひとつ音が鮮明ではない。

あれから2年経ち、今はもっと性能のよいICレコーダーが出ているようだ。

「せっかく受講するなら、新しいのを買ってみたら？」と提案した。

アマゾンで調べると、フランス国内でも売ってはいるが、日本製の方が性能は上のようだ。そこで山梨の正子の実家に届くように注文し、他の荷物と一緒にボルドーに送ってもらった。さっそく届いたものを使ってみると、私がつかっていたものよりだいぶ音質がよく、きれいに録音できた。

正子は10月から、月曜と土曜に醸造学部に通い始めた。平日はサンテミリオンのシャトーに研修に行き、日曜日は部屋にこもって復習するのが日課になった。最初はつらそうだったが、40人のクラスに正子も含めて日本人が4人もいて、授業がない日も集まって勉強会をした。私のときは日本人は私1人だったので、互いに刺激し合う日本人がいるのは良いことだと思った。

正子が部屋にこもっているあいだは、私はどこにも出かけることができず、退屈になってしまった。週末の私の日課は、正子のつくった朝食を食べた後、1時間くらいリビングで会社のメールをチェックし、お湯を沸かして大ぶりのマグカップにミルクティーを入れ、正子の机に持っていくことだった。フランス語のテレビはあまり見ないので、別の部屋で日本語の小説や日本からもってきたマンガを読んだり、昼寝をして過ごしていた。

ときどき、

「ねえミツ（光弘）、これってどういうことを言っているのかな？」

と質問が来るので、一緒に録音してあるものを聞きなおして考える。

私にとっても、2年前に学んだことを復習する良いきっかけになった。

バルセロナの災難　２００３年12月

２００３年の仕込みが終わって一息ついた12月。日本から石井もと子さんが来て、一緒にワイン産地を巡った。まずはボルドー・グラーブ地区のシャトーを巡り、そのあと私の車でスペインのバルセロナに向かった。バルセロナから地中海に沿って西に１００㎞ほど行ったところにあるプリオラート（Priorat）を訪問するのが目的だった。プリオラートは世界的に注目されるようになったスペインの新興産地で、地中海から20㎞ほど内陸に入ったところにブドウ産地が広がる。

ボルドーからバルセロナまでは、高速道路で6時間ほど。石井さんと正子と3人で話をしながらのドライブだ。

移動中の車の中で、後部座席の石井さんから提案があった。

「安蔵さん、『酒販ニュース』紙にボルドーでの経験を書いてみない？」

浅井さんに定期的にレポートを書いて送っていたあとは、しばらく何も書いていなかった。ボルドーでの体験を記録する良い機会になると思った。

「ぜひ書いてみたいです。よろしく伝えてください」

「よかった。（記事を書くことは）浅井さんも、喜ぶと思うよ」

書きたいテーマはいくつかあって、浅井さんに送っていたレポートの続きを書こうと思った。

スペインでは、プリオラート地区の高級ワイナリーをいくつか訪問し、2泊したあと、12月16日（月）にバルセロナの聖家族教会（サグラダ・ファミリア）を見学した。見学後、帰国する石井さんは空港に向かい、我々はボルドーに帰るため、フランスにつながる高速道路の入り口を目指した。

聖家族教会から高速道路の入り口までは、車で10分ほどの距離。地図で確認して4車線の一般道を走っていると、2人乗りのバイクが後方から車すれすれに近づいてきた。

「ぶつかる!」とヒヤッとしたが、すぐに車から離れていった。ほっとして「危なかったね」と話していると、数分後、徐々にハンドルをとられるようになった。

「あれ、パンクしたのかな? 高速に乗る前に見てみるか」

幹線道路から路地に入り、人通りの少ない倉庫街の路肩に車を停めた。タイヤを調べると、右の後輪が見事にパンクしていた。

スペアタイヤは積んである。ここで換えようとトランクを開けたところで、バイクに乗った人が近づいてきた。

「ああ、パンクですね。この近くに修理工場がありますよ。ほらあそこに」

スペイン人のようだったが英語で教えてくれ、道に出て工場の方角を指さした。この一瞬、正子と私は車から5メートルほど離れた。

お礼を言うと、バイクは去っていった。

車に戻ると、車内のあちこちを探しながら正子がうろたえている。

「あれ、財布はトランクかな? 携帯とか入れたリュックがない!」

ここに至り、全貌が理解できた。幹線道路で近づいてきたバイクの後ろに乗っていた男がタイヤに穴をあけ、人気(ひとけ)のない倉庫街に車を停めたところを狙って、親切ぶった別の男が我々に声をかけ、ほんの少し車を離れたすきに、がっさり盗んでいったのだ。

思い出してみると、正子は車のシフトレバーのところに財布をおいていた。ヨーロッパでは、普段見えるところに財布は置かないのだが、高速が近いので、ついつい油断していた。これが、盗賊の目にとまり、狙われたということだろう。なくなっていたのは、正子の財布と、デジカメや携帯などが入った私のリュック。私の財布は身に着けていたので、無事だった。

「マサの財布にはクレジットカード入ってたよね？」

「フランスでつくったカードと、日本でつくったのが入ってた」

「携帯も盗られちゃったから、電話もできないし…。証明書をもらっておかないと保険がきかないだろうから、まずは、警察署を探そう」

タイヤを交換してから、警察署を探すことにしたが、手持ちの大雑把な地図を見ると、付近に警察署はないようだった。車を走らせ、市内を歩いていたきちんとした身なりの人に、「警察の場所をおしえてください」と尋ねたが、英語もフランス語も通じなかった。穴の開いたタイヤと、「police」という単語で理解してもらい、持っていた地図のこのあたり、と教えてもらった。

お礼を言って、正子とともに慎重に周りに目を配りながら、車を走らせた。

警察署の場所はそれほど遠くないのだが、一方通行が多くて一向にたどり着かない。

時間ばかりが過ぎていく。

「このままだと、日が暮れちゃうね」と正子が不安を口にする。

まずはボルドーに戻ってカードを止めようと判断し、高速道路に入りボルドーへ向かった。

6時間かけて自宅に着いたのは真夜中だった。さっそく国際電話で日本のカード会社に電話をする。

「バルセロナで限度額の30万円まで使われています。すぐに止めますね」

あれだけ組織だったことをするグループなので、やっぱりと思った。

「被害額を請求するためには、何か書類が必要ですか？」

「現地の警察に被害届を出して、盗難証明書をもらってください。英語ではなくスペイン語の書類で大

穴の開いたタイヤ

丈夫です」

フランスのカード会社にも電話で確認する。

「バルセロナで、限度額ぴったりの40万円ほど使われています。カードは止めます」

長時間運転して、くたくただった。

「70万円は高い授業料とあきらめるか」と正子と話し、ベッドで休むことにした。

翌日は、デュブルデュー教授との打ち合わせが入っていたが、寝る前にパソコンをチェックすると、「教授の都合が悪くなったので、延期になりました」とメールが入っていた。

次の日は朝早く目が覚めてしまい、正子はネットでバルセロナの治安情報を見ていた。

「この道路では、被害がたくさん発生しているんだって」

「それなら、そうならないように取り締まってほしいよね」

このサイトには、警察署の位置も詳しく出ていた。

「結構警察署の近くまで行ってたんだね。証明書がないと、カード被害は戻らないだろうなあ。高い授業料だったな」

そう話していると、くやしい気持ちがふつふつと沸き上がってきた。今日予定されていたデュブルデュー教授とのアポもキャンセルになっている。

「今からバルセロナに向かえば、午後一くらいには着くかな？　被害にあったタイヤをもって行けば、証明書をもらえるかも」

「そうだね。２人で交代して運転すれば、いけるかもね」と正子も同意した。

すぐに準備を始め、地図を印刷し、再びバルセロナに向かうことにした。当時はスマートフォンのような便利なものはなく、自宅かホテルでしかＰＣはつなげない。必要になる可能性のあるものはすべてプリントアウトした。多分、このあたりまでは帰ってこられると思うカルカッソンヌ（フランス南部の町）にホテルも予約した。

警察署にタイヤを持ち込むのはどうかと思い、ボルドーの自宅に置いてあった正子のデジカメで写真を撮り、これを見せようと思った。もちろん、穴の開いたタイヤは、証拠品として車に積み込んだ。

朝７時ごろにボルドーの自宅を出て、制限速度いっぱいの時速１３０㎞をキープして、ふたたびバルセロナに向かった。緊張しているせいか、まったく眠くなかった。途中のサービスエリアで朝食を食べ、ほとんど休憩せずバルセロナを目指した。１時間半交代で運転し、５時間半ほどかけて、お昼ごろにバルセロナに着いた。

「昨日出たばかりなのに、また戻ってきちゃったね」

「ノンストップで来ると、案外近いね」

ボルドーの自宅でプリントアウトした地図にある警察署に向かう。警察署の駐車場に車を停め、外から見えるところには何も置かずに、すべてトランクに入れた。

警察署の入り口でデジカメの画像を見せて、昨日被害にあったことと、被害の証明書が欲しい旨を英語で伝える。

「英語ができる係官の手が空くまで少し待ってください。順番が来たら呼びますね」

廊下の椅子に腰かけてしばらく待ち、名前を呼ばれて部屋に入ると、係は女性の警察官だった。

「お待たせしました。あなた方が被害にあったのは、どのあたりですか？」

付近の地図を見せられた。

「サグラダファミリアを出て、このあたりでバイクが接近し、ほどなくパンクがわかり、このあたりの空き地でタイヤを換えようとしました。そこで『修理工場があるよ』と英語で教えてくれる人が現れ、話している最中に全部盗られたようです。財布にはクレジットカードが2枚入っていて、70万円ほど使われていました」

係官は頷いて何か記入していた。

「この道路はこういう被害が多いんです。盗られたものを教えてくれますか?」

「この紙に書いてきました。これでどうでしょう?」

「あら、一覧表にしてあるのね。じゃあ、これをもらいます。この様式に概要を書いて、被害届を出してください。そのあとで、被害証明書を出します」

15分くらいで聞き取りは終わり、係官の目の前で被害届を英語で書いた。そのあと部屋の外で少し待ち、証明書をもらって警察署を後にした。警察署での滞在は、ほんの1時間ほどだった。

「昨日ここにたどり着いていれば、また来ることはなかったのにね。でも、昨日は道に迷って夕方になっていたから、仕方ないね」

「証明書もらって、まずは目的達成!」と正子。

「スペインは怖いので、すぐに帰ろう」

すぐに車に戻り、左右を頻繁に見ながら運転をした。

「またあんなのが来たら、パンクしてもなんでも高速に入ってしまおう」

昨日被害にあった幹線道路を通って、高速の入り口までたどり着いた。

「まずは言葉が通じるフランスに入ってから一息つこうね」

高速道路を3時間ほど走り、カルカッソンヌの出口で下り、予約したビジネスホテルに向かった。すでに時間は19時を過ぎている。

「ホテルに入ったら、レストランに食事に行く？」

　正子は、

「くたくたでそんな感じじゃないな。一刻も早く、シャワーを浴びたい」

　市内にマクドナルドがあったので、そこでテイクアウトをした。近くのスーパーで冷えたビールと赤ワインも購入した。

　ホテルにチェックインし、シャワーを浴びて、ビールで乾杯した。

「お疲れ様！」

　このときのビールとハンバーガーは、格別においしかった。バルセロナを再び往復するのは無謀だったかもしれないが、2人で必死に頑張ったことで、おおきな達成感と連帯感を味わった。

　翌日はゆっくりボルドーに帰った。その後、日本のカード会社に書類を送り、フランスのカードは口座のある銀行の窓口に行き手続きをとった。言葉が通じることはありがたいと思った。

　往復の交通費と、デジタルカメラ、正子の愛用の財布と中に入っていた現金などは補償されなかったが、被害はこれだけで済み、カード被害の約70万円はすべて補償された。

　それまで、スペインには何度も出かけていたが、トラブルの際に英語やフランス語ではやり取りが難しいことがよくわかり、これ以降帰国までは、言葉が通じるフランス国内とイギリス以外には出かけなかった。

◇

　数日後、延期になった打ち合わせで、デュブルデュー教授と話をした。

「実は先日、バルセロナで高速に乗る直前にタイヤに穴をあけられ、財布やデジカメを盗られたんです」

教授は肩をすくめるジェスチャーをして、

「それは災難でしたね。スペインはその手の犯罪がかなり多くて、フランス人はよく狙われます。〝Les pirates de la route〟(「道路の海賊」の意)と呼ばれてますね。バルセロナの高速の入り口はこういう被害で有名なんですよ。私の知り合いにも、被害にあった人がいます」

危険な場所を走っているという認識はなかったので、無防備だったな、と思った。

「そうなんですね。フランス・ナンバーの車で、しかもアジア人が運転しているということで、狙われたのかもしれません」

「盗賊たちはあまり危害を加えることはないようですけどね。でも、怪我がなくて幸いでしたよ」

教授のこの言葉を聞くまで、危害を受ける可能性までは考えが及ばなかった。もし賊が物色している最中に車に戻っていたら、と思うと、急に怖くなった。

自宅に戻り、デュブルデュー教授に聞いた話をした。

「70万円取り返せたのはよかったけど、とにかく怪我をしないですんだのが、何よりよかったということだね」

「確かにそうだね。今考えると怖いね」と正子も身震いした。

2003のプリムールが高評価　2004年3月、4月

2003年の収穫は、記録的な猛暑と乾燥のため収穫量こそ少なかったものの、凝縮し充実したブド

ウになった。レイソンのワインは、翌年春に『ワイン・スペクテーター』誌や『デキャンタ』誌に初めて掲載され、高い評価を得た。

左下の表は、翌年春のプリムール・テイスティングの結果をまとめたもので、『ワイン・スペクテーター』誌の89～91点など、高い評価をもらった。

レイソンのスタッフは、この年の仕込みを通して自信をもったようだ。これ以降のワイン造りに良い影響があったと思う。

Chateau Reysson 2003

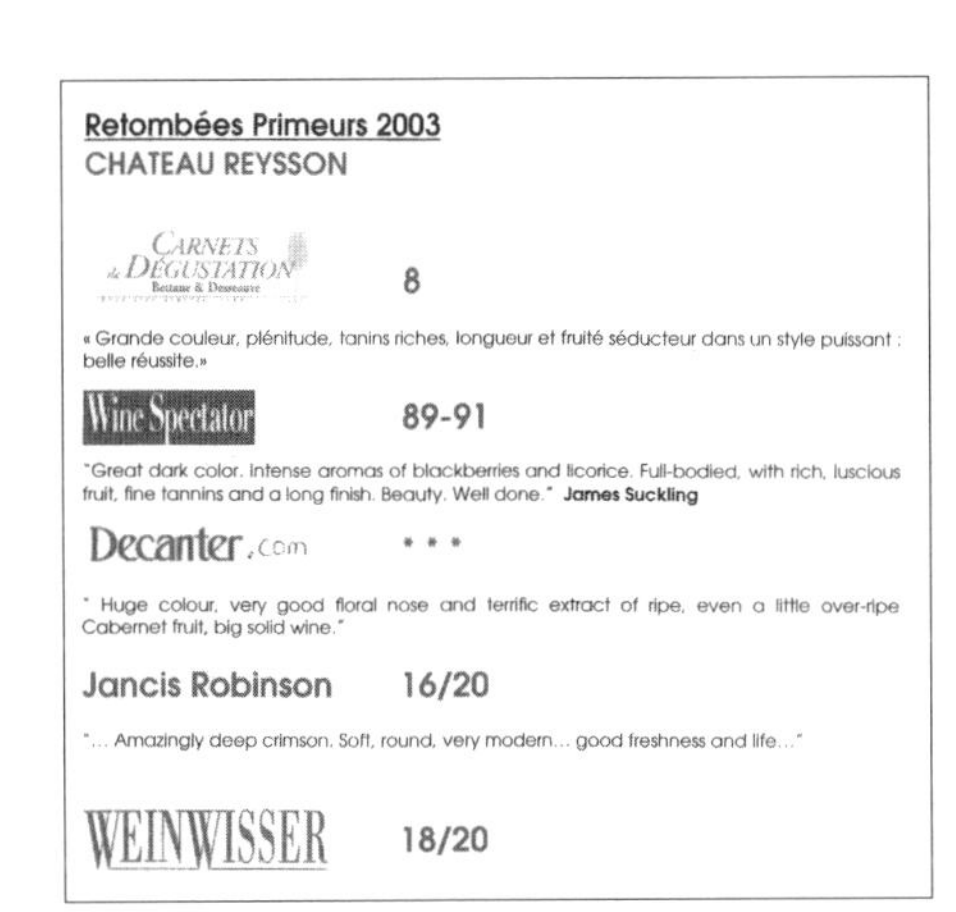

Retombées Primeurs 2003
CHATEAU REYSSON

CARNETS de DÉGUSTATION Bettane & Desseauve — 8

« Grande couleur, plénitude, tanins riches, longueur et fruité séducteur dans un style puissant : belle réussite.»

Wine Spectator — 89-91

"Great dark color. Intense aromas of blackberries and licorice. Full-bodied, with rich, luscious fruit, fine tannins and a long finish. Beauty. Well done." **James Suckling**

Decanter.com — * * *

" Huge colour, very good floral nose and terrific extract of ripe, even a little over-ripe Cabernet fruit, big solid wine."

Jancis Robinson — 16/20

"... Amazingly deep crimson. Soft, round, very modern... good freshness and life..."

WEINWISSER — 18/20

Chateau Reysson 2003の各誌の評価

DUAD、正子の自信　2004年5月、6月

しばらく経って、いつものように勉強部屋にミルクティーをもって行くと、正子はノートをとる手を休めて言った。

「頑張れば、DUAD合格できるかな？」

最初は講座を受講できるだけで満足と言っていたので、意外だった。

「ディプロムは取れなくてもよかったんじゃないの？」

正子はミルクティーをひとくち飲んでから、

「今回の日本人4人のうち、ワイナリーで仕事をしていたのは私だけなんだ。ちゃんと受からないと恥ずかしいよ」

合格を意識するということは、手応えを感じているのだろうと思った。私はDUADの先輩として、何度か正子たちの勉強会に参加した。正子は醸造や栽培の経験があるので、ほかの日本人に技術的な説明することが多いようで、それもやりがいにつながっているようだった。

ほどなくして、翌年日本に帰国することが決まった。フランスに着任したころは、フランスに住んでいる嬉しさと、日本が懐かしいと思う気持ちが交錯していたが、渡仏して3年もたつと、フランス語とフランスでの生活に慣れて、楽しいという思いが強くなっていた。

「帰国時期は自分では決められないけれど、決められるならあと2年くらい住んでもよいかな？」と2人で話していたほどだが、一方で日本に帰れるのがうれしい気持もあった。

「残りの1年間、これまでできなかったことを経験しようね」

と正子と話した。

帰国までにやることの一番手は、9月に行われるメドック・マラソンの完走だ。

2002年に日本の知人たちがこのマラソンに参加するので、ポイヤックのスタート地点まで正子と応援に行った。普段は静かな町が、世界中のランナーたちでお祭り騒ぎになっていた。

このマラソンには変わった規定があり、仮装して走らないと記録は無効になる。もちろん知人たちも、日本から仮装の服装を持参している。

無事完走を果たした彼らに「フルマラソンはさすがに疲れたでしょう?」と聞くと、

「楽しい、すっごく楽しい。参加してよかった!」

と目をキラキラさせている。その楽しそうな笑顔に接し、ボルドーに滞在した記念に一度出てみようと思い、翌2003年の大会に正子と2人で参加することにした。

いくら楽しいマラソンでも、距離を考えると走りこみは欠かせないから、週末を利用して近所の公園を2人で走るようにした。

だが2003年は、6月から何度も気温が40℃を超える記録的な猛暑。走りこみの不足もあって、中間点の20kmでリタイアしてしまった。リタイアはしたが、20kmまでは走れたことから、事前にもっと走り込めば、完走できそうな実感があった。そこで、2004年は春先から計画的に走ることにした。帰国が決まり、この年が最後のチャンスだ。仮装は日本から「甚平」とハチマキを取り寄せた。

3月ごろから毎日近くのボルドー公園(Parc Bordelais)に走りに行き、勉強中の正子の気分転換も兼ねて、毎日4~5kmは走るようにした。

◇

「今年の夏休みが、長期の旅行ができる最後のチャンスだね」

夕食のワインのコルクを抜きながら、つぶやいた。キッチンにいた正子は、それを聞いて料理を盛りつける手を止め、こちらを向いた。

「行きたいけど、試験に1回で受かるのは難しいから、夏休みは追試に向けて勉強漬けかな？」

さすがに、追試なしでＤＵＡＤに合格するのはハードルが高いと、私も正子も思っていた。

「でも万が一、1回目で受かったら、これまで行っていないところに行きたいね」

最終試験の筆記と実技は、6月7日（月）に行われた。

正子は講義のない日は、一緒に買い物に行く以外、ずっと部屋にこもって復習をしていた。当日はかなり緊張して試験に出かけて行ったが、夕食のとき、嬉しそうな雰囲気だった。

「結構うまく行ったかもしれない。もしかすると受かるかも」

手ごたえがあったのだな、と思った。数日して試験の結果が封書で届いた。中には、合格通知と、最後の面接試験の日時が入っていた。

「面接試験は苦手だけど、ここまで来たら合格まで行きたい」と正子はやる気満々だ。

1週間後の面接試験が終わると、

「まあまあだった。面接官はデュブルデュー教授だったよ。受かるかもしれないよ」

と、こちらも手ごたえがあったようだった。

成績発表の日、醸造学部に貼り出された試験結果を2人で見に行くと、正子の感触通り、合格していた。成績は「可（passable）」だったが、可の枠では最上位で、良（assez bien）のすぐ下だった。

正子は本当に嬉しそうだった。ボルドーで4年間暮らした〝証〟が得られたということだろう。追試のための勉強はもう不要だ。さっそく夏休みの長期旅行の計画を始めた。

このころ、モルトウイスキーにはまっており、英語が通じることもあって、スコットランドに行くことにした。フランス人はウイスキー好きで、大きなスーパーに行くと多種多様なシングルモルトが並んでいる。いろいろなモルトを買ってきては食後に飲んでいたので、一度スコットランドに行ってみたいと思っていた。『地球の歩き方　スコットランド』を日本から取り寄せた。

最後の夏休みはスコットランドへ　2004年7月

7月20日（火）、ボルドー郊外のメリニャック空港を出発し、ロンドン・ガトウィック空港で乗り換え、スコットランドの首都・エディンバラに着いた。初日は、エディンバラ城とその近くにあるウイスキー博物館を見学した。遊園地にあるようなゴンドラに乗り、人形で歴史的な出来事を再現した部屋を回りながら、スコッチウイスキーの歴史を紹介する形だった。

展示では、20世紀になってスコッチウイスキーの生産量が増えた理由として、こう説明されていた。

「フランスでフィロキセラが蔓延し、ワインはもちろんのこと、ブランデーが造れなくなった。相当量のブランデーを輸入していたロンドンを中心としたイギリスのマーケットは、代替え品としてＵＫ（連合王国）の蒸留酒であるスコッチウイスキーを飲むようになった」

フィロキセラが、スコッチの産業に影響を与えたという説明に、なるほどと思った。

この旅行では、「美味しいハギス」を食べるのが目的の一つだった。ハギスとは、ウイスキーやビールを造る「モルト」と羊のミンチ肉でつくる肉製品で、モルトウイスキーにとても合うとウイスキーの本に記載があった。

夕食に入ったレストランのメニューには、ウイスキーは世界的に流通しているものが4～5種類載っているだけ。ハギスを頼んだものの、拍子抜けしてウイスキーではなくエール（上面発酵をしたビール）にした。翌日からはレンタカーを借りてハイランド地方に向かう。次の町に期待だ。


翌朝、エディンバラのホテルをチェックアウトし、車を1時間ほど走らせたあたりだった。左手を見ながら正子が叫んだ。

「あっ、指輪がない！」

車を止めて荷物の中を捜したが、見つからない。もしかするとホテルに置き忘れたかもしれない。

当時はプリペイド式の安い携帯電話しか持っておらず、イギリスでも使えるかどうかわからなかったが、電話をかけてみた。何とかつながって、フロントの人に頼んでみる。

「今朝チェックアウトしたのですが、妻が結婚指輪を忘れたかもしれないんです。部屋に落ちていませんか？」

最初はなかなか理解されなかったが、探してくれることになり、見つかったら携帯に電話してもらうことになった。そのままドライブを続けるが、気になるのは指輪のことだ。

「出るとき部屋を一通り見たし、ホテルの部屋には落ちてないんじゃないかな？」

「おかしいな。この数日、少し指輪がゆるかったから、抜けちゃったかな？」

昼食でふたたび「ハギス」を食べたが、あまりくせがなく、これがモルトに合うのかな？と思った。指輪に気をとられて落ち着かなかったので、味わう余裕がなかったのかもしれない。

ホテル（B＆B）の朝食。中央がハギス

昼食後も車を走らせ、エディンバラから300kmほど離れたころ、携帯電話が鳴った。

「部屋にプラチナの指輪が落ちていました。たぶんこれですね？」

「よかった！」

ホッとして緊張がゆるんだ。これで落ち着いて旅行ができる。

「ハイランド地方を回って、5日後の7月26日（月）にエディンバラに戻るので、そのときに取りに伺います」と伝えた。


この日はハイランドの中心、ダフタウンに宿をとった。この町なら、モルトやハギスを堪能できるだろうと思い、レストランを探した。

宿から町の中心へ20分ほど歩いたところにあるウイスキー・ショップの隣のレストランに入り、メニューにたくさん載っているモルトウイスキーから1つずつ選び、ハギスも頼んで合わせてみた。

お昼に食べたものよりは、スパイスがきいた個性的な味わいで、まあまあのおいしさだった。フイッシュ・アンド・チップスとビールを頼んで、夕食をすませた。

宿に戻ってシャワーを浴び、人心地ついた。

「ハギスはまあまあおいしかったし、なにしろ指輪が見つかってよかったね」

「ホッとしたよ。よかった」

ウイスキーの酔いも手伝い、ぐっすり眠った。


翌朝、朝食を食べにフロントの隣の小さな食事スペースに行った。サーブされたのは、ソーセージやベーコンとともに、ハギスがのった山盛りの皿だった。ソーセージやベーコンもとてもおいしかったが、スパイスがきいた濃い味わいのハギスがとりわけおいしかった。

「なんだ、街の方までずいぶん歩いたのに、ここで夕食をとればよかったね」

正子もハギスを一口食べ、

「これまでで一番おいしいね」

朝食なのでモルトウイスキーを飲むわけにはいかなかったが、メニューを見ると、昨夜のレストランにひけをとらない数のモルトウイスキーが載っていた。

エディンバラに着いた日の夕食で食べて以来、4回目のハギスだった。

この日はグレンフィディック蒸留所とマッカラン蒸留所を見学し、インヴァネスで1泊することにした。宿泊先は古風なB&Bで、翌朝食堂に行ってみると、7月下旬だというのに暖炉では石炭が燃えていた。地図で見るとこのあたりはノルウェーの最南端とおなじくらいの緯度、寒いはずだ。

スカイ島は大きな橋で本土と結ばれていて車で行けるので、この島にあるタリスカー蒸留所を見学することにした。島の平原ではヒースの花が満開で、とてもきれいだった。ピート（泥炭）の切り出しを見

ヒースの花

ピートの切り出し（スカイ島）

ることができ、生牡蠣にモルトウイスキーをたらしたものも食べた。

このスカイ島で1泊し、グラスゴーを経由して、エディンバラに戻った。

ホテルに寄って、結婚指輪を受け取ったのは言うまでもない。

「スコットランド、すごく良かったね。もっと早く来ていれば、フランスにいるうちに何度か来られたのにね」

空港でボルドーに帰る便の出発を待ちながら、旅をふり返る。

指輪が戻ってホッとした正子は、

「日本に帰ってからも、休みが取れればまた来たいね。アイラ島も行ってみたいな」

スコットランドに着いてからアイラ島へ行くことも検討したが、フェリーで行くと最寄りの港から片道3時間かかるので、断念した。

「いつか機会があったら、アイラ島に行こうね」

正子がＤＵＡＤの試験を一発で突破したので行くことができた、思い出深いスコットランド旅行だった。

試験に受かった直後ということもあったが、旅行の写真を見ると、正子は以前のやる気に満ちた表情に戻ってきていた。

メドック・マラソン完走 2004年9月

スコットランドから帰ってからも、メドック・マラソンを完走すべく、2人でボルドー公園に行って、走りこみを続けた。ボルドー市が管理するこの公園は、ボルドーで最も大きな公園で、森のような樹々のあいだに一周2・5㎞ほどのジョギングコースがある。

自宅から1㎞くらいの距離なので、家を出て一周して戻ってくると5㎞弱の距離だ。週末は公園を2周して、7㎞ほどの距離。週3～4日はコンスタントに走った。

幸い2004年の夏はそれほど暑くなく、走りこみには適していたが、その分ブドウの成熟は遅れ気味で、マラソン大会の時点で収穫まではまだ1か月近くあった。


メドック・マラソンは9月上旬の土曜日に開催される、メドックの最大のイベント。1985年に開始されたこのマラソンは、世界中から1万5000人ほどの申し込みがある。エントリー・フォームと健康診断書による簡単な書類審査を経て、約8000人が参加する。スタート地点のポイヤックは街路が狭く、これ以上の参加は難しい。日本からも毎年それなりの人数が参加する。

距離は42・195㎞のフルマラソンで、補給所はグラン・クリュを含む多くのシャトーに置かれ、そのシャトーの赤ワインが振舞われる。

走りながらワインを飲んで平気なのかとも思うが、過去の大会で事故はないとのこと。このマラソンのユニークなところは仮装が義務付けられていることで、「仮装しない人のタイムは、ゴールしても無効となります」と大会のパンフレットに書いてある。

参加者は40代以上が多く、楽しむことを優先し、老若男女が色とりどりの衣装で走る。

コースはポイヤックの河岸をスタートし、グラン・クリュ街道をサンジュリアンまで南下する。ここから内陸へ向かい、サン・ローラン村を通過してサンテステフ村まで北上する。ふたたびジロンド川へ向かい、川沿いの道を南下してスタート地点に戻る。

9月11日（土）、朝10時にスタートの号砲がなり、大勢のランナーが徐々にスタートしていった。８０００人もいると、最後尾のランナーが走り始めるまでに数分かかる。ボルドー在住の５人の日本人と話をしながら、動き出すのを待つ。

半年後の帰国が決まっており、これがラストチャンスだと思うと自然と気合が入る。少しずつ速度を上げ、ポイヤックの町を後にした。

グラン・クリュ街道を南下し、Ch.ラトゥールとCh.ピション・バロンを道の両側に見て、サンジュリアン村へ向かう。沿道は地元の人達の声援と、楽器演奏で賑わっていた。

普段は車で通る道だが、走ってみるとCh.ラトゥールからCh.ベイシュベルまでかなりの距離があることに驚く。延々と続くブドウ畑の広さに、いまさらながら感じ入る。

補給所を２つ過ぎ、９㎞地点のCh.ベイシュベルまでくると、補給所にプラスチックのカップに注がれた赤ワインが並べてある。参加するまでは、マラソンの途中でワインを飲めるものかな？ と抵抗があったが、渇いたのどに果実感のある若いワインは意外なほど心地よい。

前年はここを含めて、数か所の補給所でゆっくりと試飲した。汗がたくさん出るのでまったく酔わなかったが、20㎞くらいで疲れが脚に来てしまった。

そこでこの年は、事前に正子と相談し、完走を優先しゴール近くまで飲まないと決めていた。Ch.ベイシュベルではワインを飲まず、水と果物、チーズだけにした。

サンジュリアン村からブドウ畑のあいだを通って内陸に入り、国鉄（ＳＮＣＦ）の踏切を横切り、サンローラン村のCh.ラローズ・トラントードンを経てポイヤック村へ戻る。普段通ることのない農道を走るので、いつもと違うメドックの風景だった。コースに点在する銘醸シャトーを眺めながらふたたび線路を渡ると、Ch.グランピュイ・ラコストが見えてくる。

完走直後(2004年9月11日)

前年はここで力尽きたが、この年は十分走りこんできたので、まだ余裕があった。このシャトーはとても気に入っていたのだが、ここでも水と果物だけにした。

Ch.ムートンを過ぎ、格付けトップのCh.ラフィットでもワインを我慢し、ポイヤック村とサンテステフ村を分ける谷へと降りていく。この谷も、普段は車で通るのでそれほど感じなかったが、谷底からCh.コス・デストゥルネルまでの上り坂はかなり急だった。

一度歩き出すとタイムがぐんと落ちることはわかっていたが、谷底からの上り坂で走り続けるのがつらくなり、少しずつ歩き始めた。歩き出すと時間の経つのは早い。制限タイムまでは余裕があったが、30㎞を過ぎるころには疲労困憊の態となった。

サンテステフ村に入り、Ch.モンローズの中庭を通過すると、ジロンド川が見えてきた。先が見えてきたので、少しほっとする。

サンテステフ村からジロンド川へ急な坂を下り、最後のチェックポイントを通過すると、ゴールへ向から川沿いの直線に入った。ジロンド川はヨーロッパ有数の太い川で、海のような景観だ。

ここまで来ると、補給所におかれているものはがらりと変わる。まずは、大西洋沿いのアルカション湾から運ばれた小さめの殻つき生ガキが並び、赤ワインではなくＡＣボルドーの白ワインが振舞われる。ゴールを目前にして、この日初めてワインを口にした。

40km近く走ってきてからのよく冷えた辛口の白ワインは、癖になりそうなほどおいしかった。小ぶりのカキは甘みがありいくつでも食べられたが、先を急ぐため2つほど食べて切り上げた。

ジロンド川を左手に見ながら少し走ると、香ばしい匂いがしてきた。ここでは、ブドウの古木を燃やして直火で牛肉を焼いており、小さく切ったステーキに、みじん切りのエシャロットが乗せられている。合わせるのは赤ワイン。プラカップに入ってはいるが、味わってみるとなかなかの酒質だ。直火で焼いた肉は香ばしく、たっぷり肉汁を含んでいる。

続く補給所ではチーズが、その次の補給所ではサラダと、一連の補給所で少しずつ料理が出される。走りながらのワイン付きフルコースだ。

ゴール直前では、完走を祝してボルドー産のスパークリング・ワインがグラスで出された。ゴールまでは1kmを切り、周りはお祭り騒ぎとなっている。疲労はピークに達していたが、約6時間のタイムでゴールすることができた。

正子も無事完走を果たし、帰国までにやっておきたいことがひとつ片付いた。週末は2人とも歩行困難だったのは言うまでもない。

翌々日の月曜日に、足を引きずりながら土曜日に通過したシャトーのひとつを訪問した。道端には大勢のランナーが道に捨てた大量のプラカップやスポンジは影も形もなかった。

シャトーのオーナーに、メドック・マラソンに参加したことを伝えた。

「一昨日はたくさんのゴミが落ちていましたが、跡形もありませんね」

オーナーは我が意を得たり、という表情になり、

「地域の人がボランティアで各補給所を担当し、最後のランナーが通過して10分もすると掃除は完了するんですよ」

牡蠣をむくのもステーキを焼くのも、すべてボランティアの仕事だそうだ。大きなイベントに地元の協力は欠かせない。完走した満足感とともに、あらためてメドックという土地柄を好ましく感じた。

◇

帰国後の正子の勤務先は？

２００４年10月～２００５年２月

シャトー・レイソンの２００４年の収穫は、10月４日（月）にメルローの収穫で始まった。ボルドーで経験した４年間でもっとも遅い収穫開始で、一番の豊作となった。

正子もシャトー・デステューで充実した仕込みを経験することができ、ボルドー駐在の最後の仕込みは無事終了した。

ボルドー駐在中は、クリスマスの時期が過ぎてから毎年日本に帰国していたが、翌年３月に帰国を控え、

引越しの準備も始めなくてはならないので、初めて年末・年始をボルドーで過ごすことにした。

フランスのクリスマス前後はにぎやかだが、年末が近づくとだいぶ静かになる。

31日にボルドー旧市街にある日本人の友人宅で年越しパーティーをするというので、正子と参加した。各家庭から料理とワインをもち寄り、10人ほどが集まった。焼き鳥や年越し蕎麦など和食が多く並び、和気あいあいと楽しい年越しになった。

年が明けると、帰国の準備を本格的に始めた。引越しの見積もりや、荷物を出す日、アパルトマンを引き払った後に帰国まで住む市内のウィークリー・マンションの予約など、少しずつ進めた。


2月に入り、正子に山梨の勝沼醸造から知人を通して連絡があった。シャトー・レイソンの次の駐在者の奥様が勝沼醸造で働いていることもあり、「帰国後は代わりに勝沼醸造で働きませんか？」というお誘いだった。

正子に伝えると、

「日本に帰ったら、まず子供をつくらなきゃと思っているので、ワイナリーは無理かな？」

この時点で、正子は34歳だった。

「マサは、フランスでいい経験を積んだんだから、日本でまずはそれを生かして現場に復帰してほしい」

正子はしばらく考えていたが、

「そうね。本音はワイン造りに戻りたい。6年ぶりに日本のワイナリーに戻れるのだとすると、すごくうれしい！」

と、この話を受けてみる気になったようだ。

翌日の朝は平日で、いつものようにご飯とみそ汁の朝食をとっていた。

「勝沼のワイナリーに決まってよかったね」

「う～ん。ありがたいんだけどね」

正子の少し引っかかる様子に、おやっ、と思った。

「もしかすると、丸藤が気になるの？」

正子がご飯を食べる手を止めた。

「こちらからやめたんだけど、頑張って働いていた会社なので気になるね。でも、今回の勝沼醸造からの話はいいタイミングだし、丸藤は人を募集しているわけではないので、仕方ないかな」

食事が終わり緑茶を飲みながら、

「ダメもとで、大村さん（当時丸藤葡萄酒専務）に電話してみたら？」

と提案してみた。

「え～、一度辞めたところだから、たぶん雇ってくれないよ。人も足りているようだし」

シャトーに出かけるまでにはまだ時間がある。日本とフランスは、冬は8時間の時差があるので、こちらの朝7時は日本では午後3時。ひょっとしたらタイミングよく募集しているかも知れないし、確認した方があきらめもつく。

「じゃあ、俺が電話するから、話してみない？　あとで後悔するより、だめもとで話した方がすっきりするよ」

「たぶんダメだと思うけど」

丸藤葡萄酒の電話番号は、勝沼勤務だったときに暗記していたので、すぐに国際電話をかけた。

「メルシャンの安蔵ですが、大村専務いらっしゃいますか？」

「ご無沙汰しています。もしかしたらフランスからですか？」

「そうです」

「少々お待ちください。専務！　フランスから国際電話ですよ」

ほどなく大村専務が電話に出た。

「やあ安蔵君、久しぶり。ボルドーでは元気にやってますか？」

ひとしきりボルドーでのことを話したあと、

「ところで今日はどうしたの？」

「実は、3月に帰国することになりました。私は4年ぶりに勝沼ワイナリーに戻ります」

「そうなんだね。もう4年も経ったんだね」

「実は、正子の勤務先を探しています。『来てほしい』というワイナリーは1つあるのですが、丸藤が人を募集していればよいな、ということで。正子に代ります」

と受話器を正子に渡した。

「専務、ご無沙汰してます。旦那の帰国が決まりました。ボルドーで経験したことを活かして、山梨で働こうと思っています」

しばらくして正子の口調が変わった。

「えっ、本当ですか！」

その表情から、良い話なのだろうと思った。5分ほど話して電話を切った正子はうれしそうだった。

「最近辞めた人がいるので、是非来てくれって。また丸藤で働けるなんて、思ってもみなかった！」

「思い切って電話してみてよかったね」

この日の夜は、とっておきのワインをあけて乾杯した。

翌日、正子は勝沼醸造の有賀雄二社長に電話をした。

「お誘いいただいてうれしかったのですが、丸藤に聞いてみたら、ちょうど辞めた人がいるとのことなので、申し訳ありませんが丸藤に戻ります」

「優秀な女性醸造家を採れると思ったんだけど、残念！　でも古巣に戻れるのはいいことだね。帰国したら、うちにも遊びに来てくださいね」

勝沼で、しかも以前の職場の丸藤葡萄酒で再び働くことができることが確定し、正子は本当にうれしそうだった。

岡本さんからのメール　2005年2月

正子は1998年の年末に丸藤をやめ、岡本英史さんとともにワイナリーを立ち上げようとしたが、意見の違いから1か月も経たず1999年1月に決裂してしまった。それ以来、正子は岡本さんと連絡をとっていなかった。私は、正子と結婚する前から彼とはときどき連絡を取り合っていたので、内緒でメールのやり取りを続けていた。当時は1つのパソコンを2人で使っていたので、見つからないようにフォルダを作ってメールを入れていた。

2月に入って帰国することになった旨を岡本さんにメールすると、その返信に、

「帰国おめでとうございます。あのころは、自分もまわりが見えていなくて、水上さんに申し訳ないことをしました」

とあった。

メールを見て「やった！」と思い、すぐに正子を呼んだ。

「実は今まで隠してたんだけど、岡本とときどきメールでやり取りしてたんだ」

正子は表情を少し曇らせた。

「へー、別に遠慮しなくてもいいのに」と答える正子にパソコンの画面を示し、「ここ読んでごらん」とメールを見せた。

正子の表情がみるみる明るくなっていくのがわかった。

「え〜、こんなメールを書いてくるなんて意外。なんかうれしい。日本に帰ったら、一緒にワインを飲めるね！」

正子がよろこんでいる旨と、日本に帰ったらゆっくりとワインを飲む機会をもちましょう、と岡本さんに返信した。

丸藤への復帰が決まったことと、岡本さんからのメールで、正子の表情は昔の元気だったころに完全に戻ったようだった。

第三章

Mercian

甲州かおりロゼ2006

2005年3月〜2014年3月

帰国　2005年3月

人事異動通報が社内開示され、2005年4月よりメルシャン勝沼ワイナリー品質管理課長を拝命することになった。

入社以来、製造の仕事が中心で、品質管理の業務を担当するのはこれが初めて。ボルドーの自宅で異動通報を確認し、日本でボルドーでの経験が生かせるという期待感と、4年間暮らしたフランスを離れる寂しさとが交錯した。

3月9日（水）の午後に成田空港に到着し、翌日勝沼ワイナリーに出社した。まずは、直前にビン詰めされた、「シャトー・メルシャン 甲州きいろ香2004」を試飲した。「きいろ香」は、柑橘香をもつチオール化合物（3-メルカプト・ヘキサノール＝3MH、ソーヴィニヨン・ブランなどに含まれる）が甲州ブドウにあることを発見したことをもとに開発された商品。ボルドーに駐在していた私は、メルシャンの研究員をボルドー大学に送り込む交渉と、現地でのフォローを担った。

ビン詰めされた「きいろ香」をテイスティングして、これまでの甲州ワインと違い、きれいな酸味と、すっきりした柑橘の香りが心地よいと感じた。今年は、このワイン造りを担当することになるのだな、と気持ちを新たにした。

ボルドー大学との交渉　２００３年９月〜２００４年１月

少し話は戻るが、「きいろ香」が誕生したきっかけは、勝沼ワイナリーで２００３年９月、いろいろな条件を設定してそれぞれ小規模で仕込んだ甲州ワインから、これまでに感じたことのない柑橘の香りが出たことだった。半信半疑ながら、メルシャンはボルドー大学醸造学部の富永敬俊（たかとし）博士にサンプルを送った。

富永博士は、デュブルデュー教授の右腕として活躍しており、ソーヴィニヨン・ブランの香りの研究で世界の第一人者。２００３年５月に『きいろの香り　ボルドーワインの研究生活と小鳥たち』（フレグランスジャーナル社）という本を出版したばかりだった。ソーヴィニヨン・ブランの香りの研究とボルドーでの生活について書いた本で、香り成分を化学式をまじえて専門的に解説している。

この本の知見があったので、勝沼ワイナリーの技術陣は「もしかするとこの柑橘の香りは、この本で説明されている3-メルカプト・ヘキサノール（３ＭＨ）ではないか」と考え、問い合わせを行った。当時勝沼ワイナリーの醸造責任者だった味村興成さんは、富永博士の古くからの友人だ。

富永博士からは、「いくら良い香りが出たと

富永敬俊著『きいろの香り、ボルドーワインの研究生活と小鳥たち』(2003年、フレグランスジャーナル社)

いっても、甲州に柑橘の香りが含まれているという知見はない。でも、一応測定してみるから、サンプルを送ってください」と連絡がきた。

ボルドー大学に届いたワインの香りをかいだ富永博士は、驚いた。

「これはチオール化合物の香りのようですね。それもそれなりの強さがある。すぐにチオールの含有量を測ってみます」

ほどなく、測定結果が感動のコメントとともに送られてきた。

「測ってみたら、ソーヴィニヨン・ブランに比べれば少なめですが、十分な量のチオールが含まれていました。甲州にチオール化合物が含まれている可能性があるということです。これまで香りがないと言われてきた甲州に、柑橘香のポテンシャルがあるのだとすると、すごいことです！」

この頃、山梨県内では甲州ブドウが余剰気味で、メルシャンは、なんとか特徴のある甲州ワインを実現したいと考えていた。甲州に柑橘香が含まれているかもしれないという知見を、翌2004年の仕込みで製品化にまでつなげるには、チオール化合物の量と、どの種類のチオールが含まれているかを測定・同定することができなければならない。

チオール化合物とは、硫黄を含む化合物の総称。酸化に弱く、とても不安定な化合物で、果汁やワインから取り出す過程で壊れてしまう。そのため測定は難しく、当時のメルシャンでは量の測定も、どのチオール化合物が含まれているかの同定もできなかった。

富永博士は分析に関しても世界レベルの権威で、この技術を学ぶために博士の元に研究員を送り込むことになった。

年が明けて２００４年1月に、メルシャン酒類研究所の大久保敏幸所長と勝沼ワイナリー醸造責任者の味村興成さんがボルドーに来て、デュブルデュー教授、富永博士と共同研究の打ち合わせをすることになった。当時ボルドーに駐在していた私は、通訳兼ボルドー大学との交渉窓口として、この打ち合わせに同席することになった。この交渉で、研究員の受け入れに、なんとしてでもＯＫをもらわなければならない。

1月24日（土）の夜、ボルドー・メリニャック空港に着いた大久保所長を、車で迎えに行った。味村さんは、翌25日の午前の便で到着した。ボルドー市内のホテルを予約してあり、味村さんがチェックインすると、すぐに打ち合わせを始めた。ロビーのソファーに座り、明日からの段取りを説明した。ボルドー大学訪問を27日（火）に控え、明日26日（月）はボルドーの旧市街にあるビストロで、富永博士と打ち合わせをすることになっている。

「明日は市内のビストロで、富永さんと事前打ち合わせです。富永さんは、『デュブルデュー教授との話し合いの段取りを確認しましょう』と言ってました。

フランスのレストランは20時に開店するところがほとんどですが、ここは少し早めに入れるようです。食事が出てくるのは20時以降ですが、19時にお店に行き、1時間ほど打ち合わせてから、食事をご一緒するという流れです。このホテルから徒歩10分くらいですので、歩いて行きましょう。

ところで、飛行機では眠れましたか？」

「おー、よく眠れたよ」と味村さん。

前日の夜に到着した大久保所長は、デュブルデュー教授との打ち合わせで、どう話せばいいか考えていて、昨夜はあまり眠れなかったようだ。

「今日はゆっくり眠れるといいですね。明日は18時30分くらいに迎えに来ます」と伝えホテルをあとにした。

翌日18時30分にホテルに着くと、ロビーで大久保所長が待っていた。

「少しは眠れましたか？」

「いや、昨夜もあまり眠れなかった。今日はよろしくね。明日の説明の段取りをまとめてみたんだけど、あとで見てくれる？」

ホテルの便せんに細かい字でびっしり書いたものを数枚渡された。

「あとで目を通しておきます。ところで味村さんは？」

大久保所長は上の方を見上げて、「まだ寝ているんじゃないかな？」

5分ほどして、味村さんが現れる。

「さあ、富永さんとの打ち合わせ、頑張ろう！」

緊張気味の大久保所長に対し、富永博士とは旧知の仲で、ボルドー駐在経験のある味村さんは十分にリラックスしている。対照的だな、と思った。


レストランへ向かう道は、すでに暗かった。ボルドーの緯度は北海道の稚内とほぼおなじ。夏はサマータイムで1時間繰り上がり21時過ぎまで明るいが、1月下旬は17時には真っ暗になる。

レストランに着くと、すでに富永博士が座って待っていた。伝統を感じさせるクラシックな造りの店内はうす暗く、この時間は我々4人だけだった。

味村さんが親しそうに話しかける。

「富永さんの家は、ここから近かったですよね？」

富永博士は険しい表情だ。

「歩いて3、4分くらいだね。味さん、そんなことより、今日の打ち合わせは重要だからね。私は教授のラボに属しているわけだから、教授がOKしなかったらメルシャンには協力できないからね」

私は富永博士に酒類研究所の大久保所長を紹介する。

「こちらは大久保所長です。ラインガウのガイゼンハイム研究所に留学経験があります」

お互い簡単なあいさつをしたあと、ボルドーのフレッシュな白ワインを1本頼み、飲みながら話すことにした。グラスのワインを一口飲み、富永さんは少し早口で話し始めた。

「これは、メルシャンとデュブルデュー教授の交渉だからね。僕はどちらにもつくことはできない。教授が興味を持ってくれればすんなりいくし、ダメとなったら…。大事なのは、チオール化合物が甲州から見つかった事実に、教授が興味を持ってくれるかどうかです」

大久保所長は少し緊張した様子で言った。

「明日は私が、チオール化合物発見の経緯や、メルシャン側の依頼事項を説明します」

「どんなふうに説明するつもりか、流れを教えてくれますか？ 言っておきますが、僕は通訳しませんからね。安蔵さん、頑張ってね」

私は「もちろんです」と答えて、「味村さんも以前ボルドーに駐在していましたし、フォローをしてくれると…」と続けたところで富永博士の右隣にいる味村さんを見ると、なんと腕を組んでうとうとしている。

富永博士もそれに気づいた。

「おい、味さん、寝るなよ！」

「おお、はいはい」

大久保所長が翌日説明する内容を話し、富永博士からいくつか意見が入った。

私から、明日の夜の予定を伝える。

「交渉がうまく行った場合のために、夜はレストランを予約してあります。交渉がうまく行くといいのですが…」

「教授にも夜の予定はあけてもらってますが、交渉が決裂したら我々で残念会をやるしかないですね」

と富永博士。

ほどなく1時間が経過し、

「打ち合わせはここまでにして、明日は頑張りましょう」

と、赤ワインを注文し、食事になった。

◇

翌日は、午前10時半にタランスにあるボルドー第2大学ワイン醸造学部に行った。

打ち合わせに先立ち、富永博士のラボで、チオールの香りが出た甲州ワインをテイスティングさせてもらった。私はこのとき初めてテイスティングしたが、これまでの甲州の印象とは違い、柑橘の香りときれいな酸を感じた。

会議室で話し合いが行われ、デュブルデュー教授は穏やかな表情で、ゆっくりとした口調で言った。

「私は日本に行って、甲州のワインをテイスティングしたことがあります。甲州にチオールのポテンシャルがありそうというのは、とても面白い知見ですね。解明に向けて、協力していきましょう。メルシャンとは、シャトー・レイソンのご縁もありますしね」

デュブルデュー教授はシャトー・レイソンのコンサルタントもしており、これまでに何度かアサンブラージュやディスカッションの機会に、ご一緒していた。

富永博士は、

「教授がＯＫであれば、私もうれしいです」

と表情を変えずに、事務的に話した。


午後は、富永博士、大久保所長、味村さんとともに、デュブルデュー教授がグラーヴ地区に所有するシャトー・レイノン（Ch.Reynon）に移動し、ソーヴィニヨン・ブランの醸造設備を見せてもらった。共同研究の話がうまくいきそうなので、少し気が楽になった。

教授は家族とともに、レイノンの城館で暮らしていた。デュブルデュー家は代々ソーテルヌ地区バルザック村のシャトー・ドワジー・デーヌ（Ch.Doisy Daëne 特級格付け２級）を所有し、醸造と栽培を行っている。

教授は醸造学者でありながら、根っからの造り手で、ワイン造りの現場を大事にしている。ボルドー大学で講義を聞いていても、とても好感が持てた。大学では、午前中の講義が終わった後、昼休みに入ってもずっと学生が教授を囲み、ワイン造りや研究について熱心に意見交換をしていたのをよく覚えている。

歴史を感じさせるレイノンの醸造所には、ソーヴィニヨン・ブランのスキンコンタクトを行う専用のタンクが鎮座していた。

このタンクは、教授が醸造機器メーカーと共同で開発したものだそうで、タンクの前で教授自ら説明してくれた。

「白ワインは酸化させてはいけない。ブドウがもつアロマを、ビンの中までもって行くことが大事です。ときおり還元的な臭いが出ますが、そういうときはデキャンタに移して酸素を供給してやればいい。醸造のときも、ソーヴィニヨン・ブランの発酵初期には、還元的な臭いが出たら赤ワインとおなじくルモンタージュをして酸素を供給します」

見学が終わった後、シャトーの大広間で昼食をとりながら、レイノンの熟成したソーヴィニヨン・ブランを飲ませていただいた。他にもレイノンでは、カディアック地区で栽培するブドウから甘口のワインも造っており、これを最後にいただいた。フレッシュな果実感がありながら、深みのある甘口ワインで、とてもおいしいワインだった。

食後に研究員派遣について打ち合わせ、飛行機のチケットが取れ次第ボルドーに派遣するということで、2週間後の2月初旬から受け入れてもらうことになった。レイノンでの食事のお礼として、ディナーはボルドー市郊外のサン・ジェームスというレストランにご招待した。

シャトー・メルシャンの甲州ワインを試飲するデュブルデュー教授(左)、右は富永博士
(2004年1月27日、シャトー・レイノンにて)

我々は一度ホテルに戻り、休憩をはさんでレストランに出かけた。今夜のディナーはデュブルデュー教授ご夫妻、富永博士ご夫妻、それに我々3名の計7人。サン・ジェームスはボルドー市街から、ナポレオン一世の時代に建設されたポン・ド・ピエール橋を渡ったガロンヌ川対岸の高台にあり、景色の良い席を予約しておいた。

富永博士の奥様の良子さんとは、このとき初めてお会いした。

「ヨシコは、ボルドーで3本の指に入る素晴らしいピアノを所有しているんだよ」と教授。

良子さんはピアニストで、ボルドーで活動をしているとのことだった。

教授はご機嫌で、昼間の雰囲気と違ってリラックスしている感じだった。

「今日の打ち合わせで、私がお断りしていたら、この食事はなかったね」

と冗談を言い、ワイン造りの話や、富永博士がデュブルデュー研究室に入ったころのこと、化学の専門家として分析化学の技術を導入したくれたことへの感謝など、話に花が咲いた。

「タカトシのおかげで、研究の幅がとても広がったんだ。彼の功績は大きいね」

富永博士は教授の言葉に、「光栄です」と答えた。富永博士の表情はとても柔らかく、一連の交渉が終わりほっとしているようだった。

翌日は、富永博士、大久保所長、味村さんと私で、ポムロール地区のシャトーを訪問した。

走り出した車の中で、富永博士が派遣する研究員について注文を出した。

「大久保さん、味さん、まずは無事教授のＯＫが出ておめでとうございます。もう派遣する人は決まっていると思いますが、僕は基本的なことをこちらで指導するつもりはないですよ。短期間で結果を出すためにも、化学と研究の基礎が十分ある研究者を派遣してくださいね」

「まだ若いけど、山梨大学の生物化学系の学科で修士までやった研究員を出すので、大丈夫と思いますよ」と味村さんが答える。

「オーケー、2週間後を楽しみにしてるね。今日はシャトー・ビジットを楽しみましょう」

この日に訪問したのは、シャトー・ペトリュス、ヴュー・シャトー・セルタン、シャトー・ルパンという、いずれも著名なポムロール地区のシャトーだった。私も、数日間の通訳と交渉の任を終えて肩の荷が下り、素晴らしいシャトーのビジットを楽しむことができた。

◇

2日後、大久保所長をボルドー空港に送る車の中で、気になっていることを聞いてみた。

「富永さんは研究者らしい厳しい感じがあって、お会いすると緊張してしまうんです。これからどうすれば打ち解けられるでしょうか」

「簡単なことだよ。安蔵さんが富永さんを好きになるように努力すればいいんだ。富永さんを怖いと思っていると、向こうも警戒するからね」

なるほど、と思った。これは貴重なアドバイスだった。

日本からの研究員を迎える　2004年2月、3月

2週間ほどした2月7日（土）の朝8時50分、日本からの研究員がボルドー・メリニャック空港に着いた。このときが初対面の小林弘憲（ひろのり）さんは、医薬系の研究所からワインの研究所に移ってきた入社5年

目の若手。空港のゲートを出てくるときはかなり緊張している面持ちで、スーツケースに加え、キャリーに分析サンプルが詰まった段ボール箱をいくつも載せていた。

空港の駐車場に停めた車に荷物を載せ、話をしながらボルドー市内のホテルへ向かった。予約しておいた長期滞在型ホテルは、ボルドー市内に前年開通したばかりのトラムウエイ（路面電車）の駅に近く、タランス市の醸造学部までは15分ほどだ。

部屋に荷物を置くあいだロビーで少し待ち、ボルドー大学に向かった。研究室を訪ね、デュブルデュー教授と富永博士に紹介した。教授は英語で「頑張ってくださいね」と励ましの言葉をくれた。

研究と分析技術の習得は順調に進んだ。小林さんは研究室のメンバーとも仲良くなり、富永博士と師弟関係を結べたようだった。

このあと2週間ほどは、週末も含めて日本からのお客様の対応が複数あって忙しかったが、土曜日にようやく時間がとれて、正子と小林さんと3人でサンテミリオンを訪ねた。

昼食を食べながら、様子を聞いてみる。

「富永さんとうまく行ってる？」

「最初は緊張しましたが、うまくいってます」

サンテミリオンの旧市街とワイン・ショップ、著名ワイナリーのブドウ畑などを見て回った。

その翌週の2月28日（土）、小林さんから携帯に電話がかかってきた。

「安蔵さん、このホテルはとてもきれいなのですが、ダニがいるかもしれません。ベッドに寝ていると、かゆいんです。もし、ダニよけのスプレーとかもっていたら、貸してくれませんか？」

電話をもらったときは、パリ・ワインコンクールの審査員をするためパリにいたので、正子に頼んでダニ・スプレーを薬屋で購入し、ホテルに届けてもらった。

翌日、小林さんから電話があった。

「スプレーを使ったら、よくなった感じがします。ありがとうございました」

あんなきれいなホテルにダニがいるのかな？とは思ったが、改善したというので安心した。

ところが月曜日の朝、また電話がかかってきた。私は日曜日にボルドーに戻り、この日は予定があり休みをとっていた。

「安藏さん、やっぱりかゆくて仕方がありません。熱も出てきた感じです。とりあえず大学に行くのをやめてホテルにいるので、来てくれませんか」

正子と一緒にホテルに向かった。部屋に着くと、小林さんが辛そうに言った。

「ホテルの人に説明してくれませんか」

フロントに行き、「体がかゆいそうなのですが、どうにかなりませんか？」と相談する。

「ちょっと見せてください。熱もありますね。とりあえず往診を頼みましょう」

すぐに医者を呼んでくれた。フランスでは、病院に行くより、医者を呼ぶことのほうが多い。

1時間ほど待って到着したドクターは、一通り診察して、

「うーん、これはヴァリセルだね」

ヴァリセルは初めて聞く単語だった。「どう書くんですか？」と手帳を渡して書いてもらうと、綴りはvaricelle。ポケット仏和辞典で調べると、「水疱瘡」とある。

「子供のときに水疱瘡やってないのかな？あるいは、やっていても、体が疲れているときなどには、大人になってからかかる可能性があります。どちらにしてもしばらく安静ですね」とドクター。

この時点では知識がなく、これが水疱瘡なのかな？と思ったが、ずいぶん後にこの症状は、日本語で

帯状疱疹と呼ばれることがわかった。体力が落ちると免疫力が落ちて、水疱瘡とおなじウイルスが活性化するということのようだ。研究室での緊張とハードワークで、疲れが出たのだろう。

すぐに富永博士に電話して状況を伝えた。

「ヴァリセルですか。今ラボに妊娠している女性がいるので、安全を考えてしばらく来ないでください。研究は順調なので、しばらく休んで、医者のＯＫをもらってから再開しましょう」

小林さんには、「日本へも連絡しておくので、まずはゆっくり休んでください」と伝えた。

小林さんは１週間ほどホテルで静養し、医者のＯＫが出てからラボに復帰した。当初の予定では３月13日（土）までのボルドー滞在だったが、27日（土）まで２週間伸ばすことになった。14日（日）、本来なら日本に着いているはずの小林さんと一緒に、富永博士の家に伺って食事をすることになった。

富永博士は小林さんと私のグラスに白ワインをつぎながら、

「イホさん、大変だったね。でも元気になってよかった。残り２週間の研究生活を頑張ってくださいね。安蔵さん、彼はとても良い研究者ですね」

小林さんの名前は弘憲（ひろのり）で、研究室では「hiro」と呼ばれていたが、フランス語ではｈは発音しないのと、ｒの発音がホと聞こえるので、富永博士から「イホさん」と呼ばれていた。

小林さんは十分な実績をあげ、３月末に帰国した。その後、山梨で定期的に甲州ブドウに含まれるチオール化合物を分析し、量がピークを迎える時期に収穫した。11月の日本ワイン・ブドウ学会（ASEV JAPAN）で「甲州にチオール化合物がある」、「香りのピークは従来の収穫時期より２週間ほど早い」などの内容を発表し、ワイン業界に驚きをもって迎えられた。

きいろ香の醸造がんばります　2004年12月〜3月

2004年の年末に、2005年3月上旬に帰国することが確定した。富永博士に伝えると、「帰国する前にうちで食事をしましょう」と、私と正子を誘ってくれた。帰国の少し前に、ボルドーの旧市街にある富永博士のアパルトマンを訪ねる約束をした。

年が明け、2月21日（月）に4年間住んだアパルトマンから荷物を搬出して日本に送り、ボルドー市内の長期滞在型ホテルに移った。

27日（日）には、国際農業サロン（Le Salon International de l'Agriculture）の中で開催される、パリ・ワインコンクールに審査員として参加することになっていた。私は前年も審査員として参加しており、DUADを取得した正子にも、ぜひフランスのワインコンクールの審査を体験してほしいと思った。DUADを有する旨を記載して参加を申し込んだところ、2人ともすぐに招待状がきた。

前日に2人でボルドーから飛行機でパリに入り、翌27日の午前中に審査を担当した。パリ15区にあるポルト・ド・ヴェルサイユ見本市会場に着いて受付をして、別々の審査グループへ向かった。

ボルドーに戻り、3月1日（火）の夜に、富永博士のご自宅を2人で訪問した。市内の長期滞在型ホテルに宿をとっていたので、ご自宅までは歩いて行ける距離だった。日本に送らずに残しておいたマグナムボトルのワインをお土産として持参した。

リビングには以前デュブルデュー教授が話していた見事なピアノが置かれていた。

「安蔵さん、正子さん、4年間のボルドー生活お疲れさまでした！」

乾杯して、奥様の手料理とともにディナーが始まった。富永博士は、ワインのデキャンタをいくつもお持ちで、最初ソーヴィニヨン・ブランの白ワインで始まったあと、熟成した赤ワインをデキャンタに移してサーブしてくれた。

「昨年は、小林の件も含めて大変お世話になりました。私は勝沼ワイナリーに戻ることになりました」と帰国後の配属先を伝える。

富永博士は大ぶりのグラスの赤ワインを一口飲み、

「まあ、安蔵さんがワイナリーに戻るのは順当なところでしょうね」

「おそらく今年の仕込みの統括をすることになるので、きいろ香の醸造を頑張ろうと思います」

「去年は製品化までこぎつけたので、僕も今年の仕込みで、さらに発展させたいと思ってます。夏ごろに日本に行くと思うので、よろしくお願いしますね」

ご夫妻との楽しい時間が流れた。こうして富永博士と交流を深めることができたのも、大久保所長のアドバイスのおかげだ。

3月8日(火)、少し早めの昼食をとりホテルを出発した。タクシーでボルドー・メリニヤック空港に到着し、飛行機の搭乗時間までしばらく空港で待ち、パリ行きの国内線に乗った。2時間ほどのフライトのあと、シャルル・ド・ゴール空港で東京行きに乗りかえ、ほどなく飛行機は飛び立った。

機内では4年2か月の出来事が、次々と思い出された。長いあいだ生活をしたフランスを離れる寂しさがつのる一方で、日本でのワイン造りが待ち遠しかった。

正子、丸藤に復帰する　２００５年４月

　正子は帰国１か月後の４月から、６年４か月ぶりに丸藤葡萄酒工業に復帰した。ワイン造りの現場に戻れたことで、毎朝会社に出かけるのが楽しいようだった。

　少しして、正子は少し遠慮がちに、大村専務に話した。

「専務、実は山梨市の万力でメルローをつくっているのですが、丸藤で買ってもらうことは可能ですか？」

「おお、そうなのか。ブドウはいつ植えたんだい？」

「１９９９年に畑を借りて、植えたのは２０００年の春先です。私がボルドーにいたときは、両親が畑の面倒を見ていました」

　大村さんはニコニコしながら少し考えて言った。

「うちで買いとるのはＯＫだよ。一度畑を見せて欲しいな」

　引き取ってもらえるのがわかり、正子はもう一つお願いしてみた。

「もし、それを仕込ませてもらい、私と旦那が飲む分をビン詰めして買い取らせてもらい、残りは丸藤の他の製品にブレンドという形は可能でしょうか？　今年は１樽分くらいの収穫になると思うんです」

「それも大丈夫だよ」

　正子本人が仕込みを担当させてもらえ、一部を単独でビン詰めできるのはありがたかった。

　２００５年は１樽に少し足りないくらいだったので、樽で貯蔵する際に勝沼産プティ・ヴェルドの赤ワインで補酒した。ビン詰めされて引き取るのが待ち遠しかった。

２００５年の仕込み統括

２００５年９月〜11月

　私は、メルシャン入社時の１９９５年、本社から帰任した１９９８年に続いて、３回目の勝沼ワイナリー赴任になった。帰国前から予想していたが、５月になると工場長から２００５年の仕込み統括に指名された。

「仕込み統括」とは、勝沼ワイナリーで伝統的に採用されてきた役割で、９月〜11月上旬の仕込み期間中、ふだんの職制を離れて仕込みの責任者を務める。以前は係長に上がる直前の若手が担当することが多かったが、この時点で私は36歳、役職は品質管理課長だった。ただ「課長」といっても、管理職ではなく一般職の課長だった。

「統括」を任されたことで、帰国１年目の仕込みはボルドーで経験したことを生かして頑張ろうと思った。前年仕込まれた「甲州きいろ香２００４」は約５０００本で、全国に行きわたるほどの本数ではなかった。そのため、２００５年の大きなテーマの１つは、「きいろ香の本数を増やし、甲州ワインのカテゴリーの一つに育て上げる」ことだった。

　８月１日（月）、視察で来日した富永博士と山梨県内各地の甲州の畑を巡った。勝沼町内、山梨市岩出園、韮崎市穂坂地区など、多くの地域の畑を見た。ワイナリーに戻り、１か月後に控えた仕込みに関して、富永博士と意見交換を行った。きいろ香の仕込みのことを少し話した後、富永博士から提案があった。

「安蔵さん、メールだけでなく、国際電話で意見交換をさせてくださいね」

　私は少し緊張して、返事をした。

甲州の畑を視察する富永敬俊博士(2005年8月1日)

「こちらこそ、よろしくお願いします」

2005年も、小林弘憲さん（当時メルシャン酒類研究所所属）が山梨に来て定期的にブドウをサンプリングして持ち帰り、藤沢の研究所にあるGC-MS（ガスクロマトグラフ‐質量分析計）で測定を始めた。いよいよチオール化合物の前駆体がピークを迎え、きいろ香用のブドウの収穫を始めた。

毎日、仕込みに関するデータをメールで送ると、少し遅れて7時間の時差があるフランスの富永博士からコメントと質問がメールで届く。

それに回答すると、「こちらの11時に電話をください」とメールが入る。

ボルドーの11時=日本の18時に国際電話をかけると、富永博士から質問攻めにあう。提案とリクエストを検討し、こちらの考えをメールで送ってから夜遅くに帰宅、という日々が2週間ほど続いた。

中長期的には、「どの地域のブドウがきいろ香に向いているか」を確認することが大きなテーマで、こういった課題を立てたことで、甲州を深く理解することにつながった。

これまでは、甲州ブドウは山梨県内の各地で収穫したものを、入荷した順にまとめて除梗・破砕・圧搾して仕込んでいたので、産地は「山梨県全域」だった。それが、きいろ香の仕込みを通し、地域ごと、畑ごとに分けて仕込むことで、

「甲州も地域によってかなりニュアンスが異なる」=「甲州にもテロワールによる個性がある」

ことを、認識することができた。

2005年のビン詰め本数は、2004年のほぼ4倍の2万本まで増やすことができた。

この年はビン詰め本数を増やすことには成功したが、柑橘香を持つチオール成分の濃度は、前年よりもやや低かった。仕込みに使う畑を増やしたことで、きいろ香タイプに向かないフェノール成分の多い地域のブドウが入ったことが原因だと思った。

鎌倉の海を見下ろす浅井さんのお墓　2005年12月

日本には戻ったが、まだ浅井さんのお墓参りに行けていなかった。また、ボルドーから一時帰国して大船の病院にお見舞いをしたときも含めて、浅井さんのご家族にお会いできていなかった。

奥様の浅井貞子さんに帰国したことを知らせる手紙をお送りし、「機会のあるときに、ぜひお会いしましょう」とお返事をいただいていた。

仕込みが落ち着いたあと、正子と12月初旬に鎌倉に行くことにし、2回の鎌倉ワイン会を行ったメルシャン鎌倉寮に泊まることにした。11月下旬に奥様に手紙を送り、ファックスでお返事をいただいた。浅井さんの奥様、娘さんの菊池香織さんと、タベルナ・ロンディーノというイタリアンでお昼ご飯を食べてから、お墓参りをご一緒することになった。

この日の午前中は晴天に恵まれ、正子と2人で鎌倉観光をした。いくつかのお寺や神社を訪問し、冬の柔らかい太陽光に照らされた紅葉がきれいだった。

江ノ電で稲村ケ崎駅に向かい、駅から歩いてすぐのタベルナ・ロンディーノに向かった。地中海風の明るい色合いのお店で、道路を挟んで南側に相模湾が間近に迫っている。12時少し前に店に入り、奥様のお名前を伝えると、「先ほどお着きになられていますよ」と2階へ案内された。

奥様は、小柄で上品な感じの方だった。

「初めまして、安蔵です」と告げると、

「浅井です。こちらは娘の香織です」

「菊池香織と申します。安蔵さんのことは、よく父から聞いていました」

ご家族に私のことを話していたことを聞いて、光栄に思った。

「フランスから戻ったのは3月ですが、早く伺おうと思いながら9か月も経ってしまいました」

「フランス勤務お疲れさまでした。安蔵さんの送ってくれるファックスを病院に届けると、夫はベッドで読んでいました。あのときはありがとうございました」

タベルナ・ロンディーノは、鎌倉在住の浅井さんがよく来ていたレストランで、亡くなる少し前に病院から自宅に戻った際にも、ここで食事をしたという。

お店のソムリエはワインリストを奥様に渡した。

「ワインはよくわからないので、安蔵さん選んでください」

ワインリストを見て、ファランギーナの白ワインを注文した。ワインがサーブされ、ファランギーナのブドウに関することをお話しした。

華やかな花のような香りのあるワインに、美味しいとコメントがあった。

フランスでの話をしたあと、香織さんは、

「夕食のときなどに、父は安蔵さんのことをよく話していましたよ。亡くなる前も、『ワイン造りの方は、彼がいるから大丈夫だ。でも、まわりにつぶされないようにしないと』と言ってました」

「そうなんですね。初めて業界紙に原稿を書いたとき、浅井さんが『まわりからいろいろ言われると思うので、僕に依頼が来たことにして、忙しくて対応できないので安蔵君に代わりに書いてもらう形にしましょう』と配慮してくれました」

奥様は、

「そういえば、鴨居寺の社宅はまだあるのかしら?」

鴨居寺の社宅とは、私が入社したときに4年間ほど住んだ独身寮の隣にある世帯用の家で、3棟並んでいる。独身寮とおなじく、築40年ほどの古い建物だ。

「今はだれも住んでいませんが、まだありますよ」

「香織が小さいころに、社宅に住んでいたんです」

香織さんもかすかに記憶があるという。

1962年7月1日に、浅井さんが所属していたオーシャン株式会社と、三楽株式会社が統合され、三楽オーシャン株式会社（現在のメルシャン株式会社）が誕生した。浅井さんの人事記録を見ると、1962年12月1日に、山梨工場（現在のシャトー・メルシャン鴨居寺セラー）製造課に配属されている。

統合前の山梨工場は、三楽が1961年10月に新設したばかりのウイスキー工場。長年ウイスキーを造ってきたオーシャンの技術者だった浅井さんは当時32歳。社宅はこの工場の敷地にあり、本社に異動するまで2年半住んだことになる。

「このころは、夫は仕事がうまく行かなくて、つらい思いをしていました」

浅井さんは、ウイスキーの技術者として活躍していたはずなので、私は少し意外に思った。

「つらい思いというと?」

奥様の表情には、昔を懐かしむような感じがあった。

「オーシャンはウイスキーの会社で、ウイスキー造りの経験は三楽より長かったと思います。最初に山梨工場に着任して、三楽のウイスキーをみて、遠慮なく欠点や改善点を指摘したらしいの。そのあと、仕事がなくなったみたいなんです」

三楽がウイスキーの拠点として山梨工場を建設したのは、合併する前の年。三楽はオーシャンよりも資本が潤沢でアルコールの製造技術はあったが、ウイスキーに関しては経験が浅い。その三楽のウイスキー対して、浅井さんは技術者として遠慮せずにコメントしたのだろう。それが反発を招いたのかも知れない。

「朝会社に出かけて行って、午後3時くらいにはもう社宅に帰ってくるような感じでした。干されたというのか、仕事がなかったのね。本人はかなり悩んでいて、しばらくして円形脱毛症になって小さなはげがたくさんできたんです。朝洗面所で髪の毛がまとまってバサッと抜けるような感じでした」

正子もその話は知っていた。

「そういえば、結婚する前に私が初めてフランスに行ったとき、浅井さんとご一緒したのですが、行きの飛行機の中で、そのときのことを話してくれました。頭皮から出血して、頭に包帯をグルグル巻いて出社していたと。つらい時期だったと言ってました」

初耳だった私は、

「浅井さんにそんな時代があったんですね。鴨居寺の社宅はまだあるので、いつか機会があるときにご案内します。ウイスキーはもうやってませんが、当時のウイスキーの貯蔵庫はワインの樽貯蔵庫として今でも使っています」

晩年の浅井さんは真っ白で豊かな髪だった。若いころに苦労した時期があったのだな、と思った。

美味しい料理を食べながら、私が入社したころの浅井さんとのエピソードと、浅井さんの若いころの話に花が咲いた。

「そうそう、夫が生前使っていたネクタイをクリーニングしてもってきたので、よかったら使ってください。でも若い人には合わないデザインかしら」

「とんでもないです。ありがたく使わせていただきます。でもよろしいんですか?」

「安蔵さんが使ってくれた方が、夫も喜ぶと思います」

食事が終わったあと、タクシーで浅井さんのお墓に向かった。お墓は、材木座海岸を見下ろす、景色がきれいなところにあった。

お参りをしたあと、奥様は、

「心当たりのある方に安蔵さんから伝えて欲しいのですが、このお墓にお参りしていただくのはありがたいのですが、墓石にワインをかける方がいるんです。白ワインならまだしも、赤ワインをかけると汚れてしまうので、ワインをかけないように伝えてください」

「確かに、それは困りますね。機会のある時に伝えるようにします」

長野県ワイン協会で講演

2005年12月

鎌倉を訪問した2日後の12月6日(火)に、長野県ワイン協会からの依頼で、長野市で講演をすることになっていた。講演のタイトルは、「等身大のボルドー〜ボルドーというワイン産地について」で、ボルドーでの経験を中心にお話しする予定だった。

講演の前日、小布施ワイナリーの曽我社長（小布施ワイナリーの曽我彰彦と、ドメーヌ・タカヒコの貴彦の父。当時長野県ワイン協会理事長）から会社に電話があった。

「安蔵さん、明日は少し早く長野市に来られませんか？」

講演会は午後からだったので、午前中に電車で移動しようと思っていた。山梨から長野市までは、乗り継ぎが良くても、３時間以上かかる。

「何かあったのですか？」

「この日は、長野県ワイン協会で若手の会が発足する日なんです。もしよければ、安蔵さんにも発足式に出てもらえればと思いまして」

若手の会というワードにとても興味があったが、スケジュール的に難しそうだった。

「残念ながら、その時間に長野市にいるとなると、前泊しなければならないので難しいです」

予定通り午後の講演会に間に合うように、電車を乗り継いで移動した。

長野市での講演会が終わった後の懇親会で、気になっていた「若手の会」のことを曽我社長に聞いてみた。

「若手の会の発足式はどうでしたか？」

ワインを飲んで少し赤くなっている曽我社長は、

「今日の発足式では、よい意見交換ができましたよ。若手でさまざまな活動をしてもらうための会にしたいと思っています」

この時点では山梨県にはこういう会はなく、若手が交流することのできる会や、ワイナリーが横連携するための組織を作ろうという機運はなかった。

はじめての万力メルロー（2005）

2006年8月

2005年に万力の畑で収穫したメルローは、正子が主体となって丸藤葡萄酒で醸造し、オーク樽で1年育成してから2006年の仕込み前にビン詰めした。

樽で育成したのは10か月間ほどで、2年以上使った古樽に貯蔵した。1樽分を全部ビン詰めすれば300本になるが、この年は100本を買い取ることにし、残りは大きなロットの製品にブレンドされた。

100本だけだがラベルも作ってくれ、「Domaine M　万力メルロー」（写真）という名称にした。Mは、正子、光弘と、正子の両親の水上（みずかみ）の頭文字からとった。

重くはないが果実感があり、柔らかい口当たりのワインだった。ボトルを引き取ってすぐに、水上の両親に2ケースのワインを届けた。

定年を迎えて単身赴任から甲府の自宅に戻っていた義父（ちち）は、畑の草刈りを手伝ってくれており、このワインで晩酌するのが楽しみになった。

Domaine M　万力メルロー2005

富永博士が認めた甲州香り仕込み　２００６年９月～11月

２００６年も仕込み統括に指名され、さらにいくつものテーマに挑戦することになった。

その中の一つに、この章のタイトルになっている、「Mercian 甲州かおりロゼ ２００６」がある。

これは、富永博士と議論をした際の、

「チオール化合物は、タンニンがあると壊れやすい。でもおなじフェノール化合物でも、アントシアニン（赤い色素）はチオール化合物を保護する働きがある。甲州もアントシアニンをもっているので、タンニンを抽出しないようにアントシアニンだけワインに取り込めればね」

というコメントに興味をもったことで実現したワインだ。

ブドウの赤い色素は、フェノール化合物の一種であるアントシアニンに分類される。

これに対しタンニンは渋みをもつ化合物で、性質はかなり違うが、どちらもフェノール化合物だ。

甲州の果皮はピンク色なので、シャルドネやソーヴィニヨン・ブランよりもアントシアニンを多く持つが、果皮にタンニンも豊富に含む。

甲州の果皮から、タンニンは取りこまず、赤い色素だけを取り込むことができないだろうかと考えてみた。２００５年の仕込みのときから、このテーマはずっと頭の中にあった。

２００６年の仕込みを目前に控え、アントシアニンを豊富に含むブドウがあることに気がついた。

ベーリー・アリカントAという日本で作出された品種で、アメリカ系のベーリーと、欧州系のアリカント・ブーシェを交雑させたもの。作出者はマスカット・ベーリーAとおなじ川上善兵衛氏。果皮はもちろんのこと果肉まで真っ赤で、アントシアニン色素を豊富に含む。

真っ赤な果汁だけをほんの少し甲州の果汁にブレンドすれば、富永博士が話していたのと近いものができるかもしれない。それも、果皮からタンニンが出ないように、フリーラン果汁のみを使う。問題は、ベーリー・アリカントAの収穫が、きいろ香の甲州より10日ほど早いことだ。この点は、ベーリー・アリカントAの果汁を、酸化しないように冷蔵庫で保管することにすることで解決した。ジャスト・アイディアだったので、富永博士には言わずに試してみることにした。

9月初旬に、この年初めてのブドウとしてベーリー・アリカントAが入荷した。除梗・破砕し、真っ赤な果汁を、20リットル入るプラスチック製の袋状の容器に3つ、約60リットルを、酸素が入らないように封入した。酸化防止のため亜硫酸を少しだけ加え、4℃の冷蔵庫に保管した。

10日ほどして、3回目のきいろ香仕込みの際に、この果汁を使うことにした。

通常のきいろ香仕込みと同様、甲州ブドウを酸化しないように圧搾し、翌日上澄みの果汁をステンレスタンクに移動した後、ベーリー・アリカントAの果汁をタンクに添加した。甲州の透明な果汁に、濃い赤色の果汁が1％程度入ったことで、淡いピンク色の果汁になった。ベーリー・アリカントAの果汁はフリーラン果汁なので、果皮からのタンニン分はあまり抽出されていないはずだ。

2週間ほどで発酵が終わり、このタンクのワインは、ほんのりピンクの色合い、柑橘系のアロマとともに、飲みごたえを感じた。イメージに近いものができたと思った。

仕込み後の11月22日（水）に富永博士が来場し、できたてのワインのテイスティングをした。

2006年はそれほど天候に恵まれない年だったので、ワインの酒質はやや軽めだったが、多くのテーマをこなし、富永博士からは高い評価をいただいた。ずらりと並んだワインの中に、ベーリー・アリカントAの果汁を加えたロゼ・ワインをおいておいた。

コメントを書きながら一つ一つ丁寧にテイスティングしていた富永博士は、このロゼ・ワインのところで足をとめ、私に質問した。

「この薄い色合いのロゼは、よい香りが出ているね。これは甲州なの？」

一連の仕込みの経過を説明すると、

「なるほど、アントシアニンの保護効果が出ているのかもしれないね。これはいいね。ぜひシカ肉の料理と合わせてみたい」

富永博士の評価に、とりあえずホッとした。

キリンビールと統合　２００６年11月

２００６年11月16日（木）から17日（金）にかけて、岡山県にあるコルクメーカーに出張することになった。初めての岡山出張だった。

同僚と２人で、新横浜経由の新幹線で移動したのだが、17時ごろだったろうか、新大阪を過ぎたあたりで、車両の端にある電光掲示板にニュース速報のテロップが流れた。

「ワイン大手メルシャンがキリンビールと統合」

寝耳に水の情報で、わが目を疑った。岡山駅に着いて、勝沼ワイナリーに携帯から電話をかけてみた。勝沼でも、このニュースを聞いて驚いているようだった。

岡山駅で落ち合ったコルク会社の方々とも、この話題で持ちきりだった。

その後、キリンビールがＴＯＢを行い、２００６年12月18日（月）にメルシャンは正式にキリンビールの傘下に入った。それまでメルシャンは、食品を主体とする味の素グループに属していたが、酒類・飲料を主体とするキリングループに移った。

メルシャンに入社してから12年経っていたが、これから環境が大きく変わるだろうと思った。

翌年の7月1日（日）にキリン・ホールディングスが発足し、メルシャンはキリンビール、キリン・ビバレッジとともに、国内飲料事業を担う会社としてホールディングスの一員となった。

『等身大のボルドーワイン』出版　２００６年８月～２００７年10月

仕込みに入る前の２００６年８月中旬、畑でブドウの状態をチェックしていると、携帯が鳴った。２００４年４月から２００６年３月にかけて２年間、『酒販ニュース』に「等身大のボルドー」を連載していたとき、私の担当をしてくれた佐藤吉司さんからだった。

「安蔵さんのあの記事を、本にして出版しようという企画が持ち上がりました。出版の意思はありますか？」

連載中からそれなりの反響があり、いずれ出版できればと思っていたから、この電話はとても嬉しかった。

「もちろんです。連載終了から３か月ほどたつので、少し見直して修正や補筆などもしたいと思います。ボルドーでの経験について、他の雑誌に書いたものもあるのですが、これも入れる形でよいですか？」

「もちろん大丈夫です」

25回分（連載24回、特集号１回）の記事に、酒史学会誌第21号（２００５年３月）に寄稿した「ボルドーはいかにして銘醸地になったか」、日本ソムリエ協会機関誌に2005年11月に寄稿した「クローンについて」などを加え、1冊の本にまとめることになった。

ボルドーのことではないが、2000年11月に『酒販ニュース』に掲載された「日本の醸造家から見た新世界ピノ・ノワールの軌跡と成果」も、ブドウのクローンに関する章に取り込むことにした。

これまで発表していた文章を集大成する形になりそうだった。

時間を見つけて、少しずつ補筆・修正をした。それぞれの記事は、栽培編、醸造編、改植編、歴史編、生活編、テイスティング編の6章に分類した。とくに歴史編は、酒史学会に寄稿したものに大幅に書き足して、かなりの分量になった。

本の帯には、面識のあるソムリエの佐

『等身大のボルドーワイン』
(醸造産業新聞社、2007年10月)

藤陽一さんから推薦コメントをいただいた。

最初の電話からほぼ1年後の２００７年８月に脱稿し、10月に出版された。書名は連載時のタイトル「等身大のボルドー」を少し変えて、「等身大のボルドーワイン」とした。

アマゾン（Amazon.co.jp）でも扱っていただけることになり、多くの方に購入していただいた。メールで感想をいただくことも多く、著者冥利に尽きると思った。

株主限定ワインとして製品化　２００７年７月

ベーリー・アリカントＡの果汁を約１％加えて甲州の果汁と混醸したロゼ・ワインは、メルシャンがキリンの傘下に入ったことを記念し、株主限定ワインとして日の目を見ることになった。

左ページの「お知らせ」は、「メルシャン、甲州、ロゼ、株主」で検索したところヒットしたもので、株主様向けに出したものがいまでもネット上に残っている。

大きなロットの製品にブレンドされるのではなく、単独でリリースされるのはうれしかった。私もメルシャンの株をもっていたので、１本届いた。いつか飲もうと思っていたが、なかなかあけられず、現在もワインセラーに入っている。すでに飲みごろは過ぎ、チオールの香りもなくなっていると思うが、富永博士と夜遅くまで国際電話で議論しながら、統括として仕込みに打ち込んだ2年間の想いが詰まったこのワインは、私の宝物だ。

平成１９年7月３１日

各　位

会社名　　メルシャン株式会社
代表者名　　取締役社長　岡部　有治
（コード番号　2536　東証・大証第一部）
問い合せ先　　広報ＩＲ部長　長﨑　浩三
（ＴＥＬ　）

株主限定ワイン贈呈に関するお知らせ

当社は、7月 1 日キリンホールディングス株式会社の事業会社となりました。新生メルシャンのスタートにあたり株主の皆様への『感謝』の気持ちとして勝沼ワイナリー元詰ワインを株主限定にて贈呈することに致しましたので、お知らせいたします。

記

１．贈呈商品
　株主限定勝沼ワイナリー元詰ワイン
　『甲州かおりロゼ２００６』アロマ仕込み（７２０ｍｌ）　１本
２．贈呈基準
　２００７年６月３０日現在の株主名簿・実質株主名簿に記載されている株主様のうち、１単元（１０００株）以上を保有する株主様に上記商品１本を一律に送付
３．送付時期
　２００７年１０月１０日（水）以降
　（メルシャンのルーツである日本最古のワイン会社「大日本山梨葡萄酒会社」から２人の青年がワイン造りを学ぶために渡仏した日）
４．今後について
　（１）　２００８年以降は株主優待ワインとして贈呈
　　①優待内容　株主限定ワイン（ワインの内容や本数は毎年異なります）
　　②贈呈基準　毎年６月３０日現在の株主名簿・実質株主名簿に記載されている株主様のうち、１単元（１０００株）以上を保有する株主様に一律に送付
　　③開始時期　２００８年６月３０日現在の株主名簿・実質株主名簿から適用開始
　　④送付時期　毎年１０月１０日以降
　（２）２００５年１２月期より実施している株主優待（メルシャン軽井沢美術館の無料招待券２枚＜１枚につき２名まで利用可＞）は継続

以上

2007年7月31日付の株主優待ワインの告知

株主限定ワイン
「Mercian 甲州かおりロゼ 2006」

山梨県若手醸造家・農家研究会 初代会長に 2007年5月〜10月

長野県ワイン協会でセミナーをしてから1年半ほど経った2007年5月に、山梨県庁の人と意見交換をする機会があった。

「長野では若手の会というのができて、活動をしています。ボルドーのオー・メドックでも、ワイナリーの技術者同士の横連携が盛んです。山梨もこういう活動をしないと長野に負けますよ。山梨は遅れていますよ！」

思い切って伝えてみると、こう切り返された。

「ほー、それはいい活動のようだね。もし山梨でそういう活動をするとしたら、おまんと（あなた）が責任者をやるか？」

意見を言うだけでは産地は変わらない。学生時代の五月祭のときと同様、責任者を引き受けてみようという気持ちが湧いてきた。

「自分では力不足だとは思いますが、もしそういう会ができるなら、責任者をやりますよ」

「よーし、わかった。関係の部署に話してみるよ」

このときは、これだけの会話で、話をしたこと自体忘れてしまった。

それから1か月ほどして、山梨県ワイン酒造組合からワイナリーに電話があった。

「若手醸造家と農家の活動を、組合でやることになりました。安蔵さんが責任者をやると聞いていますが、いいですか？」

1か月前の提案がこれにつながったのだ、と思いあたった。

「確かに私から県に提案しましたが、私が責任者でいいんですか?」

「ぜひお願いします」

もともと自分が言い出したことなので、引き受けることにした。長野で若手の会が立ち上がったこと、ボルドーではワイナリーの横連携が盛んなことなど、提案の理由になったことを組合の人にも電話で説明した。

ほどなく、7月12日(木)に山梨県ワイン酒造組合原料部会の下部組織として、「若手醸造家・農家研究会(通称・若手部会)」が発足し、初代会長に任命された。

醸造担当だけでなく、農家との交流が不可欠だと判断し、若手醸造家と農家の研究会になった。若手醸造家はおおむね40代までで、農家は若い人が少ないので年齢の上限はなし。つまり「若手」は醸造家の方にのみかかっている。

ワイン酒造組合からの告知と、私からも知り合いに声をかけ、発足時は醸造担当、農家合わせて50名ほどの参加となった。ワイン酒造組合から予算もつき、これまで組合が担当していたセミナーの企画を、一部ではあるが若手部会が運営するようになった。

9月上旬に、UCデービス校のマーク・マシューズ教授の講演会がすでに予定されており、この運営が最初の仕事だった。

若手部会を提案する前から課題だと思っていたことがある。

組合が外部講師を招いて、県内のワイナリー向けに醸造や栽培のセミナーを企画することが、それまでにも何度もあった。だが、メルシャンに届いた案内のファックスを見て、近隣の中小ワイナリーの醸造担当に今度のセミナーに参加するかどうか聞くと、「そんなのがあるんですか?」という返事が多かった。

実際、セミナーの会場を埋めるのは、ワイナリーの社長と大手ワイナリーの社員が大半で、中小ワイナリーの若手の姿はなかった。こうした若手のほとんどはセミナーがあることを知らなかった。

その理由を各ワイナリーの社長にヒアリングすると、

「セミナーは勤務時間中に開催されるので、こういうのに参加されると、生産が止まってしまう」

「セミナーがあるのを知ると、行きたいという人が出るので、ファックスの紙自体見せていない」

などのコメントがあった。

確かに従業員が数人のワイナリーでは、こういう事情は理解できる。しかし、山梨のワインのレベルを上げるために企画されたセミナーを、現場の人が聴かずに、すでにデスクワーク中心になっているオーナー層が主体となるのは、セミナーの狙いから外れているように思った。

若手部会が発足した少し後に、国産ワインコンクール（現在は日本ワインコンクール）の公開テイスティング会が甲府で開かれ、長野から小布施ワイナリーの曽我社長（当時長野県ワイン協会理事長）も参加した。

小布施ワイナリーのブースに行き、若手部会発足の報告をした。

「一昨年は講師としてお招きいただきありがとうございました。山梨も長野を参考にして、遅ればせながら若手醸造家と農家の活動を始めました。今後は、長野の若手の会とも交流をしたいので、よろしくお願いします」

曽我会長はきまりが悪そうに、

「実は、あの日立ち上げたものの、そのあとあまり活動していないんです。山梨が立ち上げたとなると、うかうかしてられないですね。こちらも活動をしますので、いずれ交流をさせてください」

「こちらこそよろしくお願いします」とお伝えした。

県ワイン酒造組合

「産地力」向上へ人材育成

若手醸造家と農家で研究会 研修や情報交換

山梨県ワイン酒造組合（前島善福会長）は、県内ワイナリーの栽培・醸造担当者やブドウ栽培農家らで構成する「若手醸造家・農家研究会」を立ち上げた。メンバーは三十代を中心としたメーカーと農家の中堅層を合わせた約五十人。相互の交流を通じて次世代を担う人材の育成を図り、「産地力」のアップにつなげる。研究会はメーリングリストでの情報交換をはじめ、講演会やセミナー開催などの事業を運営する。

研究会は、組合原料部会の事業の一環として設置。ワイナリーと農家の連携によるワインの品質向上を目指して、組合側がワイン造りに意欲の高い中堅に呼び掛けた。

メンバーは、メーカーの技術者やワイナリーの後継者、ブドウ農家ら立場はさまざま。ワインセンターなどから県職員も参加する。リーダーは、メルシャン勝沼ワイナリー品質管理課長の安蔵光弘さん（三九）が務める。

研究会の活動としては、まず九月上旬、甲府市内で米カリフォルニア大デービス校のマーク・マシューズ教授を招いた講演会を開催。研修プログラムの充実に向け、今後は植物生理学をテーマにしたセミナーや、パネルディスカッションなどを計画している。

メーリングリストは、各参加者が調査・研究したことなどの報告や議論の場として活用。栽培や醸造にかかわる情報の共有化を図る。

安蔵さんは「若手の中には海外で経験を積んだ人も多い。ワイン産業の将来に対して海外経験の視点から何らかの提言をまとめることも活動の柱にしたい。興味のある人はどんどん入会してほしいし、将来的には他県のワイナリーとも交流したい」と話している。

若手部会発足を伝える新聞記事
（山梨日日新聞 2007年10月5日7面掲載 許諾済み）

これ以降、若手部会で企画するセミナーの情報は、ワイン酒造組合からのファックスに加え、メーリングリストで醸造担当と農家にも直接通知した。開催日時もワイナリーに迷惑がかからないよう、可能な場合は土日や平日の夕方に設定することにした。

メーリングリストでの意見交換も積極的にするようになり、山梨にあるワイナリーの横連携が、徐々にではあるが、形成され始めたと思う。翌年には、若手部会に参加するメンバーは100名を超えた。

前ページの新聞記事には、私のコメントとして、「他県のワイナリーとも交流したい」とある。これは、先に発足した長野県若手の会との交流を意識しての発言だ。

山梨と長野は隣り合う県で、もし塩尻市での打ち合わせを企画するなら、長野県の北東部（長野市近辺や東御市近辺）からも、山梨県のワイナリーが集中する勝沼地区からも、それぞれ約1時間半程度で移動でき、立地的に比較的集まりやすい。塩尻市の桔梗ヶ原周辺には、ワイナリーも多い。一足先に発足した長野県の若手の会が、今後活発に活動して欲しいと思った。

本音で語り合えた若手部会。しかし… ２００８年１月〜３月

フランスから帰国した際の私の肩書きは「品質管理課長」だったが、先述したように一般職の課長だった。年が明けて、２００８年１月に管理職昇格の試験を受けることになった。

筆記試験、経営に関するレポート提出、役員面接を経て、２月22日（金）に、本社で最終認定会議

があった。

ワイナリーは休業日だったが、工場長から携帯に電話があった。

「今本社にいるんだけど、無事合格したよ」

試験には手ごたえを感じていた。合格したとの知らせに、ホッとした。

「ありがとうございます」

「管理職として、これまで以上に頑張ってください」

このとき、水面下で私の異動構想が練られているとは想像もしなかった。

3月7日（金）の夕方、若手部会は「山梨の将来を本音で語り合う会」を企画した。

会場はメルシャン勝沼ワイナリーのセミナー・ルーム。県内のブドウ栽培農家とワイナリーの醸造家合わせて40名以上の参加があった。

基調講演は、当時『酒販ニュース』の記者だった川端隆さん。日本のワイン産業に辛口の意見をお持ちの川端さんの30分間の講演から始まり、続くディスカッションでは、産地を守るためにワイナリーと農家が協働する必要性、サステイナブルに栽培を続けるためのブドウの買い取り価格、ワイナリーが負っている在庫リスクなど、本音の話し合いができた。今後も、こういったディスカッションを継続すること、若手部会の活動を広げていくこと、を宣言して閉会した。

◇

若手部会が順調に動き出したことで、4月からの新年度も活動を活発にしようと思っていたが、実はディスカッションの日の午前中、工場長から呼ばれた。

「日本に戻って3年、よく頑張っていると思う。組合の若手部会の活動も、会長として活躍している。ところで、昨年夏に、本社に輸入ワインの品質管理を担当する部署ができた。この部署で、海外経験のある技術者を欲しいとのことで、安蔵に行ってもらうことにした。まあ、それほど長くはならないと思うので、頑張ってほしい」

まったく予想もしていない転勤辞令だった。

どう返事すればいいのか、少し考えた。

「何年くらいになるんですかね？」

「それは何とも言えないけれど、俺はあと4年で役職定年だから、そこは一つの節目になるかもね。あと、本社と言っても、オフィスは藤沢工場の中にあるので、藤沢に転勤ということだね」

ボルドーから帰国し、2回の仕込み統括、『等身大のボルドーワイン』出版、若手醸造家・農家研究会初代会長、など、順風満帆に感じていた3回目の勝沼勤務は、3年1か月で突如終わりを告げた。

正子に転勤のことを伝えると、かなりショックだったようで、2週間後の3月中旬に予定していたひざの手術をやめると言い出した。正子は、大学1年生のときに部活動のバスケットボールの試合で負傷し、ひざの靱帯の一部を断裂した。当時は適切な治療法がなかったこともあり、20年近く放置していたが、会社で仕事をする中で、何度か靱帯の断裂が広がり、医者から手術をすすめられていた。

ひざは日常生活に不自由はなかったが、前年の仕込み中に脚立(きゃたつ)から落ちたときに悪化したようで、走るなどの運動に不自由があった。２００４年にはサポーターを装着してメドック・マラソンを走れたので、帰国してからの3年間で悪化したといえる。

ちょうど、国立甲府病院に、靱帯形成術の専門医が配属になった。ひざの手術を受けるように説得し、正子はやっと受ける決心がついた。診察を受けて、すでに2月中旬に腱を採取する一度目の手術を受け、採取した腱を移植する2回目の手術を3月中旬にすることになっていた。

「よい機会だからひざの手術は予定通りやってほしい。引越しは単身赴任なので荷物も多くない。『らくらくパック』を使えば大丈夫だよ」

私としても、ワイン造りの現場から離れることで、寂しさよりも虚しさを感じていた。

3月下旬に来日した富永博士は、

「安蔵さんはこのプロジェクトに必要なのに、転勤とは残念です」

と言ってくれた。

◇

若手部会の他県との交流会は、私の後を継いだメンバーたちで、長野県はもちろんのこと、山形県の若手の会とも行った。1泊2日での日程で山梨から移動した山形での交流会には、正子も若手部会の一員として参加することができた。私は転勤したので参加できなかったが、山形県の若手の醸造担当と有意義な交流ができたと聞き、今後につながると思った。

単身赴任で藤沢に勤務　2008年4月

2008年4月から、初めての部署での勤務が始まった。異動先は、前年の7月に発足した「生産

ＳＣＭ本部品質管理部」。キリンビールから出向の部長と、課長は私を含めて2人、メンバーを合わせて10人ほどの小さな部署で、ボトルの輸入ワインの品質管理を担当する。

本社の部署ではあるが、藤沢市にある工場の中にオフィスがあった。２００５年に帰国し勝沼ワイナリー品質管理課長を拝命したのが、初めての品質担当だったが、再び品質管理の部署に異動となった。

本社勤務は１９９８年以来で、しかも、国産ワインではなく、輸入ワインということで、右も左もわからない状態だった。

藤沢工場から近く、山梨に車で帰りやすい場所にアパートを借りた。山梨の借り上げ社宅までは、車で中央道の相模湖ＩＣを経由して、３時間弱。当時は、まだ圏央道（首都圏中央連絡自動車道）が開通していなかったので、かなり時間がかかった。

ゴールデンウィークに9日間山梨に帰り、万力の畑に行ってブドウの生育を見たり、山梨の友人に会ったりしたが、ワイン関係者と話すときには、今年はワイン造りができない、という寂しさがこみ上げた。正子の手術は無事終わり、松葉杖ではあったが、仕込みに向けて準備万端だった。このときはまだ、正子が始めた万力の畑は小さく、気が向いたときに剪定や収穫を手伝うだけで十分だった。

富永博士の死　２００８年６月

ゴールデンウィークが明けてしばらくすると、驚きの知らせが飛び込んできた。

富永博士が、ボルドーの自宅で、脳梗塞で亡くなったという。53歳だった。ワインの研究者として、これからさらに国際的な活躍が期待されていた。

つい2か月半ほど前に勝沼でミーティングが行われたとき、

「きいろ香のプロジェクトから離れるのは残念ですが、本社でよい経験をして帰ってきますので、またよろしくお願いします」

とあいさつしたのが最後になってしまった。

今思い返してみても、富永博士と一緒にワイン造りに取り組んだ経験は、白ワイン醸造のフィロソフィーを形成するうえで、貴重なものだった。

仕込みに参加できない秋 ２００８年６月～10月

入社３年目の１９９７年以来、２００８年は11年ぶりに仕込みにかかわれないヴィンテージになった。藤沢に転勤になったことを、手紙やメールで知人・友人には知らせたが、仕込みが近くなった時期に東京や山梨で知り合いに会うと、

「今年のブドウはどんな感じですか？　順調ですか？」

と聞かれることが多かった。

そのたびに、新しい部署の名刺を出して、ワイナリーから離れたことを説明する。新しい部署では、初めての仕事でやりがいを感じていたが、旧知の人たちに会うときは毎回つらい思いをした。

私の部署は輸入ワインを扱っていたためか、勝沼ワイナリーで年間３回行われる「仕込み会議」には呼ばれなかった。声をかけてくれるように、何度かワイナリーに頼んだが、「次は知らせますね」と言われても、結局連絡は来なかった。毎回、会議が終わってから議事録が回ってくるだけだ。

数か月前まで仕込み会議を中心になって仕切っていたのに、参加すらもできなくなり、寂しくもあり、悔しくもあった。

輸入ワインに関する仕事は、だんだんとノウハウがわかってきて、やりがいが出てきた。

管理職になって初めての部署だったことと、できたばかりの部署の仕組みづくりを担当することで、会社のワインビジネスに貢献できている実感があった。

これまでは、勝沼ワイナリーに直接関係のある人としかやり取りがなかったが、営業部門も含めた社内の多くの部署や、キリンホールディングスの各部署ともやり取りをすることになり、仕事をするうえで俯瞰的な視点が得られたと思う。

週末は、正子が藤沢のアパートに遊びに来ることもあったが、山梨に帰れば正子の万力の畑や家庭菜園で土いじりができる。単身赴任といっても、車で高速道路を通れば片道3時間弱、電車でもおなじくらいの時間で帰れるので、ほぼ毎週末山梨に帰省した。

最初のうちは、万力の畑を手伝うこともあったが、山梨で知人に会うたびに、「4月に転勤になって、今はワイナリーにいないんですよ」と話すのがだんだん苦痛になり、畑に出るのも億劫になっていった。仕込み会議に呼ばれなかったことがわかると、さらにつらい気持ちに苛まれた。

6月、7月は、正子は丸藤葡萄酒での畑の仕事で忙しく、また、この時期は丸藤の休みが日曜日だけになるため、正子は日曜日の朝から万力のブドウ畑に行くようになった。

畑で一緒に作業をすればよかったのだが、そういう気持ちになれず、今思うと本当に申し訳ないことをしたが「せっかくの日曜日なんだから、どこかに出かけたい」と正子にあたってしまった。頭ではわかっているのに、どうしようもなかった。

今もときどき話に出るのだが、このころ正子は本当につらかったそうだ。

１９９９年に岡本さんと決裂した後、正子はしばらくどこに出かけるのも嫌になった時期があった。大善寺の宿坊のワイン会に、いやがる正子を連れ出したこともあった。今では「何年かおきに、交互につらい時期があったね」と２人で思い出す。

正子がくれた公開テイスティングのチケット　２００８年８月

国産ワインコンクール（現・日本ワインコンクール）は、７月下旬に審査を行い、メダルを獲得したワインの公開テイスティングを、８月下旬に甲府市内の会場で大規模に行う。

多くのワイン愛好家や業界関係者が全国から集まり、会場は熱気に包まれる。造り手として何度も参加してきたが、この年は勝沼ワイナリーから「ブースの手伝いに来ませんか？」というお誘いはなかった。本社や他工場にはお誘いが行っていたことがわかり、がっかりした。そもそも、仕込み会議にも呼ばれないので、情報自体来ないのも仕方がなかった。

正子が８月30日（土）の公開テイスティングのチケットを手に入れてくれた。

会場で会う人ごとに今年のブドウの状況を聞かれ、「自分は輸入ワインの部門に転勤したので、今年の様子はわからないんですよ」とくり返すのだろうと想像すると、正直つらかった。とはいえ、せっかく正子が手に入れてくれたチケットだ。会場に向かい、一通りチェックしたいワインをテイスティングし、シャトー・メルシャンのブースに寄り、スタッフと話した。

そのあと、会場ですれ違った多くの知人に挨拶し、何度もおなじ説明をして会場を後にした。

翌年以降、「今年は行かないので、チケット要らない」と正子に言っても、正子は毎年チケットを用意した。

「使わなくてもいいからチケットは取るよ。私も、岡本さんと決裂した後、ワイン関係者に会うのが嫌だったけど、大善寺でワイン会があったときも、ミツが『こういうときこそ行かなきゃだめだよ』と言ってくれたじゃない。気が向いたらでいいから、会場に行ってね」

正子はワイナリーのスタッフとして、公開テイスティングに毎年参加していた。私にはメルシャン勝沼ワイナリーからの誘いはなく、なぜこんなに冷たくされるのかと思った。

結局、正子から渡されるチケットで、毎年公開テイスティングに参加した。今にして思うと、本当にありがたかった。

ボーヌに出張、3年半ぶりのフランス　2008年10月

10月にボージョレ・ヌーボーのビン詰め立ち会いで、ブルゴーニュのボーヌに出張することになった。ヌーボーは航空便で日本に着いたらすぐに出荷されるため、酒質のチェック、ラベルがきちんとしているかなど、事前にできることはフランス国内でやっておくのが出張の目的だ。

ボルドーから帰国して以来、3年半ぶりのフランスだった。まずは期限が切れているパスポートを取り直し、国際免許証を手配した。

10月25日（土）の早朝、シャルル・ド・ゴール空港に着いた。翌日の日曜日は、サマータイムが終了する日。朝が1時間遅くなる。

パリ・リヨン駅からTGV（Train à Grande Vitesse　高速特急）でディジョンまで行き、TER（Transport Express Régional　地域特急）に乗り継ぎ、ボーヌ駅に着いた。ボーヌ駅からスーツケースを引っ張りながら15分ほど歩き、ボーヌ市内のワイナリーに到着した。ここで、パリ事務所の駐在員とおちあい、ビン詰め立ち会いのスケジュール調整をする。

ヌーボーは24時間体制でビン詰めをするので、立ち会いも24時間体制で、12時間交代の予定を組んだ。ボーヌについてからレンタカーを借りだした。

ビン詰めが安定している時間は、車で5分ほどのホテルで休憩できる。休憩時間を除けば、約10時間の立ち合いになる。フランス側から相談があるときは、小さな変更ならその場で判断し、重要なものは日本の担当者と相談してフィードバックする。ビン詰めが安定しているときにホテルに戻り、昼間近くのスーパーで買っておいたフランスパンやチーズで夕食をとる。日本とフランスの時差も重なって、本来寝る時間なのかどうかよくわからなくなった。

真夜中に、ワイナリーのビン詰めラインでフランス人スタッフと話しているときに、入社してから数年間、勝沼ワイナリーでビン詰めラインの現場で働いたことを思い出した。

ビン詰めが終わり、出荷を待つボージョレ・ヌーボー2008
（2008年10月27日、ブルゴーニュ、ボーヌ）

入社した年に独身寮で愚痴を言ったとき、浅井さんから「若いときは何でもやった方がいい。将来の財産になるから」とご指導頂いた。ビン詰めラインを経験したおかげで、今こうして一連の工程のどの部分をチェックすればよいかがわかる。浅井さんの言葉をなつかしく思い出した。

ビン詰めは順調に進み、私の立ち合いは11月1日（土）に終了した。トラブルが起きたときのために、予備を1日とってあったので、日曜日は休みにして赤や黄色に紅葉し落葉が始まったブルゴーニュのブドウ畑を巡った。ボルドーに駐在しているあいだ、何度もブルゴーニュの畑には来たが、仕込み時期はボルドーから離れられなかった。10月下旬にブルゴーニュの畑を巡るのは初めてで、色づいたブドウ畑はとても美しかった。

出張ではじめて南米へ

2008年12月

12月になると、今度は南米に出張することになった。アルゼンチンとチリのワイナリーで、ビン詰めラインをチェックし、品質ミーティングを行うのが今回のミッションだ。

フランス、イタリア、オーストラリア、ニュージーランド、カリフォルニアには、入社から数年の間に、休みを利用して個人的に行っていたが、南米を訪れるのは初めてだった。

アメリカのアトランタで飛行機を乗り継ぎ、チリのサンチャゴ空港でさらに乗りかえ、アルゼンチンのメンドサ空港を目指す。サンチャゴ空港からメンドサまでは、アンデス山脈の上空を飛ぶ。

フライトの合計は24時間近く。待ち時間を入れると30時間ほどかかる移動でくたくただったが、上空から眺める雪で覆われたアンデスは、素晴らしい景色だった。

サンファンのブドウ畑、アンデスの雪解け水を利用している（2008年12月4日）

南米の12月は真夏だが、上空からみると雪で覆われた山の中に、細い道が見えた。アンデスで暮らす人たちの生活道路なのだろう。1時間ほどのフライトで、メンドサ空港に着陸した。

空港の出口で、商社の現地駐在員が出迎えてくれた。

「安蔵さんですね？ 長旅お疲れさまでした。途中アメリカで1泊されたのですか？」

眠気を抑えながら、「いや、成田から直行です」と言うと、ちょっとびっくりした表情になった。

「それは長旅でお疲れでしょう。これからさらにサンファンまで車で2時間ほどかかりますが、車では眠っていただいて大丈夫です」

真夏のメンドサはとても暑かったが、日本と違い湿度は低く乾燥していた。移動中はとても眠かったが、地平線まで乾燥した台地が続く景観はとても興味深く、車の窓から飽きずに眺めていた。

町に入ると、急に緑が増える。車道の片側に、アンデスの雪解け水が流れる幅1メートルほどの水路があるのがわかった。昼食でレストランに寄った際に近くに行って見てみると、濁っているがすごい量の水が流れている。大量の水があるからこそ、乾燥したこの地でブドウ栽培が可能なのだろう。

サンファン地区に到着し、ワイナリーを見学した。このワイナリーの社長はフランス人なので、説明は英語ではなくフランス語にしてもらった。フランスから戻って4年目のこのときは、フランス語の方がありがたかったのだ。ワイナリーの設備の見学とテイスティングで2時間ほど滞在し、また2時間車に乗ってメンドサ市内のホテルに戻った。

夕食まで少し時間があるとのことで、仮眠をとらせてもらうことにした。自宅を出てから、36時間ほどが過ぎていた。シャワーを浴びて2時間ほどぐっすり眠った。

メンドサに3日間滞在したあとは、チリに移動。首都のサンチャゴに1週間滞在してワイナリーの製造設備、ビン詰めライン、製品の保管倉庫を視察し、ミーティングを行った。

初めての南米で、アルゼンチンとチリでブドウ畑も見ることができ、とても良い経験になった。輸入ワインの仕事を担当することで、視野が広がったと思う。

藤塚畑＝2番目の正子の畑　2009年7月～12月

2009年の初夏、畑作業で万力の畑に行った正子が、100mほど離れた斜面のブドウ畑が雑草で埋もれてきたのに気づき、夕食のときに話題にした。

「万力の畑の道を挟んで上にある棚の畑は、耕作をやめた感じだね。今の畑だけだと、小さすぎてブドウも少ししか採れない。確実に1樽になるくらいまでは増やしたいな。万力に住んでいる叔父さんに、この畑を借りられるかどうか聞いてみてもいい？」

丸藤でブドウを引き取ってもらっていることもあり、

「まあ、お義父さんも定年退職して山梨にいるので、手伝ってもらえばなんとかなるかな。借りられるようであれば、広げるのはいいと思うよ」

今回狙いをつけた畑の2つ西隣のブドウ畑が、前の年に野菜畑に変わったのを見て、正子はくやしがっていた。

「あそこが野菜畑になるんなら、借りたかったな。いい斜面なのに」

それからも「あそこはいいブドウ畑になるんだけど」と残念そうに、野菜が植わった畑の方をしばしば眺めていた。その2つ手前の区画が、耕作放棄され雑草に埋もれてきたのである。

叔父さんが近所の農家にこの畑の所有者を聞いて交渉してくれ、農地が貸りられることになった。広さは1反2畝（12アール）で、斜面に位置する4つの段からなる棚の畑だった。次ページの上の写真は11月に撮った写真で、このときは雑草が生い茂って、4つの段があることすら見えない状態だった。

畑を借りることが決まると、農協の人から整地の提案があった。

「ここは耕作放棄地なので、棚の撤去と段差を減らす工事は、半分は補助が出ます。半分は自己負担ですが、どうですか？」

垣根で栽培することを考えていたので、工事をお願いした。4段の段々畑は、垣根をつくりやすくするため、2段になるように整地してもらった。

これで正子の畑は、最初の区画（万力）とあわせて、1反9畝（19アール）になった。

2009年11月の藤塚畑。雑草が茂り中に入れない状態だ

2009年12月の藤塚畑。棚を撤去し、4段の畑を2段に整地した

しばらくのあいだは、山梨に帰省する楽しみが、この畑の整備になった。

落ちている枯れ枝を拾い集めたり、2つの区画の境に石を積んだり、車が停まれるスペースを作ったりと、週末の作業を楽しんだ。

この畑は住所から「藤塚（ふじつか）畑」と呼ぶことにし、翌年の春にメルローとタナを植えた。

2006～2008年の3年間は、正子が無農薬栽培にチャレンジしたため、万力の畑はほとんど収穫がなかった。

「ブドウの状態がこんなに悪いと、収穫の楽しみがまったくない！」

正子の両親と私でそう訴え、正子はボルドー液などを使う通常の農法に戻した。

2009年は久しぶりにまとまった量が収穫でき、万力畑のメルローで1樽以上の量になった。

2005年以来久しぶりにビン詰めできる量になったので、買い取る本数を120本にしてもらった。

これらの大量のボトルは自宅には置ききれないので、勝沼トンネルカーブのワインセラーを1区画借り、そこに保管することにした。

長野県のワイナリーからの誘い　2010年1月～2012年5月

2010年に輸入ワインの品質管理の責任者になり、年に3～4回は自分で計画して海外出張をするようになった。出張先は、スペイン、北イタリア、カリフォルニア、チリなど、これまで行ったことがないワイン産地も多く、フランスも初めての産地に行き、視野を広げることができた。

ただ、仕事は品質管理の業務が中心で、ワイン造りからはどんどん遠ざかっていった。機会あるごとにお願いしても、相変わらず仕込み会議など、勝沼ワイナリーの会議には呼ばれなかった。輸入ワインの仕事にはやりがいを感じていたが、山梨に帰ってくるとため息をつくようになった。また、仕込みの時期には、丸藤葡萄酒に出かけていく正子がうらやましくて仕方がなかった。

ボルドーに駐在した最初の年（２００１年）の仕込み時期、シャトー・レイソンから帰宅して、夕食時に仕込みのことを話していると、正子がつらそうな表情をしたのを思い出した。自分もおなじ表情をしているんだろうな、と思った。

２０１１年になり、ウイスキーやワインの技術者で構成する洋酒技術研究会の幹事会社が、メルシャンに回ってきた。私も手伝うことになり、打ち合わせで毎週のように藤沢から東京に出張するようになった。翌２０１２年が研究会設立から50周年ということで、5月に記念の総会を行うことになっていた。その時期に幹事になったため、記念講演会のための講師依頼や会場の手配など、準備は大変だった。会社の若手も2名入れて、対応することになった。

転勤して4年目に入ったこのころには、ワイン造りからは完全に離れ、新入社員からは、「安蔵さんは、昔ワイン造りをしていたらしいですね」といわれるようになった。

何気ない一言だが、これを聞くと脱力感に襲われた。もうこの会社ではワイン造りはできないな、と思った。

２０１１年の年末に、長野県でワイナリーを経営している友人から電話があった。

「県内のあるワイナリーが、経験のある醸造責任者を欲しがっているんです。このあいだ、安蔵さんに会ったときに、『ワイン造りから離れていてつらい』と話していたので、興味があるかと思って。長野県に安蔵さんが来てくれれば、とてもありがたいです」

この友人は正子もよく知っている。正子にこのことを話すと、

「いい話じゃない？　ミツにはワインを造っていて欲しいので、話を聞いてみたら？」

友人から詳細を聞いて、このワイナリーに連絡を取った。

２０１２年に入り、まずはどういうところか見てみようと、２月末の週末に正子と２人で長野県のこのワイナリーを訪問した。まだ新しい建物で、これから投資をして、畑を拡大する計画だという。メルローとシャルドネを中心としたブドウ栽培にもポリシーが感じられ、こだわったワイン造りができそうだった。

私はこの時点で43歳、４月から単身赴任５年目に入る。ワイナリーに戻れる可能性はないだろうとあきらめていたので、転職するとすればラストチャンスだと思った。

案内してくれた担当者も、

「安蔵さんに来てもらって、責任者として活躍してもらえるとありがたいです」

と言ってくれた。

畑の見学は途中から雪になり、あたりのくすんだ色合いの冬景色は、みるみる白くなった。

このあと、10日間のヨーロッパ出張を挟んで、３月末にワイナリーの社長とお会いすることになった。正子も将来このワイナリーにお世話になる可能性があるので、一緒に訪問した。

社長からの期待はかなり強かった。それに何よりも、ブドウに触れ、ワイン造りがしたかった。

「お世話になる方向で、前向きに考えます」と伝えた。

山梨に戻る車の中で正子に意見を聞くと、

「いいと思うよ。私は自分のブドウ畑をやらなくてはいけないし、とりあえずは山梨で仕事を続けたい」

「そうか。じゃあ、単身赴任は変わらないね。でも俺はやはりワイン造りがしたい。今は陸(おか)に上がったクジラみたいなもので、手も足も出ないよ」

このころは、正子と話すときに「陸に上がったクジラ」という言葉をよく使った。

数日考えて、この提案をお受けしようと決意した。

ただ、洋酒技術研究会の50周年記念講演会が2か月後の5月16日（水）に迫っており、記念のシンポジウムを私が仕切ることになっている。これをやり遂げてからメルシャンに辞表を出そうと思った。

2か月が経ち、洋酒技術研究会の記念講演会の2日前の5月14日（月）、出社してパソコンを開くと、5月21日付けの人事異動で、シャトー・メルシャン（２０１０年に勝沼ワイナリーから名称変更）の管理職が何人か異動することが発表されていた。
シャトー・メルシャンは、これまであまり異動のない職場だったこともあって、戻れる気がしなかったが、「今後はローテーションを行う方針になったのかもしれないな」と、ふと思った。
この通報は、前の週の金曜日に出ていたが、有給休暇をとって長野のワイナリーに具体的な待遇や勤務条件を聞きに行っていたため、見るのが遅くなった。待遇は満足できるものだったので、藤沢に戻ってから先方にメールで返事をしようと思っていた。正子にも先方にお世話になる旨の返事をすることを伝えて、同意をもらっていた。
しかし、異動通報を見て、返事をするのは洋酒技術研究会の講演会が終わって、会社に辞表を出してからにしようと思った。この通報を見なければ、おそらく、この日の夜に返事をしていたと思う。

洋酒技術研究会の50周年記念を兼ねた総会は、成功裏に終了した。私は、記念討論会のファシリテーター兼パネリストを務め、総会後の懇親会では、ワインを飲みながらも、1年間の準備をやり遂げた充実感と、17年間勤めた会社を去る寂しさと、ワイン造りに戻れる期待感が入り混じっていた。

◇

洋酒技術研究会の翌日、出社してメールをチェックした後、上司に「お話があるのですが」と伝え、会議室に移動した。かねてからこの日の日付で準備しておいた辞表を渡した。

「輸入ワインの仕事はやりがいもあり、いやではないのですが、やはり自分はワインを造っていたいと思います。いろいろ考えたのですが、メルシャンにいてもワイン造りに戻れる見込みはないと思いますので、辞めさせていただきます。転職先も決まっています」

上司はかなり驚いたようだった。

「取りあえず受け取るけど、担当役員と話してみるから少し時間をください」

翌週、役員と話す場が設定された。

少し世間話をしたあと、本題に入った。

「輸入ワインの品質管理で貴重な戦力になっているので、辞めて欲しくないんだ。辞める理由を教えてくれる？」

こういう質問が来るだろうと思って、用意していたことを話した。手帳に項目をメモしていたが、見なくても話せると思った。

「まず、私はこの部署に来るまで、ワイン造りをずっと行ってきました。輸入ワインの仕事になってから

5年目に入ります。会社の中で、輸入ワインに関することも大事なのはよく理解していますし、とてもやりがいを感じています。これまで検査コストの改善や不良品の軽減など、実績も上げてきました。でも、仕込み会議には転勤後一度も呼ばれませんし、ワイン造りに戻れる可能性を感じません。今回長野のワイナリーからありがたいオファーをいただきましたので、転職を決意しました」

役員はそういう状況は把握していなかった、と申し訳なさそうな表情になった。

「なんで安蔵さんは仕込み会議に呼ばれないのかな？　そこは、私からも理由を聞いて、改善できるようであれば、するようにします。それだけで辞表を引っ込めてくれるとは思わないけどね。あと、いつとは約束できないけど、今の部署も5年目なので、そろそろ異動の候補には上がっているんだよ。もう少し我慢してくれないかな？」

検討がされているという意外な言葉に、少し気持ちは動いたが、転職すればすぐにワイン造りの現場に戻ることができる。もう陸に上がったクジラでいるのは嫌だった。

「もう先方からは待遇の条件ももらっているので、難しいです」

「もし、気持ちを変えてくれるなら、僕が先方にあいさつに行ってもいいよ。何とか考え直してほしい。それまで、辞表は社長に出さずに預かっておく」

「考えさせてください」と返事をした。

残る決断　2012年6月

長野のワイナリーに、辞表は出したが慰留されたことを伝えた。

「安蔵さんに気持ちよく来ていただけるためにも、退職の決意が固まるまで待ちます。よい返事を期待しています」

期待されているのはよくわかっていたので、申し訳ない気持ちでいっぱいだった。それから約3週間考えたが、なかなか決断できなかった。毎日会社で同僚と顔を合わせるのがつらかった。

最終的に、長野に転職しても単身赴任が続くこと、シャトー・メルシャンの組織構成が動きつつあること、ワイナリーに戻れる保証はないものの異動の候補には上がっているらしいこと、などを考慮して、転職はしないことにした。

長野のワイナリーに、メルシャンに残る旨をメールで知らせ、翌日「残念ですが、仕方がないです」との返事をもらってから、役員に電話をかけた。

「1か月ほど考えてみて、今後に期待することにしました」

「そうか。それはよかった。でも、勝沼に帰ることを約束したわけじゃないからね。でも、安蔵さんが理不尽に感じていることは、改善するよ」との返事だった。

お誘いいただいたワイナリーからは期待されていただけに、大変申し訳ない思いがあった。辞退する手紙を送るとともに、担当の方に電話をして詫びた。

「安蔵さんの決断なら仕方がないです。今後も何かあれば、よろしくお願いします」

せめてものお詫びに、ワインを送った。

家を買う　2012年8月

フランスから日本に帰任して2年くらい経ったころ、家を建てるか一戸建てを購入して、会社の借り上げマンションから引越そうと正子が言い出した。そういう時期かな、と思い、いくつかの不動産業者に声をかけ、土地や住宅など多くの物件を見たが、2人とも気に入るものはなかった。

正子が「ここならいいね」というと、私がそうでもない。その逆のパターンもあり、何回か決まりかけたが、決断するまでには至らなかった。

転職の話が出てからは、長野に単身赴任する可能性があったので、しばらく家探しをやめていた。転職しないことを決めて、久しぶりに家探しを再開すると、ほどなく山梨市内の築9年の物件で、2人の意見が初めて一致した。内見したのは真夏の暑い日だったが、風がよく通り、落ち着ける家だと思った。万力の2つの畑にも行きやすく、作業用の小屋がついていた。所有者が建築関係の方で、この小屋はそれなりの広さがあり、屋根も高かった。

「定年退職したら、この小屋を改造してワイナリーにすることもできるね。これだけ屋根が高ければ、タンクも置けるし」と正子。

結局、会社に残る決断をして2か月ほど経ったころに、この家を購入することにした。

状況は変わらず　2012年6月〜2014年3月

その後、勝沼での仕込み会議にようやく声がかかり、4年半ぶりに出席した。輸入ワインの担当を4年半担当したことで、以前勝沼で自分がこの会議を仕切っていたときと違う切り口で、ワインを見られるようになったと思った。

2014年1月中旬に、4年間駐在した「シャトー・レイソン」がフランスのワイン会社に売却されたという知らせが入った。シャトー・レイソンはメルシャンが1988年に買収してから26年目、ワインの輸入と販売は継続することになったが、シャトー・メルシャンの多くの醸造家が修行した醸造所がメルシャンの経営から離れたことは、とても残念な想いだった。

2年前に聞いた「異動の候補にあがっている」という言葉とは裏腹に、1年また1年が何事もなく過ぎていった。

山梨の帰省先が、借り上げ社宅のマンションから、一戸建ての自宅に変わった以外は、大きな変化はなかった。2年前に面談をしてくれた役員は退任することになり、単身赴任は7年目を迎えた。

4月1日付けで品質管理部長へ昇格するという内示が、2月下旬にあった。昇格自体はうれしい気持ちもあったが、正直なところもうワイン造りの現場には戻れないだろうな、と確信した。転職しなかったのは正しい判断だったのかな？　とも思った。いずれにしても、組織の責任者になるからには、「ワイナリーに戻りたいという気持ちは封印しなければいけない」と自分に言い聞かせた。

定年退職したら、正子と小さいワイナリーをつくって、ワイン造りをしようと思った。この時点で45歳、役職定年の57歳までは12年、定年の60歳までは15年もあった。

第四章

万力ルージュ2014

2014年4月〜2018年12月

洋酒技術研究会賞　２０１４年４月、５月

品質管理部の部長に昇格することで、中野にある本社への出張が増えることが予想された。６年間住んだ藤沢市内のマンションは、藤沢工場のオフィスに通うのと、車で山梨に帰省するのには便利だったが、どの駅からも遠く不便なため、本社に行きやすいよう町田駅近くのマンションへ引越した。

町田駅からは、藤沢オフィスの最寄り駅の藤沢本町駅まで30分、中野駅に40分、自宅がある山梨市駅に１時間半と便利な場所だと判断し、この場所に決めた。駅に近いので駐車場代が高いのと、電車を使って１時間半ほどで山梨に帰れるので、車は山梨に戻した。

近くには居酒屋などの飲食店が多い。正子は月に１度泊まりに来て、こういったお店に行くのが楽しみのようだった。電車で通勤するのは、本社にいた１９９８年以来16年ぶりだった。

ほどなくして、５月14日に、洋酒技術研究会から「第２回洋酒技術研究会賞」をいただくことになった。「『等身大のボルドーワイン』の執筆と、山梨県若手醸造家・農家研究会の立ち上げが、日本のワイン業界の発展に貢献した」ことが選考理由だった。

総会で受賞のあいさつをしているときに、いつかはワイン造りに戻りたいという想いが

◆第２回洋酒技術研究会賞にメルシャン安蔵氏◆

洋酒技術研究会は、第２回「洋酒技術研究会賞」をメルシャン生産・ＳＣＭ本部品質管理部長の安蔵光弘氏（写真）に決定、14日に表彰式を東京都内で開いた。同氏の著書『等身大のボルドーワイン』（醸造産業新聞社刊）をはじめ、若手醸造家とブドウ栽培農家の研究会立ち上げなどの活動が「日本のワイン業界の発展に大きく貢献した」（同研究会）と評価された。

2014年5月15日付、日刊醸造産業速報より

胸に去来したが、「部長としての責務を全うしなければ」と思い直した。最短でも役職定年（部長は57歳）を迎える12年後までは、この気持ちは封印しておかなければならない。

浅井さんの13回忌　2014年5月

5月24日（土）に、勝沼のシャトー・メルシャンワイン資料館で、「浅井さんを偲ぶ会」（13回忌）が開かれた。私や正子、岡本さん、城戸さん、曽我さんなど、浅井さんにゆかりのある多くのワイナリー関係者に声がかかった。

司会の味村興成さんはこの会の発起人の一人。この2年前の2012年5月に、勝沼ワイナリーから本社の営業部門に異動になり、醸造と栽培の経験者として、シャトー・メルシャンに関するセミナーやブランド普及活動を担当していた。

偲ぶ会が終わり、ビジターセンター3階のセミナールームに場所を移し、懇親会が開かれた。

しばらくして場が和んだころ、味村さんが「では、

浅井さんを偲ぶ会（13回忌）（シャトー・メルシャン・ワイン資料館）

皆さんから、一言ずつ挨拶をお願いします」と促し、1人3分くらいで、順番に話しはじめた。

正子の次が私で、正子が話しているあいだ、何を話そうかを考えていた。

正子のあいさつが終わり、私の番が来た。

浅井さんとのエピソードを少し話した後、少し改まって、

「私は浅井さんと約束したことがあります。今のままでは果たすことができませんが、いつかは約束を守ろうと思っています」

と締めくくった。

会場は賑やかで、ワインを飲みながら会話している人も多く、全員が私の話を聞いていたわけではないだろうが、自分の席に戻ると何人かから声をかけられた。

「約束って、どういうことなの?」

これにはきちんとは答えなかったが、頭の中には13年前、病院で浅井さんに最後に言われた言葉が響いていた。「あなたが日本のワイン造りを背負って行ってくれよ」という言葉だ。

正子以外の人たちにはわからなくとも、浅井さんの遺影の前で決意を述べなくてはと思った。とはいえ、何のあてがあるわけでもなかった。

会が終わったあと、有志で声を掛け合い、同年代の各地の醸造担当を中心に駅近くのビストロで2次会が開かれた。

ワインで乾杯すると、早速何人かから質問された。

「安蔵さんが挨拶で言っていた『浅井さんと約束したこと』って、どういうことなんですか?」

あの雰囲気の中でも、聞いている人がそれなりにいたんだな、と思った。また、思わせぶりな言い方をしてしまったと反省した。ただ、ワイナリーの現場から6年以上離れている自分には、これ以上話題

にするのは気が進まなかった。

「いつか機会があったら話すよ」とその場をごまかした。


しばらく会話が続いたあと、私は浅井さんの著書を話題にした。

「私が会社に入ったころは、私や正子、岡本さん、城戸さんといった造り手は、みな浅井さんの『ワインづくりの四季』を読んでいて、その言い回しをまねたりしたものです。今は、絶版になってしまって、ネットで古本が売っていますが、すごく値段が高いです。今の若い造り手は、浅井さんの著書を読むことができないので、何とかならないかと思っています」

この言葉は、2次会に参加していた『酒販ニュース』の佐藤吉司さんの興味を引いたようで、

「確かにそうですね。みなさん、復刻版が出たら買いますか？」

と周りにいた人たちに意見を聞いた。

何人かが「ぜひ復刻してほしいです！」と熱心に答える。

佐藤さんはワインを一口飲んで、

「復刻するとしたら、どの本ですかね？『ワインづくりの四季』は入るんでしょうね？」

私は、それに加えて『比較ワイン文化考』と『ワイン造りの思想』はぜひ復刻してほしいと私見を述べる。

皆おなじ意見だった。

「4冊セットで復刻するとすれば、あと1冊は？」

私は少し考えて、

「そうですね、個人的には『酒・戦後・青春』は大好きですね。浅井さんの若いころのことも書かれていて、良い本だと思います」

佐藤さんは手帳にメモをしながら、

「なるほど。『酒・戦後・青春』は『酒販ニュース』に連載されたものを書籍化したものですしね。他は各社が版権を譲ってくれるかどうか調べてみます。販売のことを考えると、メルシャンの売店においたり、社員向けに勧めてくれたりできますか？」

やっと仕込み会議に呼ばれるようになった立場としては、売店において欲しいと交渉する自信は正直なかった。

「うーん、今はワイナリーに所属していないので、確約はできません。個人的にできる範囲であれば…」

佐藤さんは少し残念そうな表情になった。

「良い企画だとは思うんですが、ある程度売れるアテがないと難しいです」

そのときルミエール ワイナリーの小山田幸紀さんが、

「私が責任をもってたくさん紹介して知人に買ってもらうので、ぜひやりましょう！」

と、具体的に引き取るつもりの冊数を明言した。小山田さんは文学部の出身だが、在学中にカルチャースクールで浅井さんのセミナーを聞いたことをきっかけに、ワイン造りを志した経緯がある。

「それであれば、何とかなると思います」

佐藤さんは醸造産業新聞社でこの企画を検討することを約束してくれた。この小山田さんの一言がなければ、復刻本の企画は実現しなかった。

最終的にこの場で話した４冊の復刻が決まり、浅井さんと交流のあった人たちが想い出を綴った小冊子を付録としてつけることになった。私もこれに寄稿することになり、１９９８年の桔梗ヶ原のメルローの仕込みについて書いた。

今考えてみれば、この小冊子へ寄稿した１６６７字の文章が、本書「５本のワインの物語～Five wines'

story」と、映画「シグナチャー～日本を世界の銘醸地に」が生まれるきっかけになったと言える。

正子の病気　2014年8月

8月に入り、正子と夏休みの時期を合わせて、広島へ旅行することになった。

正子の両親は山梨の出身だが、転勤が多く、正子が生まれたときに家族が住んでいたのは広島だ。その後沖縄に転勤し、正子が小学校～中学1年までは東京都武蔵野市、中学1年～高校3年までは鹿児島市、それから甲府市内に家を建てた。正子が一番思い出深いのは鹿児島だが、すでに何度も行っている。広島のことはもちろん憶えていないが、生まれた街を一度訪ねてみようと、旅行先に選んだ。

広島に向かう前日に、正子が町田のアパートに来た。駅前の居酒屋に出かけ、生ビールのジョッキで乾杯した後、正子は改まった口調になった。

「ミツ、実は健康診断で胸のしこりが再検査になって、先週結果が出たんだ。乳がんだって。電話で言うのは何だし、直接会う今日言おうと思って」

予期せぬ言葉に、しばらく言葉が出なかった。

「確定なの？」

「うん。生体検査もしたので、間違いないみたい」

これまでも、何度か健康診断で再検査になることはあったが、経過観察、という結果だった。

「手術するんでしょう？」

「うん。すぐにということではないんだけど、手術は必要なんだって。リンパに転移している可能性もあるらしい」

〝転移〟というワードに、さらに不安感が増した。でも正子の方がずっと不安なはずだ。

「そうか。転移していないといいね」と言うのがやっとだった。

「病院の乳腺外科の先生が、手術の説明をするんだって。一度旦那さんと一緒に来てくださいと言ってたので、平日に山梨に戻れる日があったら早めに教えてね」

「わかった。そういうことなら有給をとるよ。明日から広島に行って大丈夫なの？」

「手術はまだまだ先なので、大丈夫」

翌日からの広島旅行は、予定通り出発することにした。楽しい旅行にはなったが、ときおり重い空気が流れるときがあった。

手術は仕込みのあと　２０１４年8月～10月

平日に休みを取り、正子とともに山梨の病院に行った。主治医は絵を描いて説明してくれた。とてもわかりやすく、信頼できる先生だと思った。

「乳がんは進行が遅いので、『明日にでもすぐに手術が必要』というわけではありません。2週間ほど後の9月上旬に手術するということでどうでしょう？」

正子がこの日程を渋った。

「もう少し後ではだめでしょうか？　どうしてもやりたい仕事があるんです」

「どのくらいの時期ですか？」

「10月の下旬であれば、仕込みは落ち着くので、どうでしょう？」

「できれば早いに越したことはないのですが、ご主人はどうですか？」

病院に来る前に、すでに正子の気持ちは聞いていた。

「自分は一刻も早く手術を受けてほしいので、妻の両親と一緒に説得したのですが、どうしてもすぐに手術を受けるのは嫌だというんです」

先生は仕方ないという表情で、

「まあ、手術を遅らせることによって、直ちに問題があるということではないですが、なるべくなら早い方がいいんですけどね」

病院に来る数日前に、正子の両親も入って話し合いをした。正子はどうしても万力のブドウを自分で仕込むと言う。

「仕込みは来年もできるんだから、今年は同僚に任せたら？」

私はどうにか説得したかったが、正子は真剣な表情で食い下がった。

「万力の仕込みだけじゃないんだ。他の仕込みも自分でやりたい。ここで手術を受けてしまうと、今年の仕込みができなくて、とても後悔すると思う」

結局、先生が提案した日から1か月半ほど遅らせ、10月下旬に手術することになった。

手術までにもし病気が進行したら…と考えると、胃の中に重い石があるような錯覚を覚えた。重い気持ちで、町田のアパートに戻った。

◇

2014年9月14日の収穫

万力畑と藤塚畑の収穫は、９月14日（日）と15日（月）に行った。15日は敬老の日で連休だったので、正子の両親とともに４人で収穫をした。さいわい天候は曇りで、雨は降らず、収穫は順調に進んだ。メルローが主体で、まだ植栽本数が少ないタナもそれなりに収穫できた。

親子４人で話をしながらの楽しい収穫になったが、ついつい、

「先生の言う通りの日程で手術すればよかったのに」

という言葉が口をついて出る。

正子は収穫しながら、

「１年間育ててきたブドウなので、自分で仕込みたいんだよ。ネットで調べてみると、乳がんはセカンドオピニオンを別な病院で聞くのに、１か月くらい手術を遅らせることはよくあるようだし。私だって怖いんだよ。仕込みが落ち着いたらちゃんと手術を受けるから大丈夫」

私は、「この仕込みは頑張ってね」と言うしかなかった。

丸藤葡萄酒で、万力のメルローとタナの醸造が圧搾まで終わった。正子は納得のいく仕込みができたようだ。

少し経って入院し、手術の日が来た。私は休みを取って山梨に戻り、正子の両親とともに談話室で手術が終わるのを待った。

手術前に正子のベッドの横で、担当の医師から正子と我々家族に説明があった。

「リンパに転移している可能性がありますので、手術の途中で組織を採取して顕微鏡で見て検査します。リンパに転移していると、手術時間はかなり伸びます。90分を過ぎたら、転移があったと思ってください」

ベッドに寝たまま手術室に向かう正子に、「頑張って」と告げた。それしか言えなかった。

正子は「頑張るよ！」と明るく言った。

正子の両親と控室でペットボトルのお茶を飲みながら手術が終わるのを待った。

「先生の言うように、先月手術を受けてほしかったですね」

お義母さんは少し困った表情になり、

「正子はそういうところは頑固なのよ」

定年退職し、ブドウ畑の草刈りを手伝ってくれているお義父さんも軽く頷いて、同意する。

「そうなんだよな」

３人とも、少しでも早く手術を受けて欲しかったという想いは共通している。

「まあ、そういうところが、良いところでもあるんですけどね」と私はつぶやいた。

私の単身赴任が７年目に入り、なかなかワイン造りの現場に戻れないことや、年に１度収穫をするのは楽しみであること、海外出張での出来事などの話をしているうちに、時間が過ぎていった。

私は壁の時計を見た。

「そろそろ１時間半ですね」

２人とも時計の方に顔を向けて、

「うん、ここで出てきてほしいね」とお義父さん。

３人ともしばらく無言で、病院の壁掛け時計を見ていた。無情にも、時間は過ぎていった。

「転移があったようですね」と私は小声でつぶやく。

結局３時間ほどかかり、手術は終わった。

手術室のドアが開き先生の説明を聞く。先生の明るい表情から、手術はうまく行ったのだと思った。

「正子さんはまだ麻酔が効いていますので、皆さんに先に説明します。乳房のがんの切除には成功しましたが、残念ながらリンパに転移がありました。でも、転移の初期で可能な限り切除しました。あとは、抗がん剤を使っての治療になります」

少し経ってから、「意識が戻りましたよ」と看護師の方から知らせを受け、病室に向かった。

正子は、まだ麻酔が効いてとろんとした表情だった。

「目が覚めて時計を見たときに、『あ〜』と思ったよ。でも、先生から説明を受けて、リンパの転移も無事取ることができたと言ってたから、きっと大丈夫」

「まずは、ゆっくり休んでね」と伝えて、両親とともに病院を後にした。

私は翌日の金曜日も休みをとっていたので、午前・午後と見舞いに行った。正子は麻酔が切れて痛みがあるようだった。

「明日の土曜日は、横浜で同僚の結婚式に出るので、また日曜日にくるよ」

「土曜の夜に戻ってくるのは大変でしょう？　月曜日にまた戻らなくちゃいけないんだから。次来るのは来週でいいよ」

「家でやることがあるから大丈夫だよ」

私は週末だけだが、正子の両親は毎日病院に来てくれていた。こういうときに、単身赴任であることが、とてもつらく感じた。

抗がん剤とバリカン　２０１４年11月

退院して少ししてから、抗がん剤治療が始まった。使用する抗がん剤には髪の毛が抜ける副作用があるとのことで、しばらくして髪の毛が抜けてきたので、正子は毛糸の帽子をかぶるようになった。

冬なので毛糸の帽子は目立たず、正子の髪が抜けたことに気がつかない人も多かった。髪は抜けたところと抜けていないところでまだらになっていたので、正子は電動バリカンを購入した。

「今度帰省したときに俺が刈ってあげるよ」

電話で話したときにそう言ったところ、

「いいよ。塩さんに頼むから」ときっぱり辞退されてしまった。塩さんこと塩谷賢子（後に山崎）さんは、正子より一回り年下で、丸藤葡萄酒の同僚だ。

ちなみに、この電動バリカンは一度しか使わなかったので、抗がん剤の期間が終わったあとに、正子が私の散髪をしてくれるようになった。

正子は月に1度病院に行き、抗がん剤を打つ。その後数日は、身体がだるく倦怠感があり、家に帰るとぐったりとしていた。正子は抗がん剤の日だけ休みをとった。翌日以降は頑張って会社に行っていたが、かなりつらかったようだ。

週末に帰ったときは、明るい表情で、

「ミツが単身赴任で、家でぐったりできるからちょうどいい」

と言っていたが、抗がん剤は本当につらそうで、週末以外は何もしてあげられないのがもどかしかった。

南米出張　２０１５年２月

翌年２０１５年2月に、チリへ出張した。部長になってからは2回目の海外出張だった。

7年前に初めて南米に出張したときはアメリカ経由（東回り）だったが、前回の出張からパリ経由

（西回り）に変えた。パリ経由の方が乗り継ぎがスムーズで、飛行機に乗っているトータルの時間も、1時間ほど長いだけだった。

チリで品質ミーティングとビン詰めラインのチェックを行い、約1週間の出張から日本に戻った。成田空港からは成田エクスプレスで新宿に移動し、特急かいじに乗り換えるまで時間があったので、久しぶりの日本での食事は、カツカレーにした。海外出張のときは毎回こんな感じで、帰国後のB級グルメは、日本に帰ってきた実感が湧く。

電車に乗り、チリでメールチェックをしてから約30時間ぶりにパソコンを開くと、前日の日付で人事異動通報が出ており、味村興成さんが3月末で早期退職する旨が掲載されていた。

正直、とても驚いた。味村さんは3年前にシャトー・メルシャンから本社の営業部門に異動になり、ワインセミナーやシャトー・メルシャンのブランド活動を担当していた。

ポンタリエ氏の最後の来日　2015年2月

2月23日（月）に、シャトー・マルゴーの総責任者ポール・ポンタリエ氏が来日した。2013年ヴィンテージの「桔梗ヶ原メルロー」と、「桔梗ヶ原メルロー・シグナチャー」のブレンドをするのが目的だった。ありがたいことに、このテイスティングの会にも声がかかった。

ポンタリエ氏とともに、すべての樽をテイスティングしながら、桔梗ヶ原メルロー・シグナチャー、桔梗ヶ原メルロー、それ以外、の3つのグレードに分けていく。テイスティングはブラインドで行い、意見交換をしながら、それぞれのワインがどの区画のものかをオープンしていく。

２０１３も例年とおなじ垣根の区画がトップにランクされた。今までと違うのは、テイスティングの過程で、どのグレードに格付けするか迷った棚の区画があったことだ。

ポンタリエ氏はいくつかのグラスのテイスティングをしながら、ゆっくりと落ち着いた口調でコメントを始めた。

「棚のメルローの品質は以前より良くなっている。また、エレガントさがある。ピラジン（イソブチルメトキシピラジン　ＩＢＭＰ）は過剰でなければテロワールの個性といえる。しばらく前から、桔梗ヶ原メルローと桔梗ヶ原メルロー・シグナチャーは垣根１００％になっているが、棚のメルローを取り込めるかどうか検討してみよう」

このあと、時間をかけてブレンド試作をした。最終的にこの棚のメルローのロットはブレンドには入らず、桔梗ヶ原メルロー、桔梗ヶ原メルロー・シグナチャーとも前年同様垣根１００％になったが、翌年以降は棚のメルローが桔梗ヶ原メルローに入る年も出てきている。

ポンタリエ氏は、「明日の午前中も少し時間があるので、ブレンドしたものを明日までおいておき、また新しい気持ちで見直してみましょう」と、大ぶりのグラスにワインを入れ、ほこりが入らないようグラスの上に紙を乗せた。

翌朝、改めてテイスティングしてみると、はっきりと違いがわかった。前日は何時間もテイスティングを続けて感覚が麻痺しかけていたこともあるが、一日置いて、ワインが酸素を吸って香りが開いたことで、熟成後のニュアンスが想像できるようになった。参加したメンバー一同、納得のアサンブラージュになった。

すべての日程が終了し、ポンタリエさんは我々にこう言い残してタクシーに乗った。

「最初に日本に来てテイスティングしたとき（１９９８年）は、欠点が多く感じられ、正直なところ将来良いワインになるとは思いませんでした。でも今は本当に良いワインになりつつあります。私も、日本のワインを通して、多くの気づきがありました。また来年、お会いしましょう！」

残念ながら、ポンタリエさんの来日は、これが最後になってしまった。フランスに戻った後、夏ごろの人間ドックでがんであることがわかり、最後の来日から13か月後の２０１６年3月27日（日）に亡くなった。59歳だった。

ポンタリエ氏とのアッサンブラージュの様子（2015年2月23日）

１９９８年以来、17年にわたるポンタリエさんとの交流は、赤ワインの造りに多くの示唆を与えてくれた。「桔梗ヶ原」というテロワールと、ボルドー品種の「メルロー」を通してポンタリエさんから学んだ赤ワインに関するフィロソフィーを、これからも大切にしていきたい。

このときブレンドを確定した桔梗ヶ原メルロー・シグナチャー２０１３は、ポンタリエ家と、ド・ヴィルパン家（フランスの首相を輩出）で展開する「ポン・デ・ザール（Pont des arts）」ブランドで、２０１７年10月に発売された。フランス語で、ポンは「橋」の意でポンタリエ家に由来している。Les arts（レ・ザール）は英語で言えばアート、芸術、技術の意。ちなみに、パリのセーヌ川には、Pont des artsという橋が架かっている。

桔梗ヶ原メルロー・シグナチャー
ポン・デ・ザール 2013

ワイナリー復帰の内示　２０１５年３月

正子が４回目の抗がん剤を打ったあと、３月に入ってから、シャトー・メルシャン（勝沼）復帰の内示があった。単身赴任は７年間でようやく解消されることになった。

すぐに正子の携帯に電話をかけた。

「山梨に帰れることになったよ！」

「よかった！」と正子はとてもうれしそうだった。

「３月中に最後の抗がん剤を打つので、その後しばらくは、ぐたーっとしてるけど、３月末には回復すると思う。ミツの引越し、一緒にできるよ！」

「引越しのときは、前日に町田に来て、久しぶりにどこか居酒屋に行こうね」

「楽しみにしているね！」

味村興成さんの送別会　２０１５年３月

早期退職制度を利用して退職する味村さんの送別会は、３月10日（火）に、東京中野のイタリアン・レストランで開かれた。味村さんと接点のあった多くの社員が参加した。

会が進んだころ、味村さんの隣の席があいているのに気づき、ワインをもって挨拶に行った。味村さんのグラスに赤ワインをつぎ、周りの同僚に聞こえないよう小声でささやく。

「味村さん、まだ内示の段階ですが、勝沼に戻ることになりました。7年振りです」

「そう、それはよかったね！　転勤から7年も経ったんだね」

味村さんは、退職後しばらくはワイン醸造のコンサルタントとして働くとのこと。そのあとは、まだ決めていないとのことだった。

その後味村さんは2019年に、塩尻市片丘地区で「ドメーヌ・コーセイ」というワイナリーを立ち上げた。桔梗ヶ原のメルローに思い入れの深い味村さんらしく、メルローから造られるロゼ・ワインと赤ワインで、メルロー100％のワイナリーとしてスタートした。

シャトー・メルシャンの片丘ヴィンヤードとも近いため、現在では情報交換はもちろんのこと、共同でプロモーション活動を行うこともある。

町田からの引越し　2015年3月

引っ越し前日の3月28日（土）の朝、正子は山梨から町田まで車を走らせてきた。

7年前は、正子のひざの靭帯の手術と重なったため、私1人で藤沢のアパートに引越しをした。今回は、2人で荷づくりをして、夕方に引越し業者に引き渡すことにした。この日は1泊するので、最低限の身の回りの荷物と、布団2組だけを残した。

引越し業者は段ボール箱を搬出しながら、さかんに感心している。

「とてもよく荷物をまとめていただき、ありがとうございます。こんなに段取りの良いお客様は珍しいです」

正子は我が意を得たりという表情で、

「大学時代に引越しのアルバイトをしてたんです。そのときの経験が生きているのかもしれないですね」

正子は抗がん剤の影響で髪の毛が抜けて、毛糸の帽子をかぶっていたが、最後の抗がん剤が10日ほど前に終わっていた。私も山梨に帰れるということで、お互い晴れやかな気持ちだった。夜は、夏以来ずっと行けなかった近くの居酒屋に行って、引越しのお疲れ会をした。

翌日は、布団と一部の荷物を車に積んで、山梨へ向かった。

中央道を山梨方面に運転しながら、輸入ワインの品質管理に取り組んだ7年間の出来事が次々と思い出された。できたばかりの部署で、初めて輸入ワインを担当。異動直後は右も左もわからなかったが、その年の後半にフランスと南米に出張し、それからも毎年3～4回の海外出張をこなした。ワイナリーでワイン造りをするだけでは得られない多くの経験ができた。

とはいえワイン造りから離れていたことで、しばしば脱力感に襲われることはあり、一度は転職の決意をし、部長に昇格した時点でワイナリー復帰の想いは一度封印したが、「輸入ワインの部署で実績を残して、ワイナリーに戻る」というモチベーションは維持できたと思う。

ワイン造りから離れてつらかったことと、単身赴任だったことを除けば、充実した7年間だった。

抗がん剤終了と勝沼復帰のお祝い　2015年4月

2015年4月1日（水）、7年ぶりにワイナリーに出社した。

「1995年の入社時」、「1998年の本社からの復帰時」、「2005年のフランスからの帰国時」に続き、これが4回目の勝沼赴任だ。

ワイナリーの名称は「勝沼ワイナリー」から、２０１０年に「シャトー・メルシャン」に改称された。肩書は、製造部長兼チーフ・ワインメーカーで、ワイン造り全体を統括する立場だ。加えて、シャトー・メルシャンの〝ブランドの顔〟としての活動も担当することになった。

自宅から会社までは車で片道15分ほど、夏は仕事が終わって家に帰っても、まだまだ明るい。家庭菜園で土いじりもできる。正子と平日に夕食を食べることができるのは、本当に幸せなことだと実感した。幸せは、日常の中に隠れていると思った。

◇

4月末のゴールデン・ウイーク中に、正子の抗がん剤治療の終了と、私の勝沼復帰のお祝いをすることになった。山梨市駅近くの寿司店「いづ屋」で、正子の両親と4人で予約を入れた。

いづ屋の主人は銀座の久兵衛で修業をした人で、かなりレベルが高い。正子は、抗がん剤が終わってここに行くのを、楽しみにしていた。この日はゴールデンウィークの谷間で平日だったが、私はワイナリーのカレンダー上休み、正子は病院で定期検査の日で、2人とも休みだった。

お昼過ぎに病院に出かけるとき、正子は玄関で靴をはきながら言った。

「今後の治療方針を話し合うので、少し時間がかかるかも」

正子は予定よりだいぶ遅く家に帰ってきた。

「先生に、帯状疱疹かも知れないと言われ、すぐに検査をしたので時間がかかったんだよ。入院をするように言われたけど、点滴だけ打って帰ってきた。今日はどうしてもいづ屋に行きたかったから。先生には『どうしても外せない用事があるので…』と言ってね」

帯状疱疹という病名にはなじみがなかった。

「帯状疱疹はどういうときになるの？」

正子もさっき先生に聞いたばかりだと前置きして、

「体が疲れていたりするとなるらしい。たぶん、最後の抗がん剤を打って少ししたら体調が良くなったので、調子に乗って畑作業をしてたのが原因かもね」

「俺も草刈りはやるので、無理はしないでね」

この日は、久しぶりにいづ屋で楽しい食事をすることができた。正子は抜かりなく、お酒は飲みすぎなければＯＫと医者から聞き出していた。

私は、食事をしながら、正子に畑の作業で無理をさせてはいけないと思った。それまでは畑も小さく、9月上旬の週末に収穫を手伝うだけだったが、正子の体力と状況を考えると、草刈りは私が全部やるくらいでなければいけないと思った。

36本の万力ルージュ２０１４

２０１５年８月

２０１５年の仕込みが始まる少し前、前年醸造した万力ルージュ２０１４がビン詰めされた。乳がんの手術の日程をずらしてまで、正子が自分で仕込みたいとこだわったワインだ。

タナとメルローを一緒に醸造したこのワインは、これまでと同様柔らかく、納得のいく仕上がりだった。この年のワインは36本をビン詰めし、ラベルを貼ったものを引き取った。残りは、丸藤葡萄酒の赤ワインにブレンドされた。

２０１４年は天候的にはまあまあの年だったが、このワインは特別な存在だ。収穫の様子を思い出しながら、正子と２人で飲んだ。これからもワインが仕込めることは、とても幸せなことだと感じた。

長畑＝３番目の正子の畑　２０１６年３月

正子の２番目の畑、藤塚畑に植栽したブドウは、順調に生育していた。草刈り作業をしていると、西

万力ルージュ2014（丸藤葡萄酒）

隣の棚の畑で甲州を栽培しているおじいさんが、よく声をかけてくれるようになった。

畑の境目の排水路の向こう側に立ち、正子に話しかける。

「いつもよく頑張るね。熱心だね。これは醸造用のブドウなの？」

「そうなんです。垣根式で栽培しています」

「黒ブドウのようだけど、房も粒も小さいね。なんというブドウなの？」

「メルローとタナです。向こう側の道路の下側でも、メルローを栽培しています」

「メルローというのは聞いたことがあるけど、タナというのは初めて聞いたなあ。2か所でやってるんだね」

「いい畑があれば、もう少し借りたいと思っているのですが」

おじいさんは、まわりを見渡すそぶりをして、

「このあたりは高齢化で畑をやめる人が多いので、あいてくると思うよ。どこかブドウ畑があくときは、気にかけておきますね」

それからしばらく経った2016年3月、畑にいると件（くだん）のおじいさんが「いい畑があるよ」と声をかけてくれた。以前、正子が借りたくてしきりに気にしていた畑で、野菜を作り始めた人が撤退したのだという。この畑は、おじいさんの畑のさらに西隣りで、耕作者とは交流があったようだ。

「話をすればたぶん貸してくれると思うよ。土地の所有者も知っているから、紹介するよ」

「本当ですか？　何年も前から、あそこの区画はいいな、と思っていたんです」

所有者を紹介してもらい、正子は畑の所有者のご自宅に伺った。

「これまでは野菜の農家に貸していました。もう私があの畑を耕作することはないので、いずれは買ってほしいんです」

農地を取得するための山梨市の条件は「5反（たん）（50アール＝0・5ヘクタール、約1500坪）を耕作

長畑（2016年3月）。石垣を崩して一枚の畑にする作業

していること」だが、正子はそこまでの面積を耕作していない。

「私の畑は現状で5反ないので、まだ買えないんです。畑は徐々に増やしているので、5反を越した時点で購入させていただきます」

「それでいいですよ」

地区の農業委員会の承認が得られ、契約が結ばれた。畑の所有者は、毎年の土地の賃借料はいらないと言ってくれたので、毎年12月に赤ワインと白ワインを1本ずつ送ることにした。

3番目の畑は、縦に長い畑なので、「長畑（ながばたけ）」と名付けた。広さは1反4畝ほどあった。区別するため万力畑、藤塚畑、長畑と名付けているが、すべて万力地区に位置する畑だ。

長畑には、正子が以前から山梨の気候に合っているのではないかと思い、試してみたかった白ワイン用のプチ・マンサンを植えることにした。夏の気温が高い山梨でも十分な酸が残り、病気にも強いことを期待して選んだ品種だ。

3つの畑をあわせて、耕作面積は約3反3畝

（33アール＝0・33ヘクタール、約1000坪）になった。5反まではもう少しだった。

このころになると、休みの日は、畑の草刈りをするのが私の日常となった。

以前は正子が1人でできる広さの畑しかなかったが、少しずつ面積が増え、病気で体力が落ちたこともあって、正子に無理をさせたくなかった。2008年までは夫婦でアスレチックジムの会員に登録して、温水プールやトレーニングに通っていたが、単身赴任になったときに退会していた。週末の草刈りはよい運動になり、もちろん会費もいらない。

ゴールデンウィークはどこに出かけても混んでいるし、雑草が伸びだす時期でもあるので、正子と2人で畑の草刈りを行うのが毎年の習慣になった。

刈り払い機で刈るのは結構な労働だが、除草剤は使いたくないというのが2人の共有認識。雑草の根は土壌の微生物をはぐくむ役割がある。また、畑がすっきりキレイになるのは気持ちがよい。旅行に出かけるのは、ゴールデンウィークの次の週末で、1泊2日で近場に出かけるのが恒例になった。

そろそろ自分のワイナリー？ 2015年～2016年

私が勝沼に復帰して少し経ったころ、正子が盛んにつぶやくようになった。

「ミツがだいぶ草刈りをやってくれるようになったけど、病気をしてから体力は落ちたな。私はいつまで会社でワイン造りができるかわからないし、やっぱり自分のワイナリーをもちたいなあ。定年を待っていると、体力がなくなっちゃうよ」

正子の気持ちはよくわかるが、ワイナリーを開設するには一大決心が必要だ。知人からは「安蔵夫妻ならうまく行きますよ」とよく言われたが、そんなに簡単なことではないと思っていた。

ワイナリーの話になると、私はどうしても慎重になった。

「ワインの製造免許を取るには、毎年最低6000リットル仕込まないといけない。年間8000本だよ！ 6000リットルを醸造するのはなんてことないけど、毎年8000本売るのは大変だよ。ワイナリーを建てるのは、小規模でも3000万円はかかるし」

昔からの友人たちが、次々と自分のワイナリーを建てていた。話を聞くと、かなり小規模でも、建設費に3000万円はかかるようだった。会社でコスト計算をしてきた経験からすると、そう簡単にはワイナリー経営は成り立たないと思った。

このころは、焦る正子を思いとどまらせるのが私の役目だった。やってやれないことはないだろうが、万全を期してから始めた方がよいと主張した。この時点で正子は44歳、私は46歳だった。

ただ、最低製造数量が年間2000リットルに緩和されるワイン特区なら、計算は変わる。

「うちの畑は全部山梨市にあるから、もし山梨市が特区認定をとってくれれば別だけどね。2000リットルなら、ボトルで2666本。これだったら、マサ1人でも売りきれるかも」

2人でよく話していたのは、ワイン造りは楽しみでやりたいということ。

もし、ワインの売り上げで生計を立てるとなると、もっと多くの本数を造らなければならない。ましてや2人で生計を立てるとなると、かなりの規模が必要になる。ワイナリーの規模を維持するために、造りたくないタイプのワインも造らなくてはならないだろう。

理想のワインを造るには、正子が1人で完結できる小さな規模で、しかも自分たちが飲みたいと思うものを造る方がよいと考えていた。

「もしマサがワイナリーをつくるにしても、俺は会社員として月給を稼ぐよ。浅井さんとの約束はメルシャンで頑張る方が果たせる。2人で独立したら、すぐに行き詰まると思うしね」

「もちろん、ミツはせっかく戻れたんだし、メルシャンで頑張って欲しい。私1人でやるには、やっぱり特区の方がいいよね」

正子の長年の想いは理解していた。私も病気にならないという保証はない。いつかできると思っていては、いつまでもできないかもしれない。

「以前は定年を待ってワイナリーをやろうと話していたけど、マサの体力を考えると、そんな悠長なことは言ってられないね」

「あーあ、宝くじで1億円当たらないかな？」が、このころの正子の口癖だった。

ブランドの顔

2015年5月〜2020年3月

ブランドの顔に指名された私は、醸造や栽培に関する講演やワインメーカーズ・ディナーをするために、全国各地に頻繁に出かけるようになった。

ワインメーカーズ・ディナーは、シャトー・メルシャンのワインと、シェフが腕を振るった料理とのマリアージュを楽しむ形式の食事会で、ワインの解説やシャトー・メルシャンの歴史、料理との相性についてお話する。お客様からの生の声を聴くことができ、ワイン造りの参考になった。

当時の手帳を見ると、2015年は勝沼に復帰してから1か月半ほど経った5月に最初のセミナーを担当し、12月末までに10回の講演・セミナーを担当した。

２０１６年は11回、２０１７年は23回、２０１８年も23回、２０１９年は一気に増えて39回、北は仙台、南は鹿児島まで、多くのレストランやホテルから声をかけていただいた。国内だけでなく、ロンドン、香港、上海でも英語でセミナーを担当した。

39件担当した２０１９年は、頻繁に新幹線で列島を移動した。手帳を見ると5日連続で駆け回ったときがあり、初日の昼に大阪、夜に京都でセミナーを行い、2日目に山梨に戻ってセミナーを担当。3日目の朝名古屋に移動して昼のセミナーと夜のメーカーズ・ディナー、4日目に京都に移動してお昼と夜にセミナーをし、翌日の5日目も京都でイベント対応をして、6日目に自宅に帰りついた。

この年に新幹線で移動した距離はかなりのものだ。4月には、香港出張から帰国し、羽田空港から日比谷公園にタクシーで直行して、そのままイベントに参加したこともある。飛行機の到着が少しでも遅れると、イベントの開始時間に間にあわない。分刻みのスケジュールで大変だったが、お客様と交流できるのは、これまでにない喜びでもあった。

全国各地で担当したメーカーズ・ディナーの中でも、鹿児島はとくに記憶に残っている。２０１５年11月に、鹿児島市の城山観光ホテル（現在は、城山ホテル鹿児島）でメーカーズ・ディナーを担当し、２０１８年まで4年続けてセミナーをさせていただいた。毎回11月の木曜日の夜の開催だったので、翌日の金曜日は有給休暇をとり、正子が予定を合わせて鹿児島にきて県内を巡った。

正子は中学・高校と鹿児島市内で過ごしたので、鹿児島は第2の故郷。私も、明治維新前後の歴史に興味があるので、史跡や博物館を回りたい。日本ワインの黎明期には、鹿児島（薩摩）出身の人が大きくかかわっており、県内の各地で学んだことを翌年のセミナーに折り込んだ。

セミナーの後に参加したお客様にごあいさつすると、

「日本ワインの始まりに、こんなに鹿児島がかかわっていたのがわかって、とても興味深かった」

「これまで日本のワインを飲んだことはなかったが、これからは意識して飲んでみます」

など、ありがたい言葉をたくさんいただいた。

私自身も鹿児島の方と交流し、ワインの黎明期につながる人たちの故郷を見られたことで、本当に良い知見が得られた。

２０２０年は3月末までに9回のメーカーズ・ディナーやセミナーを担当したが、コロナ禍の影響で4月以降はほぼなくなった。

特区の可能性

2015年7月～2016年8月

正子が耕作している畑の面積と、小規模でワイナリーを始めたいという条件に合致するのは、ワイン特区の２０００リットルの規模だった。ワイン特区に指定されるためには、自治体が内閣府の募集に応募する必要があるが、ただ待っていても、そういう希望を持つ市民がいることは山梨市役所に伝わらない。正子は市役所のどの部署に相談すればよいか、山梨市役所のホームページを見て手がかりをつかもうとした。

リビングのテーブルでパソコンの画面を見ていた正子は、「ちょっと見て」と画面を指差した。ホームページに市民の声を送ることのできるページがあった。

「ここにメールを出してみようかな。どう思う？」

横からだと見づらいので、正子の背後に回って画面を見た。

「山梨市に熱意を伝えられるのであれば、いいと思うよ」

正子は、
○山梨市でワイン特区を申請していただける可能性について
○特区申請について
の2点の要望をメールで送ってみることにした。

市役所の農林課から返ってきたメールの回答は、
○地域活性化の意義があるので、検討していきたい
○特区は、地方公共団体のみが申請できる
というものだった。正子はこのメールを見て、「少しは可能性があるみたいだね」とうれしそうだった。

それからほぼ1年間、何の動きもなかった。今度は山梨市のホームページの「市長の部屋」の中にある「市長への手紙」のページから、ワイン特区を申請してほしい旨と、日本のワインに真剣に取り組むつもりがあること、などを書き送ることとした。


正子が「市長へのメール」へ送った内容（2016年7月10日（日））

市長にお願いがあり、メールをしました。私は山梨市在住で、現在勝沼のワイナリーに勤めております。ブドウ栽培とワイン製造の仕事に携わって20年になります。

甲府市の出身、山梨大学工学部卒です。フランスに4年間滞在し、ボルドー大学醸造学部でワインを学び、サンテミリオンのシャトーで研修をしました。

ワイナリーに勤めながらも、将来のことを考え、17年前から万力の山地に畑を借りて、垣根式でメルローやタナといった醸造用のブドウを栽培しております。

現在約3反歩の広さで、収穫したブドウは現在勤めているワイナリーで、醸造しています。

3年前に山梨市小原東に家を買いました。数年後には、自宅の敷地で小規模のワイナリーをつくり、経営したい、と考えております。

酒税法では果実酒の免許は6000リットル以上つくることが条件となっていますが、ワイン特区であれば2000リットルで免許が取れます。県内でも、北杜市や韮崎市が特区をとっています。長野県では、塩尻市をはじめ、千曲川流域広域連携特区などがあり、全国でも多くの自治体が特区を取得しています。

そこでお願いなのですが、
山梨市でワイン特区を申請していただける可能性はありますでしょうか？

昨今、遊休農地が増え、せっかくの山梨の景観が失われないか危惧しております。

私は、万力山地のブドウ棚や桃畑の風景が大好きです。

山梨市の万力周辺や牧丘地区でワイン醸造用ブドウを栽培している人が私以外にも何人かおります。

ワイン特区になれば、他県からも新規就農で若い世代の山梨市への定住が見込まれ、遊休農地の解消にもつながると思います。また、通常の6000リットルは、ブドウの確保や販売の問題など、ハードルが高いと感じています。

現在、夫に収入がありますので、まず私が2000リットルで免許を取得し、自分で栽培す

るブドウを自分で仕込みたいと希望しています。

山梨市でつくったブドウを、山梨市で醸造し山梨市のワインとして販売する、ということで、農業六次産業化の要素も多分にあると思います。

是非、山梨市でワイン特区の申請を検討していただけませんでしょうか？

何かご説明する機会があるようでしたら、市役所へ伺わせていただきます。よろしくお願いします。

安蔵正子

1か月ほどして、当時の山梨市長から返事が来た。

「ワイン特区について調べました。特区により免許を取得した醸造事業者は、市内産のブドウのみを使ってワイン醸造を行わなければいけないようです。課題を整理・検討していきたいと思います」との内容だった。そう簡単には進まないと思っていたが、期待してもよいかもしれないと思った。

さらに1週間して、農林課の担当者から、「話を聞かせてください」とのメールと電話が来た。少しずつ進む気配が出てきたと思った。

正子は市役所に行き、ワイン特区をとってほしいことや、山梨市でのワイン産業にはまだまだポテンシャルがあること、特区になれば申請する人は他にもあると思うこと、などを話した。山梨市は、専門の担当を2名置いて、特区を検討することになった。

担当者から、「山梨市が特区認定を受けたら、確実に免許を申請しますね？」と念を押され、「もちろん申請します」と正子は回答した。

こうしたやり取りがあったので、実現は近いと思った。年3回程度ある内閣府への申請の機会のうち、年明けにでも申請する方向で検討しているとのことだった。

オレンジ・ワイン？　2016年5月、6月

2016年の春に、NHK甲府支局の女性のディレクターが、オレンジワインに興味をもったとのことで、「甲州グリ・ド・グリ」の取材で勝沼ワイナリーに来場した。チーフ・ワインメーカーとして私が取材に応じることになり、まずは、会議室で取材の目的の説明があり、オレンジワインについての話をした。ディレクターと話すうちに、事前にかなり調査した上で来場していることがわかった。

撮影・インタビューは、勝沼ワイナリーの醸造棟で行われた。

インタビュアー　ヨーロッパでは、オレンジワインというジャンルが出てきているようですが、メルシャンではいつごろからこういう商品をつくっているのですか？

テレビカメラが目の前にあり、照明がまぶしかったが、ゆっくり話そうと自分に言い聞かせた。

安蔵　2002年からです。この当時私はボルドーにいました。当時は、まだ〝オレンジワイン〟という便利な言葉はなかったですね。この言葉が日本で使われるようになってから、4～5年というところ

だと思います。２００５年からは、実際にこのワインの仕込みを統括しました。

インタビュアー　そうなんですね。どういう意図でこういうワインを造り始めたのですか？

そもそものこのワインの狙いをお話しする。

安蔵　ブドウのアロマは果皮に多く含まれています。白ワインでは、圧搾する前に果皮を果汁に漬け込んで、アロマを果汁に取り込むことをすることがあります。これをスキンコンタクトと言います。

甲州でスキンコンタクトを行うと、果皮がピンク色ですので、果汁もピンク色になってしまうんです。甲州ワインは、果皮から色が出ないように優しく搾ることがほとんどで、果皮からのアロマを十分に引き出せていないと思っていました。

インタビュアーはカメラの後ろで、なるほど、という感じで2回頷いた。

インタビュアー　果皮にアロマの成分がたくさん含まれているんですね。

安蔵　そうですね。自然界では、ブドウは動物に食べてもらって種子を運んでもらうことが大事です。果皮にアロマ成分が含まれていることで、動物に食べてもらいやすいということもあるんでしょうね。

インタビュアー　なるほど。

安蔵　そういう考えから、このワインの最初のコンセプトは、「色が出てもよいから、ブドウの果皮に含まれているものを可能な限り引き出そう」というものでした。

インタビュアー　醸造の過程で苦労されたことは？

安蔵　このワインに関しては、醸造で苦労したことはないですが、当時は珍しいタイプのワインで、色合いも独特だったので、お客様に説明するのが大変でした。オレンジがかった色合いから、『劣化しているのでは？』という指摘がしばしばありました。
でも、どういうワインか一度わかってもらうと、リピーターになる方が多く、何度も買ってくれるようになりました。今は〝オレンジワイン〟という言葉があるので、最近では『甲州のオレンジワイン・タイプです』というと、わかってくださる方が多いです。

シャトー・メルシャン製品をヴィンテージごとに数本ずつストックしてある地下セラーに案内した。グリ・ド・グリは、2002年から直近の2015年ヴィンテージまでのボトルがストックされている。最初の2002年ヴィンテージのボトルを棚から取り出してラベルを見せるシーンや、貯蔵タンクの前でこれまでの経緯をお話しするシーンを撮影した。

撮影が終わったあと、取材クルーはこう言って帰っていった。

「山梨ローカルで放送されます。もしかすると、首都圏全体の番組でも使われるかもしれません。放送日が決まったらお知らせしますね」


このときの収録は、6月に山梨ローカルで放送された。自分のインタビューを見るのはとても恥ずかしいものだと思った。

山梨在住の方から何人か「テレビ見ましたよ」とメールが来た。それから1か月ほどして、九州在住の方から「テレビ見ましたよ」とメールがあり、続いて全国の方からメールが来た。全国版の朝のニュースで放送されたらしかった。

3日ほどして、水戸の実家の母親から電話があった。

「私は見てないんだけど、友達から『息子さん、NHKに出てたよ』と電話があったよ」

「山梨では少し前に放送されたけど、全国でも流れたみたいだね」

「その友達が言ってたけど、あなたのワイナリーでは〝みかん〟のワインを造っているの？」

しばらく意味がわからなかったが、母の友達はオレンジワインを「みかんのワイン」と思ったのだろう。

「みかんじゃなく、オレンジワイン。色がオレンジ色なんだよ」

「そういうことなのね」

「今度帰省するときにもって行くよ」

番組では、冒頭で「オレンジの色合いの甲州ワイン」と説明していたのだが、まだまだ「オレンジワイン」という呼び方は普及に時間がかかると思った。

そもそも、「甲州ワイン」と言ったときに、「甲州というブドウからのワイン」とすべての方が理解してくれるとは限らない。

甲州は地名でもあるので、お客様から「赤の甲州ワインをください」と言われることがしばしばある。「山梨の赤ワインであれば、マスカット・ベーリーAがおすすめです」と答えることになる。

苦労が多かった2016年ヴィンテージ

2016年8月〜10月

勝沼ワイナリーに戻って2年目、2016年のヴィンテージは記録的に早い芽吹きで始まった。ゴールデンウィーク期間も雨が少なく、気温も高めで、早い生育ステージのまま進んでいった。

「生育は例年より1週間以上早いし、雨も少なめで、夏の天候もよかった。ここまで来たら、良いヴィンテージになるのは確実ですね」

8月の終わりごろには、近隣のワイナリーの人とこんな話をするようになった。実際、9月に入ってすぐに収穫期をむかえるソーヴィニヨン・ブランときいろ香用の甲州は、例年とくらべても、素晴らしい品質のブドウだった。

しかしその後、「ブドウは収穫するまでは安心してはいけない」ことを実感するヴィンテージになった。9月13日（火）にまとまった雨が降り、そこからほぼ1か月間、晴れ間が見えず雨が続く天候になった。台風も何度も到来、日照時間はかなり不足した。

9月上旬まで良い熟度で濃縮感があったブドウは、雨が降って一気に根が水を吸い上げ、ブドウの粒はパンパンに膨れた。山梨と長野のワイナリー関係者で、この2016年をつらい年として記憶している人も多い。一般の方で、この年の天候を覚えている方は多くないと思うが、ワイナリー勤務で農産物を相手にしていると、各年の天候、特に収穫直前の天候はよく覚えている。

正子の万力畑と藤塚畑のメルローとタナは、9月11日（日）に収穫をした。

私も、収穫が休みの日に当たれば手伝うことができる。この時期を過ぎると、2人とも会社での仕込みが忙しくなるため、毎年少し早めに日曜日を選んで収穫する。

この日に収穫されたメルローとタナは、これまでになく良い状態で、糖度も十分に高かった。2005年にフランスから帰国して以来、もっとも良いヴィンテージになったと思う。

あとから振り返れば、もし翌週に収穫を伸ばしていたら、大雨のためにブドウの状態は格段に悪くなっただろう。忙しくなる前にやってしまおうとこの日に収穫したのが、奏功したと言える。

この年の万力ルージュは、果実感と充実感のある赤ワインになった。

収穫された万力のメルロー（2016年9月11日）

シャトー・メルシャンでは、椀子（まりこ）地区（長野県上田市）のメルローが健闘した。

10月に入ると、椀子ヴィンヤードからメルローが勝沼ワイナリーに届きはじめ（椀子ワイナリーは２０１９年建設のため、２０１６年の時点ではすべて勝沼ワイナリーで醸造）、毎日朝から夕方まで、厳しい選果を行った。秋雨が降り出すまでは良い天候だったので、ブドウは程よい成熟度があったが、ブドウ樹の根が水を吸ってブドウの粒はパンパンになっていた。

房の状態で選果した後、除梗機を通して粒になったものを、振動式の選果台で2回目の選果をする（2段階選果）。単純で辛抱がいる作業だが、この年の統括の小林弘憲さんを中心に、来る日も来る日も選果を行った。

この年は豊作でブドウの量は多かったが、「椀子メルロー２０１６」はブドウを厳選し、1年半後のビン詰めでは約４５００本になった。前年の椀子メルロー２０１５は約1万５０００本だったので、前年比で生産本数は70％減。その中で「椀子メルロー２０１６」は、ワイン・スペクテーター誌で90点の高評価をいただいた。凝縮感はなかったが、例年はタンニンの強い椀子のメルローが、２０１６年は柔らかくエレガントなニュアンスのワインに仕上がった。

苦労が多かった２０１６年ヴィンテージの中で、とてもうれしい評価だった。

大橋ＭＷがコンサルタントに　2017年4月

２０１７年に入り、大橋健一さんがシャトー・メルシャンのブランド・コンサルタントに就任することになった。

大橋さんは、２０１５年9月に世界のワイン業界で最難関の資格の一つであるマスター・オブ・ワイン（ＭＷ）の試験に合格し、日本在住唯一のＭＷとして、それまでよりもさらに精力的に活動していた。

大橋健一ＭＷとは、２００６年４月18日（火）に盛岡で開かれた酒販店主催のセミナーでご一緒しており、それ以来、ときどき連絡をとっていた。大橋ＭＷは、栃木県宇都宮市の出身。私は茨城県水戸市出身なので、おなじ北関東ということもあり、親近感があった。

大橋ＭＷは、コンサルタント就任にあたり、

「私は日本人のマスター・オブ・ワインとして、シャトー・メルシャンのコンサルタント就任後も、国内の他のワイナリーも応援しますが、それでも良ければ」

と条件を出した。

シャトー・メルシャンの先輩たちの多くは、「シャトー・メルシャンだけではなく、日本の産地全体が発

展するように」というビジョンをもち、醸造・栽培技術の公開をすすめてきた。２０２０年に策定されたフィロソフィーの「日本を世界の銘醸地に」も、それを言葉にしたものだ。大橋ＭＷの提案は、シャトー・メルシャンのフィロソフィーとも合致しており、問題なく受け入れられるものだった。

これ以降、私は大橋ＭＷとともに活動することが多くなり、シャトー・メルシャンのマスタークラスなどで、国内外の出張をご一緒するようになった。組織の内部にいると見過ごしがちな、「アピールすべきシャトー・メルシャンの強み」を指摘していただいた。

一緒に移動していると、大橋ＭＷがスマートフォンをマメにチェックし、情報発信をしていることに気づいた。ワインの品質も大事だが、情報を発信することもおなじくらい大切であるはずだ。

車で長野県内のワイン産地を移動中、スマートフォンを見ている大橋ＭＷに聞いてみた。

「大橋さん、私はフェイスブックとかはやってないのですが、情報発信のためにやった方がいいですかね？」

大橋ＭＷはスマートフォンから顔を上げ、

「安蔵さんは発信する価値のある情報をたくさんもっているので、やってみても良いと思いますよ」

この言葉に背中を押されて、フェイスブックを始めることにした。

始めてみると、思いのほか発信したいことが多くあることに気づいた。また、「いいね」がたくさんつくとうれしい、という感覚もわかった。少し遅れて、Instagramも始めた。

映画「ウスケボーイズ」 2017年6月

２０１７年６月、勝沼ワイナリーに電話があった。

「安蔵さんに電話ですよ。映画監督の方だそうです」

映画監督が私に何の用だろうと思いながら出ると、

「映画監督の柿崎ゆうじと申します。今度、ウスケボーイズの小説を映画化しようと思っています。ついては、安蔵さんにお話を伺いたいので、ご都合の良い日を教えてくれませんか」

ウスケボーイズの小説は読んだことがあったが、私のことは数行出てくるだけで、なぜ私に電話がかかってきたのだろうと思った。

「勝沼においでになるということですね？　私はあの本にほとんど出てこないのですが、いいんですか？」

「はい。ぜひお話を伺わせてください」

1週間後の6月14日（水）に勝沼ワイナリーでお会いすることにした。本社の広報部にもこのことを伝え、打ち合わせに立ち会ってもらうことにした。

柿崎監督とスタッフ、俳優の方が来場し、撮影スケジュールなどの説明を一通り受けたあと、私の正直な気持ちを打ち明けた。

「実は、この小説には、妻の正子がそれなりに重要な役割で登場するのですが、取材を受けずに書かれているので、事実と違うところがあるんです」

「そうなんですね」

「正子はこの小説を途中まで読んで、自分が悪く書かれていると感じ、すごくショックをうけているんです。あまりに落ち込んでいたので、7年前に、正子には相談せずに事実と違う点をいくつか指摘した手紙を出版社に送りましたが、お返事はいただけませんでした。あとから手紙の内容は正子に見せました」

7年前に送った手紙のファイルが残っていたので、印刷したものを柿崎監督に渡した。

「正子さんのご心労は想像できます。このあと、丸藤葡萄酒に行って、大村社長にごあいさつするのですが、正子さんは会ってくれるでしょうか？」

「昨日正子には柿崎監督が来ることは伝えましたが、話をしたくないと言ってました」

「そうですか。でもごあいさつはしてみます」


柿崎監督一行が丸藤に向かった後、正子の携帯に電話をして、「とても真摯な態度の方だよ。話してみては？」と言ってみた。

正子は「あの小説のことを話すのは絶対嫌だ！」と受け付けなかった。

◇

夕食のとき、柿崎監督の話になった。

「今日、丸藤に柿崎監督たちが来たよ。私は話したくないと言ったんだけど、監督たちが帰るときに、私役の、たしか竹島さんといったかな、女優さんが『握手してください！』とにっこり笑って私と握手したんだ。私の役をやるのに、申し訳ないと思った」

正子の気持ちが少し変わったように感じた。

「みな、いい人たちだったでしょう？」

「そうだね。今日はあいさつしかしなかったけど、次に機会があったらお話ししてみてもいいかな？」

「じゃあ、機会があったら食事をしてみる？」

「いいよ」

正子のこの言葉を聞き、食後すぐに柿崎監督にメールを送った。

「竹島さんが正子に握手を求めたことをきっかけに、少し軟化してきたようです。今度山梨に来られるときに、食事をしても良い、と言っています」

すぐに返信メールが来た。

「そうですか！　ぜひ、予定を調整して山梨に伺います」

1週間後の6月22日（木）に、山梨市内の中華料理店で、柿崎監督、竹島由夏さん、正子、私の4人でお会いすることになった。すぐに打ち解け、持ち込んだワインを飲みながらの楽しい会食になった。

監督は、「実際と違う部分は、正子さんにお話を聞いて、岡本さんにも確認して、脚本で直すようにします」と言ってくれた。

塩尻ロケハン　2017年7月

浅井さん（映画では麻井宇介さん）が書斎で手紙を読むシーンや、岡本さん（映画では岡村さん）がワインを手作業で仕込むシーンなど、いくつかのシーンがシャトー・メルシャンの勝沼ワイナリーで撮影されることになった。

加えて、塩尻市の桔梗ヶ原でも、城戸ワイナリーで撮影をする日に、メルシャンのブドウ畑でも撮影をしたいとの希望が出た。

7月3日（月）に塩尻ロケハン（撮影場所の下見）が行われることになり、同行した。予定通り、桔梗ヶ原メルロー・シグナチャーが生まれる平出地区の畑を案内したあと、ふと思いついて提案した。

塩尻セラー（現・桔梗ヶ原ワイナリー）での撮影風景（2017年7月21日）

「ここから車で5分くらいのところに、塩尻セラー（現・桔梗ヶ原ワイナリー）という昔のワイン工場の跡があります。今は駐在場所として使っていて、古い大樽を置いているだけですが、浅井さんが若いころに勤務されていたところです。もしよかったら、映画とは関係なく見てみませんか？」

監督は二つ返事で同意した。

「それはぜひ見てみたいです」

車で移動し、塩尻セラーの樽貯蔵庫をお見せした。８０００リットル前後の古色蒼然たる大樽がセラーの両側に並んでいる。

「外装は変わりませんが、内部を改装して、来年には近代的なワイナリーに生まれかわります」

柿崎監督はセラーを見渡して、いろいろな方向からずらりとならんだ大樽を見ていた。

「雰囲気のある良い建物ですね。ぜひこの樽庫を撮影させてください。何に使うかは、あとで考えます」

2週間ほど後に、塩尻セラーの樽貯蔵庫で撮影が行われた。最終的に、このシーンは映画ウスケボーイズのオープニングで使われた。翌年、このセラーは改装され、大部分の大樽は撤去された。撮影していただいたことで、塩尻セラーの貴重な記録になった。

笛吹甲州グリ・ド・グリ　2017年9月、10月

2017年1月に、ボルドー大学で研究と研修をしていた高瀬秀樹さんが帰国し、シャトー・メルシャン配属になった。4月になると、本社から田村隆幸さんが製造課長として赴任した。2人とも、入社時点では酒類研究所に配属され、ワイナリー勤務はこれが初めてだ。

2017年の仕込み統括は、田村さんを指名することになった。私はチーフ・ワインメーカーとして、2人と意見交換をしながら、2017年の仕込みに向けて課題設定を行った。

そのなかで、私が2人にお願いしたのが、甲州グリ・ド・グリに関すること。2002年ヴィンテージから造られているこのワインの醸造では、多くのチャレンジをしてきた。しかし、それから年月が経ち、だいぶワインがおとなしくなった印象があった。販売面でも出荷が滞ってきて、在庫過多となっていた。このワインの特徴香の一つ、焼きリンゴの香りをもつβ-ダマセノンは、赤い色合いのカロテノイドが変化したものなので、原料として使うブドウに、あえて赤の色合いが濃い甲州がとれる地域のブドウを選んで欲しい、と伝えた。

また、ワイナリーの有志で行っていたテイスティング会で、地下セラーに少量とってある過去のグリ・ド・グリを何本かテイスティングし、最初のころのピンク色の濃い、くせの強いスタイルを皆で共有した。

最初のころのチャレンジングな気持ちに共感してほしいという想いがあった。

高瀬さんは、統括の田村さんと協力し、色合いの濃い甲州ブドウの産地として、笛吹市八代地区を選んだ。また、前年と比べて、果皮を漬け込む醸しの期間をかなり長くし、厚みのあるワインに仕上げた。高瀬さんと田村さんのコンビで２０１７〜２０２０の４ヴィンテージ（２０１７と２０１８は田村さん、２０１９と２０２０は高瀬さんが統括）を仕込み、２０１７年ヴィンテージから、商品名を「笛吹甲州グリ・ド・グリ」とした。

ルバイヤート万力ルージュ２０１５ デビュー ２０１７年８月

２００９年、正子の万力の畑は２００５年以来４年ぶりにまとまった収穫ができ、この年以降は毎年それなりの量を収穫して、２０１０、11、12、13、14と毎年ビン詰めすることができた。

畑が増えるのに伴い、徐々にブドウの量は増えていたが、仕込んだワインを１樽分満量にして、その一部をビン詰めして買い取り、残りはルバイヤートの製品にブレンドする、というスタイルは変わらなかった。

２００５年に１００本、２００９年に１２０本購入したことで、かなりの本数が勝沼トンネルワインカーブに残っていた。少し買う量を減らそうと正子と話し、これ以降は毎年36〜48本程度を買い取ることにした。

万力の畑に加えて、２番目の藤塚の畑も収穫できるようになり、ブドウの量も増えてきた。

新しく植えたタナは、しっかりした味わいで、病気にも強く、色合いも濃いことから、メルローと混醸することでバランスが良い赤ワインになった。藤塚の畑が成園化するにつれて、少しずつタナの比率は上がっていった。２０１５年の収穫は、メルロー、タナあわせて1トン近くまで増え、樽に入れると3樽分になった。

「だいぶ量も増えたから、全部詰めて売ってみるか」

大村春夫社長（２００６年に専務から昇格）がうれしい決断をしてくれた。８００本ほどをビン詰めして、２０１７年の夏に「Rubaiyat 万力ルージュ２０１５」として、丸藤葡萄酒の売店限定で販売することになった。柔らかさのある赤ワインとして、おかげさまで好評をいただいた。

万力ルージュ２０１５が発売されたのは、ちょうど柿崎監督が山梨県内で「ウスケボーイズ」を撮影しているときで、監督は早速売店で購入してくれた。

「果実感があってとてもおいしいです」と気に入ってくれた監督に、正子がアピールする。

「来年の今ごろ発売される万力ルージュ２０１６は、難しいヴィンテージでしたが、雨が降り出す直前に収穫ができ、たぶんこれまでで一番良い収穫になったので、楽しみにしてください」

「ぜひ、来年も買いたいと思います。それから、今年（２０１７年）の収穫は、日程が合えばぜひ手伝わせてください」

映画の撮影が終わったあとの9月中旬、俳優さん・女優さん数人と監督が収穫を手伝ってくれた。この年はブドウの生育が遅めで、収穫も少し遅めだったが、秋以降の天候がとてもよく、前年に続いてよい収穫となった。

ワイン特区 その後　２０１７年６月、７月

２０１７年春と思われた山梨市の特区申請は、国政で政治スキャンダルがあったせいか、内閣府の募集自体がなかったようだ。正子はとても残念がっていたが、年に何回か募集があるので、次こそはと期待した。それから、内閣府から認定特区が発表されるたびにチェックしていたが、「山梨市」は出てこない。申請してくれたのかどうかもわからず、連絡もなかった。おかしいなと思っていると、山梨市長（当時）が収賄事件で８月に逮捕された。

市長の辞職を受けて市長選挙が行われ、高木晴雄さんが当選した。特区の申請がどうなったかわからないので、市役所の農林課にメールを送っても返事はなく、電話をかけても担当者は異動しており、「よくわからない」という返事だった。正子の落胆ぶりは、見ていて痛々しかった。

新市長に、以前送ったものとおなじ内容のメールを、市役所のホームページにある「市長への手紙」のサイトから、再び送ることにした。返事は２か月以上たってから来た。

「県内の韮崎市、北杜市についても特区の認定を受けたものの免許取得者が少数にとどまっている状況です。本市がワイン特区の取得により、どれだけの経済的な効果が得られるかなど、ワイン特区について可能性を探りながら、多角的に研究してまいりますので、現段階としては、早急に申請は行わないと考えております（返信の手紙から抜粋）」

将来の可能性はなくはないものの、また振出しに戻ってしまったという感じだった。

手紙を受け取ってから数日して、正子が投げやりな口調でつぶやいた。

「６０００リットルの本免許をとるしかないってことかな？」

「でもそうなると、8000本売らなくちゃいけないから、マサ1人ではできないよ。誰か売ってくれる人がいれば別だけど」

　正子は少し気色ばんで、

「ワインができれば、何とか売れるよ」

「2000リットルで約2700本ならそういうこともあるだろうけど、8000本はそう簡単には売れないと思うよ。売るのが忙しくて、畑や醸造が自分でできなくなる。6000リットルでやるとして、原価率を仮に50％で、正子の給料が出るかどうか計算してみてよ」

　正子の顔が少し怒っている。

「原価率って何よ？」

「1本つくるのにいくらコストがかかるかの比率のことだよ。原価率を仮定して、8000本売れたとして、どれだけの利益が出るかということだよ」

「そんな計算をするのは、大手のワイナリーだけじゃないの？」

「そんなことはないよ。すでにワイナリーを始めた人たちから聞くと、うちのブドウの量であれば3000万円程度でワイナリーは建つと思う。建物にかかった費用は毎年少しずつ償却するから、仮に耐用年数を20年とすれば、年平均150万円。ワインを1本3500円で売るとして…」

「そういうのは、私は経験がないからわからないよっ！」

　このころは、「6000リットルの製造免許を申請するしかない」と傾きがちな正子を思いとどまるように説得するのが私の役目だった。

　これまでの経験から、6000リットルのワインを1人で醸造するのが十分可能なのは、2人ともわかっていた。しかし、8000本を売ることを考えると、在庫管理や発送、売店の店番なども片手間というわけにはいかない。正子１人でやろうとすれば、畑に出られなくなるだろう。私と２人ならなんとかなるかもしれないが、私はこの時点で49歳、合流するのは早くても57歳の役職定年になってから、と考えていた。

　しかし、正子は乳がんの手術をしてから体力が落ちてきていた。何とか夢を実現したいという気持ちも痛いほどよくわかった。

「私だって、２０００リットルの特区の方がありがたいよ。市長に直接お会いする機会があれば、山梨市のテロワールのポテンシャルと私の熱意を伝えたい。山梨市が特区をとれば、かなりの人が製造免許を申請するよね？」

「テロワール」とは、ブドウ畑の土壌の性質、水はけ、日当たりやその地域の降水量、気温、湿度などを総合したフランス語の概念。山梨市万力地区は、南向きの斜面で、日照、風通しともに優れているというのが正子の考えだ。

「俺もそう思うよ。マサが醸造や栽培の指導をすることもできるしね」

NYWEの会場に展示した城の平カベルネ・ソーヴィニョン2012（2017年10月19日）

秋の仕込み時期に帰宅して、「今日はすごく疲れた。体力がなくなった感じがする」とぐったりしている正子を見ると、何とかして小規模でよいので、ワイナリーを実現しなければ、と思った。正子がんの手術をしたことで、私の定年を待っている余裕はないような気がしてきた。

ワイン特区の2000リットルなら、正子1人で始められるかもしれない。6000リットルだと、イチかバチか私も会社を辞めて、2人でチャレンジするしかない。

2人ともため息をつくことが多くなった。

NYWE2017に出張

2017年10月

2017年の夏、10月に開催されるニューヨーク・ワイン・エクスペリエンス（NYWE2017）への招待状がメルシャンに届いた。これは世界中のワイナリーの中で、『ワイン・スペクテーター』誌で90点以上を獲得したワイナリーを招待するもので、シャトー・メルシャンは連続で選出されていた。日本からはシャトー・メルシャンのみ、アジアからは中国のワイナリーを含めて2つのみの選出だった。

シャトー・メルシャンからは、90点を獲得した「城の平カベルネ・ソーヴィニヨン2012」が選ばれた。

私は初めてニューヨークに出張することになり、ブロードウェイにあるホテル・マリオット・マルキースでのイベントに参加した。シャトー・マルゴーやオーパス・ワンなど、世界のそうそうたるワイナリーが集結している。本社マーケティング部の同僚とともにブースを担当し、メルシャンが輸入しているワイナリーのブースにも交代で表敬訪問した。

会場にはニューヨーカーだけでなく、全米からワイン好きが集まっており、入場券は高額だが素晴らしいワインをテイスティングできるので人気がある。日本ワインは会場でもかなり注目を浴び、手ごたえを強く感じた。

２００１年にＮＹＷＥ２００１に参加するのを楽しみにしていた浅井さんは、直前に同時多発テロが起きたことと、がんであることがわかったために、断念せざるをえなかった。それから16年経って、ＮＹＷＥ２０１７の会場でブースを担当するのは、感無量だった。また、会場でシャトー・マルゴーのブースを担当していたチボー・ポンタリエさん（ポンタリエさんのご子息）にお悔やみを伝え、我々のワインを飲んでいただいた。

柿崎監督と話した浅井さんとの思い出　２０１７年11月

11月末に、久しぶりに柿崎監督と食事をする機会があった。

話は自然と浅井さんの話になった。映画ウスケボーイズに描かれた鎌倉ワイン会のことを思い出しながら、当時の雰囲気をお話したあと、浅井さんの復刻本の話になった。

「そういえば、２０１５年に浅井さんの4冊の本が醸造産業新聞社から復刻されたときに、付録の小冊子に、浅井さんとの思い出を書いたんです」

監督はワインを一口飲んで、

「私も読みましたよ」

「文字数の制限があったので、１６００字ほどの短い文章ですが、本当はもっと書きたいことがあったんです」

「そうなんですね」

「メールで醸造産業新聞社に原稿を送った後、これを書いたことがきっかけになって、前後のことを徐々に思い出しました。すぐに忘れてしまいそうなので、思い出したときに少しずつ書き足していたら、結構な量になったんです。大船の病院に浅井さんのお見舞いに行って、2時間近くお話ししたときのことも詳しく書いています」

監督は興味をもったようだ。

「そのあたり、どういう感じだったか教えてくれますか?」

病院で浅井さんと話したことや、エレベーターの前で浅井さんが『僕は治るつもりだからサヨナラとは言わないよ』と言ったこと、エレベーターに乗り込むときに『あなたが日本のワイン造りを背負って行ってくれよ』と言われたことなどを監督に話した。

「小冊子の文章もそういう内容でしたね」

「あれには書きませんでしたが、私は入社からまだ7年目だったので、実際には『そんな重いものを背負えるかどうか…』と答えたんです。そしたら『君が背負わなくて誰が背負うんだ!』と、激励の意味で背中をたたかれました。エレベーターが閉まるときの浅井さんの笑顔を覚えています。笑顔ではありましたが、少し寂しそうでした」

監督は少しのあいだ目をつぶっていた。

「そのシーンが目に浮かびますね。イメージが膨らみますね。どんな感じで背中をたたかれたのですか?」

「ドンドンと2回たたかれました。感触を覚えています」

「興味がありますね。いつか書き足したものを見せてもらえると嬉しいです」

映画ウスケボーイズ試写会　２０１８年２月

年が明け、２０１８年になった。柿崎監督から、「映画が完成しましたので、初号試写会においでください」と連絡をいただき、2月24日（土）に東京大崎にある映画館へ正子と出かけた。

映画は、１９９８年～２００５年ごろの実話をもとに描かれている。正子の役は竹島由夏さん、私の役は金子昇さんが演じており、見ていてとてもリアルに感じられた。当時のことを第三者の目で見ているような錯覚があり、とても懐かしい気持ちになった。

映画の本編が終了し、「これはワインの造り手の気持ちが表現されていて、とても良い映画だな」と実感した。

エンディングを見ていると、エンドクレジットに、「協力　安蔵光弘　安蔵正子…」と我々の名前が出てきた。とてもびっくりしたが、光栄に感じた。

「エンドクレジットに我々の名前があって驚きました。載せていただきありがとうございます」

柿崎監督に感謝の言葉を告げると、

「お2人にはお世話になったので当然ですよ。映画を見てどうでしたか？」

「当時を思い出しました。当時の自分を自分で見ている感じがあって、不思議な感じがしました」と正子。

「私の役はたくさんは出てきませんでしたが、とてもリアルで、見ていて当時のことを思い出し、ちょっと緊張して見ていました」と私。

２人とも、映画のリアルな表現に、かつての自分を思い出していた。

懇親会にて。安蔵正子(左)と正子役の竹島由夏さん(右)

試写会のあとは、世田谷区池尻にある柿崎監督経営の日本ワイン主体のレストランSeta(セタ)で、岡本さん、城戸さんと我々夫婦が参加して、懇親会が開かれた。

岡本さんとワインを飲むのは久しぶりだった。当時のことや映画撮影のエピソードを話しながら、楽しい食事となった。

棚畑＝4番目の正子の畑　２０１８年2月、3月

ワイン特区のめどは全く立たなかったが、３番目の畑（長畑）のプチ・マンサンは順調に育っていた。夕ご飯のあとリビングでくつろいでいたときのことだ。

「棚の畑も１つ欲しいね」と正子。

思わずテレビの画面から正子の方に顔を向けた。

「そんなに広げて体力的に大丈夫？」

「棚の畑であれば、垣根ほど負担にならないので大丈夫だと思う。棚の畑が借りられれば、甲州を植えてみたい。プティ・ヴェルドでもいいかな？　プティ・ヴェルドは棚に向いていると思うよ」

「そうか。俺は週末に草刈りはできるけど、それ以上は手が出ないよ」

「なんとかできると思う」

近所に住んでいる、山梨大学の元職員の方に相談してみた。正子が学生時代から良く知っている方で、地元の方に聞いてみるのがよいと判断した。

「お知り合いでブドウ畑をやめる方がいれば紹介してほしいです。できれば棚の畑だとありがたいです。甲州が植わっていても大丈夫です」

「聞いてみますね。畑をやめようとしている人は結構いるので、あると思いますよ」

この方に、今栽培している3つの畑を案内し、これまでの畑は垣根なので、甲州かプティ・ヴェルドを棚の畑に植えるつもりであることを説明した。できれば、これまでの3つの畑と、自宅のあいだにある畑だと、移動が便利でありがたいと伝えた。

10日ほどして連絡があった。

「昨年栽培をしていたおじいさんが亡くなって、荒れかけた棚の畑があります。見てみますか？」

すぐに案内してもらって、畑を見に行った。我々の自宅から1・5㎞ほどのところに2つの畑があった。1つは斜面に位置していて、もう1つは平地にあり甲州が植わっていた。2つ合わせて2反（20アール）と少し、どちらの区画もかなり雑草が茂っていた。

畑を所有する農家にあいさつに行くと、おばあさんは快諾してくれた。

「草刈りもできないので、使ってくれると助かります」

自宅からも比較的近いので、借りることにした。

「契約は後にするとしても、草刈りを始めていいですか？」

「ぜひお願いします」

それからは週末に、刈り払い機で草刈りをした。だんだんきれいになっていく畑を見るのは気持ちがよかった。

正子はこれまでの畑の広さを紙に書いて足し算をし、

「この2つの畑を借りられれば、全部で5反は越えるね」

とうれしそうだった。

2週間ほどして、正子は市役所の農林課に行き、畑を借りる契約書の書式をもらってきて、農家に届けた。

「おじいさんが昨年亡くなって、土地は神奈川に住んでいる娘が相続しているんです。向こうに送るので、少し時間くださいね」

「草刈りやごみの整理をしながら待つので、いつでも大丈夫ですよ」

それから1週間ほどして、畑を仲介してくれた方から電話があった。

「先日紹介した畑だけど、娘さんが貸さないと言うらしいんだ。一度貸してしまうと、使いたいときに使えないから、と。私からもおばあさんに考え直せないか聞いてみたんだけど、スミマセンと繰り返すだけで」

「そんな…、これまでかなり草刈りをしてるのに」

「また別なところを紹介するから、今回は縁がなかったということで」

正子はこの話を聞いて、脱力感に襲われた。この2週間、暇さえあれば草刈りと空き缶などのゴミ拾い、小石を拾い集めるなど、かなりの労力を費やした。

「うまく行かないもんだね」とつぶやいた。

◇

それから数日後、また電話がかかってきた。

「今度のところはいいところだよ。万力の方に少し上ったほうで、正子さんの今の畑からも近いよ。見に行きませんか?」

早速、車で見に行った。畑は棚の一枚畑で、2反2畝(22アール)。雑草が生い茂っていて畑の形はわからなかったが、適度な傾斜のある斜面で、富士山もよく見える場所だった。畑を見て、すぐに好感をもった。

正子は声を弾ませた。

「ぜひ借りたいと思います」

話はすぐに進み、農業委員会の審査を待って、許可が下りてから契約することになった。今度は契約が終わるまで、草刈りはしないと決めた。

２０１８年4月に契約が終わり、いよいよ草刈りを始めた。丈が2メートル以上も伸びて棚の上に突き出たセンダングサがびっしり生えており、直径は太いもので2㎝もあった。

枯れて固くなった茎は、ワイヤー式の刈り払い機では歯が立たず、ヘッドを金属製のものに交換して刈り進んだ。きれいにするのは骨が折れたが、畑の地面が見えるようになり、広がっていくのが心地よかった。

畑の所有者のおじいさんは、

「草刈りもできなくて困っていたのに、畑の使用料までもらえるなんて申し訳ないね」

と言ってくれた。

この畑は、棚の畑なので、「棚畑（たなばたけ）」と呼ぶことにした。先の3つの区画（万力、藤塚、長畑）からは少し離れているが、自宅との中間に位置しており、場所も申し分ない。

これで、面積は合計5反5畝（55アール、０・55ヘクタール）になった。

「ついに、5反を越えたよ。これで私もブドウ畑を買うことができるね」

正子も満足そうだ。

山梨市の基準では、農地の購入は「5反（≒約１５００坪）以上の農地で農業をしている」ことが条件なので、これで借りている畑を「買い取ってほしい」と言われたら、買い取ることができるようになった。せっかくブドウが成木になった畑を返すのは忍びないので、土地の所有者が希望すれば買い取りたい。長畑は、今の契約が終わる時点で買い取ることができる。

『ボルドーでワインを造ってわかったこと』出版　2018年9月

このころ、『等身大のボルドーワイン』を出版した醸造産業新聞社で、連載時から編集を担当してくれた佐藤吉司さんから連絡があった。

「安蔵さんのあの本、出版から10年以上経ち、絶版になっています。うちでは再版はしないようなので、ワインの本を多く出しているイカロス出版に相談したら、『出版したい』とのことでした」

この本は、ボルドーから浅井さんに送ったレポートをベースにして、業界紙『酒販ニュース』に連載したものを中心に、他のメディアに寄稿したものもまとめて2007年に出版したもので、好評をいただいたが、ずいぶん前に絶版になっていた。多くの方から、「安蔵さんの本を手に入れるにはどうしたらよいですか？」と問い合わせをいただいていたので、この連絡は本当にうれしかった。

「それはありがたいです。ぜひよろしくお願いします」

イカロス出版の手塚典子さんから連絡があり、

「10年以上経つので、データを新しくし

ボルドーでワインを造ってわかったこと
日本ワインの戦略のために
安蔵光弘
Mitsuhiro Anzo
日本ワインの最前線に立つ
気鋭の醸造家が体験した
ワインの聖地ボルドー
決して恵まれた気候ではないボルドーは
したたかな戦略、工夫と努力で、
世界的な名声と競争力を確立した。
本書は筆者がボルドー駐在中、浅井昭吾氏（ペンネーム 麻井宇介）に送り続けたレポートがきっかけとなって生まれました。

『ボルドーでワインを造ってわかったこと　～日本ワインの戦略のために』（イカロス出版、2018年）

たり、書き直したい部分があったらお願いします」

と言っていただき、この10年で経験したことを反映するようにして、全体を書き直すことにした。

3か月くらいかけて、休みの日に少しずつ書き直しと書き足しを行い、文字数は約１・５倍になった。

タイトルに関しては、「わかりやすいものがよい」という意見から、手塚さんと相談して、『ボルドーでワインを造ってわかったこと』にした。また、この11年間で日本ワインについて考えたことを多く反映させたので、「日本ワインの戦略のために」とサブタイトルをつけた。

醸造や栽培の専門的なことを、なるべくわかりやすい言葉で表現するように心がけた。

この本は、無事２０１８年９月４日（火）に出版され、おかげさまで、２年後に第２版を出すことができた。第２版でも、章立てを変えないように、全体をかなり書き直した。

ＮＹＷＥ２０１８に出張　２０１８年10月

２０１５年２月末に行われたポンタリエさんとの最後のミーティングでは、桔梗ヶ原のメルローだけでなく、勝沼の「城(じょう)の平(ひら)ヴィンヤード」の２０１３年のワインも品種別にテイスティングした。

ポンタリエさんは、

「メルローの樹齢が上がってきたので、セカンド・ワインにではなく、ファースト・ワインにブレンドすべきでは？」

とアドバイスをくれた。

それまでファーストは、カベルネ・ソーヴィニヨン100％の「城の平カベルネ・ソーヴィニヨン」、セカンド・ワインに樹齢の若い複数の品種をブレンドして「メリタージュ・ド・城の平」としていた。

このアドバイスを受け、後日ファーストを、カベルネ・ソーヴィニヨン62％、メルロー20％、カベルネ・フラン18％のアサンブラージュにし、「城の平 オルトゥス（Ortus）」と命名した。

Ortusは「始まり」の意のラテン語で、「1984年にメルシャンが初めて大規模に垣根栽培を始めたのが、城の平ヴィンヤード」であることにちなんで命名した。

セカンド・ワインは「城の平」と命名し、こちらはカベルネ・ソーヴィニヨン67％、メルロー29％、カベルネ・フラン4％のアサンブラージュとした。


城の平 オルトゥス2013は、『ワイン・スペクテーター』誌で日本ワインとして初めて91ポイントを獲得し、前年に続いてニューヨーク・ワイン・エクスペリエンス（NYWE2018）に招待された。

私は前年に続いてニューヨークに出張し、ブースを担当したが、前回城の平カベルネ・ソーヴィニヨン2012をサーブしたときよりも、明らかにお客様の注目度は上がっていた。

前年の経験で、日本のワイン産地に関する質問がとても多かったので、産地をビジュアルに理解してもらえるよう、山梨県の立体地図を持ち込んだ。立体地図は壊れやすいため、大きな箱に緩衝材を入れてハンドキャリーしたのだが、運ぶのはかなり大変だった。

来場客はみな「富士山」を知っていた。この地図を見ると「山梨というブドウ産地は富士山の北側にある」ことがよくわかり、「よく理解できた」と好評だった。頑張ってハンドキャリーした甲斐があった。

日本で品質の高いワインが造られていることを、もっと知って欲しいと思った。

城の平オルトゥス2013

NYWE2018の会場で、立体地図を使って説明する筆者（2018年10月19日）

第五章

Cave an
万力ルージュ2019

2019年1月〜2022年8月

ウスケボーイズ上映会　２０１９年３月、４月

映画ウスケボーイズは、マドリッド国際映画祭やニース国際映画祭などで、作品賞や監督賞、主演男優賞などを受賞した。各地で上映会が開かれ、舞台あいさつに同行することもあった。

私の出身地の水戸市では、２０１９年３月16日（土）に、水戸駅近くの映画館で上映会が開かれ、私と正子も舞台あいさつに声をかけていただいた。上映後に、近くのイタリアン・レストランに移動し、シャトー・メルシャンと丸藤葡萄酒のワインを飲みながら、柿崎ゆうじ監督、竹島由夏さん、伊藤つかささんとトークするイベントも開かれた。

４月13日（土）に日比谷図書館のホールで開かれた上映会では、海外出張から羽田空港に着いて、タクシーで会場に直行した。

海外でも、香港のワイン関係の方から声がかかり、６月22日（土）に柿崎監督たちと一緒に、香港で英語字幕の上映会とトークショーを行った。

このトークショーのあいさつで、会場から柿崎監督に向

上映会であいさつする筆者と安蔵正子（水戸市、2019年3月16日）

けて質問があった。

「この映画は日本のワイン醸造家の熱意が伝わる、とても良いものでした。この映画の続編をつくる予定はありますか？」

これに柿崎監督は、こう答えた。

「この映画の続編というわけではないのですが、日本ワインの映画をもう１本撮りたいと思っています。その映画は、ここにいる安蔵さんが主人公になると思います」

会場からは、拍手が上がった。監督の次回作に込めた想いが感じられた。

他にも、８月４日（日）に京都シネマ、11月２日（土）に目黒雅叙園での上映会で、柿崎監督や俳優の皆様とご一緒することができた。

映画を繰り返し見ると、そのたびに新しい発見があり、本当に良い映画だと思った。

ルバイヤート　万力ブラン２０１８

２０１９年４月

２０１６年に正子の長畑に植えたプチ・マンサンは、２０１８年９月に約１８０kgのブドウを実らせた。収穫前はもっと量があると思ったのだが、収穫してみると思ったより少なかった。収穫したブドウは10kgの収穫箱に収めるが、一杯になって重さを測ってみても、10kgまでいかない。

これは、プチ・マンサンの房の粒と粒のあいだの隙間が、他の品種にくらべて大きいためだ。

隙間が大きい房の状態を「バラ房」と呼ぶ。これは生育中に風通しが良いことを意味し、病気になりにくく、日本の湿潤な気候には有利だと感じた。

糖度は十分に上がり、しっかりとした酸味もあり、フレッシュな蜂蜜のニュアンスが感じられる、アロマティックな白ワインに仕上がった。

約130本だけだが、ビン詰めされ、2019年の春に「ルバイヤート 万力ブラン2018」として、丸藤葡萄酒の売店限定で発売された。量が少ないこともあり、瞬く間に完売した。万力ルージュに続いて、万力ブランも、リピーターがついてくれそうだった。

初収穫は約130本だが、ブドウ樹が成木になっていくにつれて、本数は毎年少しずつ増えていく。正子はこの品種に手応えを感じているようだった。

VIPのアテンド　2019年3月〜9月

この時期、各地でセミナーを行うのと並行して、海外からのVIPのアテンドを担当した。塩尻市に桔梗ヶ原ワイナリーをリニューアル・オープンしたのが2018年9月5日（水）、上田市に椀子（まりこ）ワイナリーを新設したのが2019年9月21日（土）で、多くのマスター・オブ・ワイン（MW）や、ワインの専門家が来日し、長野と山梨のワイン畑と勝沼を含めた3つのワイナリーを案内した。

2019年3月には、『ワールド・アトラス・オブ・ワイン』の編集者であるジュリア・ハーディングMWと、ニューヨークで活躍するクリスティ・カンタベリーMWをご案内した。椀子ワイナリーは建設が始まったばかりで、見晴らしの良い丘の上に、コンクリートの基礎ができたところだった。

2人のMWは、丘の上を見上げて言った。

「完成するころに、また訪問します」

続いて桔梗ヶ原ワイナリーをご案内した。運転しながら英語で大量の質問に答えていくのは大変だったが、海外の一流の専門家と意見交換をするのは、とても良い経験になった。

２０１９年9月には、植物学者でワイン・ライターのジェイミー・グッド博士とピーター・マッコンビーMWをお迎えした。

ジェイミー・グッド博士は、植物学の学位をとった科学者で、『新しいワインの科学』（日本語版 河出書房新社）、『ワインの味の科学』（日本語版 エクスナレッジ）など、多くの著作がある。とても気さくな方で、テイスティングではワインの良いところを見つけようとする姿勢がある。

ピーター・マッコンビーMWは、ニュージーランド出身で、食とワインのマッチングに深い洞察を感じた。

山梨では、若手醸造家・農家研究会主催のセミナーに参加していただき、懇親会にも参加してくれた。懇親会には山梨県内の多くのワイナリーの醸造担当や栽培担当が、自分のワイナリーのワインをもって参加し、ワインを飲みながら意見交換をすることができ、貴重な場になった。

完成したばかりの椀子ワイナリー、続いて桔梗ヶ原、山梨県内の畑をご案内した。

お二人ともこれらのワインに興味を持たれたようで、途中から真剣にメモを取り始めた。質問も多く出て、良い交流の場となった。

これらの専門家は、大橋健一ＭＷの紹介によるもので、上記以外の方にも、多くの気づきを与えてくれる素晴らしい人たちと交流することができた。

正子の父逝く　２０１９年７月

２０１９年の春先、正子の父の体調が優れず、病院で検査をした。それまで病気をすることなどほとんどなかったが、前年の年末から風邪をひくなど体調不良が続き、ブドウ畑を手伝うことはほとんどなくなっていた。診断は十二指腸がんで、すでにかなり進行していた。家族にとっては青天の霹靂だった。手術をするまでは一縷の希望があったが、開腹した結果、病巣の切除は不可能と判明した。がんであることは本人に告げないことにしたが、恰幅の良い父がやせていくのを見るのは、正子にとって本当につらい日々だった。

３か月ほど経ち、義父（ちち）は退院し、自宅で最期を迎えることになった。正子は頻繁に実家に泊まるようになった。

７月下旬の平日の午前中に、正子から携帯に電話があった。

「もしかすると今夜が山かもしれないので、今から来られる？」

同僚と相談し、午後の予定をキャンセルして、水上の実家に急いだ。義父は、寝ているとつらいので、ソファーに座っていた。痛み止めを打っていて、意識は混濁しているようだった。

「お父さん、ミツが来たよ」

耳元で伝えた正子の言葉に、義父はハッとしたように、私の方を見て目を合わせた。今の仕事の状況や、上田市に新しく椀子ワイナリーを建設していることなどを話すと、ニコニコしながら聞いてくれた。

しばらく話をして、「そろそろ会社に戻ります」と告げて立ち上がると、義父はスッと右手を差し出した。私も右手を差し出して握手をすると、意外なほど強い力で握り返された。義父はもうしゃべれない状態だったが、「正子を頼む！」という気持ちが伝わってきた。

義父は翌日の朝、亡くなった。

数日して、甲府市内の斎場で葬儀が行われた。

生前義父が何度も読んでいたという『等身大のボルドーワイン』の本を、棺に入れたい、と義母が提案した。

「燃えてしまうけれど、良いかしら」

著者にとって、読んでもらうことが一番うれしい。それも繰り返し読んでくれる人は多くはない。

「お義父さんが何度も読んでくれていたなんて、光栄です。ぜひ棺に入れてください」

本とともに、いくつかの思い出の品が棺に入れられた。

義父は14年間の単身赴任のあと、定年退職で山梨に戻ってからは、正子のブドウ畑を手伝い、自宅では万力ルージュを楽しんで飲んでくれていた。

実家で何度も一緒に万力ルージュを飲んだが、

「これは、前のヴィンテージよりしっかりしているね」

など、ヴィンテージごとの違いをよく把握していた。

それほどお酒に強くはないが、自らブドウ栽培にかかわり、そのブドウで娘が造った赤ワインを飲むのは、何よりの楽しみだったと思う。義父は万力ルージュの一番のファンだった。

長いあいだ正子を見守り、万力の畑を手伝ってくれた義父は、病気が判明してから4か月ほどで逝ってしまった。

「ワイナリーを立ち上げることができたら、お義父さんに社長になってもらおうね」

正子とはそう話していたが、叶わぬ夢となってしまった。あまりに急なことだった。

鴨居寺と岩出(いわで)

2019年8月

2019年の夏、日本ワインコンクールで、欧州系赤品種部門で鴨居寺シラー2017、甲州部門で岩出(いわで)甲州きいろ香キュベ・ウエノ2018が、それぞれ金賞を獲得した。鴨居寺シラーは、部門最高賞も獲得した。

鴨居寺ヴィンヤードは、昔独身寮があった鴨居寺セラー（昔のウイスキー工場）の敷地にある畑で、場所は山梨市。岩出も、山梨市岩手(いわで)地区にある畑で、2003年に甲州きいろ香の柑橘の香りが初めて出た畑だ。

どちらも山梨市の畑だが、新聞の記事では「甲州市のシャトー・メルシャンのシラーが、欧州系赤で最高賞受賞！」と、肝心の畑がどこにあるかには触れず、ワイナリーの所在地が記載されていた。

マスコミから取材を受けるたびに、「この2つは山梨市に畑があるんですよ。メルシャンは、鴨居寺にブドウ畑と製品倉庫があり、昭和30年代から山梨市と縁があるんです」と説明するようにした。

こういう状況なので、山梨市役所も、コンクールで賞をとったのが山梨市産のブドウであることに気づいていないかもしれない。会社の広報部と協議して、山梨市役所を表敬訪問することにした。

市役所では、応接室で高木市長がみずから応対してくれた。

受賞を報告すると、

「コンクールで山梨市のブドウのワインが、2つも金をとったのは把握していませんでした。鴨居寺は、もちろん市内の地名であることは知っていますが、岩出甲州は山梨市岩手のブドウなんですね。市内のブドウから造られたワインが、赤部門でトップと甲州で金をとるなんて、素晴らしいです！」

と喜んでくれた。

「岩出甲州は、岩手地区のブドウから造られていますが、岩手甲州だと岩手県の甲州と思われかねないので、文献を調べて古い時代に使われていた『岩出』を使いました。岩の多い土壌であることからつけられたようです。メルシャンは、今年は鴨居寺セラーで地域のみなさま向けの工場解放祭も実施しましたし、今後も山梨市と協力していきたいと思います。よろしくお願いします」

このときの訪問の様子は、山梨市の広報誌に写真入りで掲載された。

グリ・ド・グリが海外で金賞　2019年6月〜9月

甲州は果皮がピンク色のブドウ（グリ・ブドウと呼ばれる）だが、果皮の色が出ないように圧搾し、白ワインをつくることが多い。ブドウのアロマ（香り）成分は果皮に多く含まれるため、甲州の白ワインに関しては、果皮からのアロマの抽出は十分ではないといえる。

逆に、ピンクの色合いがワインに出てもよいと割り切れば、どういうワインになるか。2003年に発売した「シャトー・メルシャン 甲州グリ・ド・グリ2002」は、甲州ブドウから可能な限り成分を引き出そうというコンセプトで造られたワインで、果皮の色合いがワインに溶け込んでいる。

「グリ・ド・グリ」はGris de grisで「グリ・ブドウから造ったグリ・ワイン」の意味。現在でこそ、こういったワインは色合いから「オレンジワイン」タイプと呼ばれるが、当時はヨーロッパの限られた地域で伝統的に造られているのみで、一般的ではなかった。お客様から「酸化しているのではないか？」と指摘されることもあった。

私はフランスから帰国した２００５年からこのワインの造りに関わったが、意識していたことの一つは「昔のワイン造り」だ。

お元気だったころの浅井さんと、少し熟成の進んだ甲州ワインをテイスティングしたとき、浅井さんは色合いを見るためにグラスを白い紙にかざしながらこう言った。

「昔の甲州ワインは熟成するときれいな黄金色になったものだ。最近は熟成してもこんな感じの色合いで、黄金色になる甲州は見かけないね」

別の機会には、こんな話をしてくれた。

「僕が会社に入ったころ（昭和20年代後半）は、人力で圧搾機のシャフトを回して搾っていたし、ほかの品種とくらべても甲州は搾りにくかった。

甲州は破砕して、果皮ごと2～3日醸し発酵をしてから搾ると、破砕してすぐ搾るときより、多くの果汁を搾ることができるんだ。これは半醸しと呼ばれていて、僕が入社するずっと前から山梨で行われていた手法なんだ。より多くのワインを得るための昔の人の知恵だね」

ブドウを圧搾する前に、短期間でも果皮ごと醸し発酵をすると、発酵で生じたアルコールや酵母がもつ酵素が果皮の内側のぬるぬるした部分を溶かすので、搾りやすくなるのだろう。

「昔は短期間とはいえ、甲州を赤ワインのように果皮ごと醸し発酵していた」

それを聞いて、「白ワイン用のブドウを、赤ワインのように醸し発酵をする」ことを、「コロンブスの卵」

のように感じた。また「半醸しをすることで、熟成すると黄金色になるワインを造れるのではないか」と考えるようになった。

◇

ボルドーから帰国して2005年の仕込み統括を担当するときに、すでに発売されていた2002〜2004年ヴィンテージのグリ・ド・グリを飲んでみた。

当時の醸造法は、甲州を醸し発酵したものと、温度を上げて果皮の成分を抽出したマセラシオン・ア・ショーをしたワインをブレンドしたもので、これまでにないスタイルだった。赤ワインほどではないが、ほどよくタンニンがあり、甲州でしか造れないワインだと思った。

それ以降、グリ・ド・グリには想い入れが強く、グリ・ド・グリを醸造するときは、いつも浅井さんの言葉が頭の中にあった。

見慣れない色合いから、「変わったワインですね」というコメントが多く聞かれたが、昔のワイン造りにもヒントがあること、「温故知新のワインと言えると思う」、などを伝えると、ファンになってくれる人が増えていった。

甲州の一つのスタイルとして定着してほしいという想いから、国産ワインコンクール（現・日本ワインコンクール）に出品したが、毎回予選落ちの知らせが届く。

「コンクールではブラインド・テイスティングだし、一次審査では色合いで落ちてしまうのかもしれない」という仮説はあったが、このスタイルを定着させたいという使命感もあり、出し続けた。

9年連続で出品したが、メダルはおろか、その下の奨励賞もとれなかったので、2015年のコンクールを最後に、出品するのをやめた。

このワインを長いあいだ醸造するなかで、山梨県内でグリ・ド・グリのスタイルに合う地域がわかってきた。このワインのコンセプトは「甲州ブドウからなるべく多くの要素を抽出する」というものだが、果皮を漬け込んでいる期間に、過剰な渋さが出ないブドウが適している。

欲しいのはブドウのアロマや柔らかいタンニンであって、過剰な渋さは食事中に飲むワインとしては問題がある。また、先に述べたが、β‐ダマセノンは赤い色合いのカロテノイドから生成するので、赤い色合いの強い甲州ブドウがとれる地域を探した。

いろいろな地区の甲州で試してみたが、笛吹市の畑からのブドウが、赤い色合いが強く、長期間醸し発酵をしても渋さがあまり出ない印象があった。

この地区のブドウを主体として、2017ヴィンテージから「笛吹甲州グリ・ド・グリ」と産地名を入れたワインとした。甲州にも山梨県内の産地ごとにテロワールがあることが実感された。

海外でオレンジワイン・カテゴリーの人気が出てきているという話を聞き、ロンドンで開催される世界最大級のワインコンクールのIWC（インターナショナル・ワイン・チャレンジ）に、グリ・ド・グリの2016年と2017年の2つのヴィンテージを出品してみた。どちらも銀メダルを獲得するという素晴らしい結果だった。

日本ではまだ認知度が低いが、海外で銀メダルをとったことはとてもうれしかった。

「日本でもそろそろ」と思い、IWCで銀をとったのとおなじ2017年を、3年ぶりに日本ワインコンクール（2018）に出品した。機は熟したかと思い期待していたが、残念ながら結果はおなじだった。国内のコンクールに出すのは、しばらくやめようと思った。

2019年6月上旬に審査が行われたIWC上海（上海で開催、IWC本体のイギリスのMW等の

「岩出甲州きいろ香キュベ・ウエノ」と「笛吹甲州グリ・ド・グリ」で金賞を受賞したIWC上海の表彰式（2019年9月6日）

審査員を多く含む）に「シャトー・メルシャン 笛吹甲州グリ・ド・グリ２０１７」を出品したところ、金賞を獲得することができた。このニュースは、本当にうれしかった。

さらに「岩出甲州きいろ香キュベ・ウエノ２０１７」が金賞とトロフィーに輝いたということで、9月6日（金）に上海で開催される表彰式に参加するために出張することになった。

慣れないタキシードを着て、表彰式の壇上に上がり、トロフィーと賞状を受け取ったときは本当にうれしかった。授賞ワインがずらりと並ぶ試飲会場でも、この２つのワインはすぐになくなった。

翌日の7日（土）の午後には、上海市内のワインショップで、シャトー・メルシャンのマスタークラスを担当した。セミナールームには、上海市内のレストランから多くのソムリエが参加し、熱心にテイスティングしてくれた。多くの方から質問とコメントをいただき、充実した上海出張となった。

万力ルージュ２０１９

2019年9月

この年の夏は、例年にくらべて雨は少なかった。ブドウにとっては、収穫前の雨が品質に与える影響は大きい。気象庁のデータで8月と9月の降水量を平年値と比較するとマイナス46％で、印象だけでなく、データの上でもかなり少なかった。ブドウはよく熟しており、正子の万力地区の黒ブドウは、例年通り9月中旬の9月14日（土）と15日（日）に収穫をすることになった。収穫前の2か月間に雨が少なかったことから、ブドウの状態はとても良かった。

正子が友人に声をかけて、10人ほどが手伝ってくれた。収穫の2日とも快晴で、気温は30℃を超えた。

万力畑でメルローとタナの収穫（2019年9月14日）

収穫量はメルローが53%、タナが43%、シラーが4%、プティ・ヴェルドが1%で、タナがかなり増えてきた。糖度も十分上がっており、とても良い収穫になった。

ブドウは丸藤葡萄酒に持ち込まれ、14日に収穫したものは2日間、15日に収穫したものは一晩、冷蔵室で冷やしてから、2日分のブドウを月曜日に破砕した。ブドウを冷やすことで、破砕後に急激に発酵が始まらないようにできる。

収穫は全部で1トン程度、すべての品種を一緒に混醸した。培養酵母は添加せず、発酵が始まるのを待った。よく熟した、果実感のある赤ワインに仕上がりそうだった。

発酵が始まったあと、正子は夕食のときに様子を話してくれた。

「いい感じで来ているよ！　朝タンクの上から櫂(かい)突きをするときに、すごくいい香りがする。ワインになるのが楽しみ」

山梨市のポテンシャルを市長にアピール　２０２０年３月

２０２０年に入り大村春夫社長が企画してワイン会が開かれた。正子と私にも声をかけていただいた。ワイン会には丸藤葡萄酒の愛好家の方も参加していた。この方は、万力の畑からそう遠くないところにお住まいで、万力ルージュに注目してくださっているという。会が終わりに近づいたころ、ワインの話になった。

「万力ルージュって柔らかい感じがあって美味しいですよね。正子さんのブドウなんですよね」

「そうです。丸藤にブドウを買ってもらって、製品にしています。万力の畑は、基本南向きの斜面で日当たりもよいので、ポテンシャルがあると思います」

と正子もうれしそうだ。

「これだけのワインができているのであれば、ワイナリーをやってみてはどうですか？」

その方の期待の大きさがわかり、正子は実情を話した。

「現在のブドウの量だと、正規の免許を取るには足りないのと、最初は小規模で始めたいという気持ちがあるんです。山梨市でワイン特区をとってくれればありがたいと思ってます。市長に手紙を出したのですが、『研究はしてみるが、申請はすぐには行いません』という回答で、行き詰ってしまって」

「やはり万力の畑はよいテロワールなんですね。私からも、市役所に正子さんの話をヒアリングしてくれるようにお願いしてみます」

ほどなく市役所から連絡があった。高木市長が直接話を聞いてくれるという。

正子は万力ブランと万力ルージュを持参して試飲してもらい、山梨市のブドウ畑にはポテンシャルがあることを力説した。

「山梨市には南向きの斜面が多く、ワイン用ブドウ栽培に適しています。とくに万力の山地(やまじ)は、斜面で水はけもよく、良いブドウが採れると思います。

知人でワイン用のブドウ畑をやっている方も何人もいるので、山梨市がワイン特区になれば、将来ワイナリーが増えると確信しています。私は丸藤葡萄酒で経験があるので、新しくワイナリーを始める人たちの相談に乗ることもできると思います」

市長は2つのワインを試飲して、

「白も赤もとても美味しいワインですね。それにしても、こんなにやる気がある人が市内にいるなんて、素晴らしいです。活躍していただくためにも、ワイン特区を前向きに検討させていただきます」

と言ってくれた。

シャトー・メルシャンGM就任　2020年4月

2020年に入り、1月末に本社の生産系役員から携帯に電話があった。

「4月1日付けのシャトー・メルシャンGM就任の内示です。おめでとうございます。頑張ってくださいね」

「ありがとうございます！　全力で頑張ります」

それまでの製造部長兼チーフ・ワインメーカーのポジションから、GM（ゼネラル・マネージャー＝工場長）に昇格することはもちろん嬉しかったが、それ以上に、重い役割を引き受けることに緊張感があった。浅井さんも、3代目の工場長（1962年の三楽オーシャン発足以降）を1987年から務めている。私は8代目のGMとして、歴代の先輩たちに名を連ねることになった。2月中旬に人事情報が公開され、地元山梨の新聞にも記事が掲載された。

光栄に思うとともに、責任の重さに身の引き締まる思いがあった。

4月に入り、GMとしての仕事が始まった。

シャトー・メルシャンは、この2年前から3ワイナリー体制になっている。

・勝沼ワイナリー（山梨県）
・桔梗ヶ原ワイナリー（長野県・2018年リニューアル・オープン）
・椀子（まりこ）ワイナリー（長野県・2019年新規オープン）

おおよそのワイン生産量は、シャトー・メルシャン全体を100とすれば、勝沼80、桔梗ヶ原5、椀子15といったところだ。

GMは、普段は山梨県の勝沼ワイナリーで仕事をし、必要に応じて長野県に出張する。

この年はコロナの感染が全国的に広がり始め、4月7日（火）に東京、神奈川、大阪など、7都府県に緊急事態宣言が出され、4月16日（木）に対象地域は全国に拡大された。通常であれば3月末に転勤者や退職者の送別会を開くところだが、4月の転

歴代シャトー・メルシャン GM
（メルシャン勝沼ワイナリー*工場長）

初代	1962-1983	笠松信松
第2代	1983-1987	関根　彰
第3代	1987-1990	浅井昭吾
第4代	1990-1992	小阪田喜昭
第5代	1992-2006	上野　昇
第6代	2006-2014	齋藤　浩
第7代	2014-2020	松尾弘則
第8代	2020-	安蔵光弘

1962年の三楽株式会社とオーシャン株式会社の合併以降
*2010年8月にシャトー・メルシャンに名称変更

入者や新入社員の歓迎会も含めて、すべて中止せざるを得なかった。3月上旬からワイナリーの売店も閉鎖になり、物々しい雰囲気での船出だった。

私が映画の主人公に？　2020年4月〜6月

このころ、柿崎監督と食事をする機会があった。食事が進み、2本目のワインがつがれるタイミングで、監督は改まった感じで話し始めた。

「安蔵さんを主人公にして、浅井さんとのエピソードを映画にしたいと思っています。以前お聞きした、浅井さんを大船の病院にお見舞いしたときのことをクライマックスシーンにしたいと思います。もちろん正子さんとのエピソードも描くつもりです」

私は口に運びかけたグラスをテーブルに戻した。

「それは光栄ですが、私の話でよいのですか？」

「はい。ぜひ実現したいと思います」と監督は大きく頷いた。

「以前、浅井さんの復刻本につけた小冊子に短い文章を寄稿し、ときどき前後のことを書き足しているとお話ししたと思います。あれからもさらに書き足して、今はそれなりの量になっています。必要であれば、参考までに送ります」

「ぜひお願いします」

少ししてから、柿崎監督に書きかけの文章を送った。タイトルは小冊子に寄稿したときとおなじ『シャトー・メルシャン 桔梗ヶ原メルロー・シグナチャー1998』を仮につけておいた。本書『5本のワインの物語』の第1章の部分にあたる。

しばらくして監督から電話があった。

「読みました。浅井さんとエピソードがたくさんあるんですね。イメージが膨らみます」

「正子とのプライベートなことも書いてあるので、柿崎監督までお願いしますね。発表する予定もありませんし、今のところ備忘録として書き留めています」

山梨県ワイン酒造組合会長就任

2020年4月〜6月

GMとして働き始めた4月末、当時山梨県ワイン酒造組合会長の任にあった齋藤浩さん（当時メルシャン顧問、シャトー・メルシャン第6代GM）から呼ばれた。

「ちょっと話をしたいんだけど、いいかな？」

少し深刻なニュアンスを感じたので、別室に移動した。

「実は、（ワイン酒造）組合の会長を引き受けてもらいたいんだ」

シャトー・メルシャンのGMが、組合の会長を務めることは何度もあったが、これまではGMになって少し経ってから就任することが多かった。

「えっ、自分は今月GMになったばかりですし、正直荷が重いです。いずれは組合の活動をすることにはなると思いますが、もっと下の役割から始めたいです」

齋藤さんは、私の反応は予想していたという表情だ。

「現在の副会長の人たちや、心当たりのある人にやってくれるように頼んだんだけど、みな荷が重いということで受けてくれなかったんだ。俺も来年の春に65歳になるので、再雇用の期限でメルシャンを退職になる。何とか頼めないか？」

「少し考えさせてください」と時間をもらうことにした。


ゴールデンウィーク中は、コロナの影響でどこにも出かけられなかったので、庭仕事や畑の草刈り、家庭菜園の手入れをしながら、お受けするかどうかずっと考えていた。

GMの仕事を果たすだけでも大変なのに、いきなりワイン酒造組合の会長は正直荷が重い。また、この時点で51歳、組合の副会長や理事の方はほとんどが私より年上だ。

ゴールデンウィークに入ったころは、

「何年か経って、将来はお受けする可能性はあるにしても、やはり今回は時期尚早ということでお断りしよう」

と考えていた。


連休中に、ハードディスクに録画しておいたNHKの「プロフェッショナル」を見た。その中に、名門ベルリン・フィルハーモニー管弦楽団のコンサート・マスターを務める樫本大進さんの話があった。彼が30歳のときに、伝統あるベルリン・フィルのコンサート・マスターをオファーされ、それを受けるかどうか迷った、というエピソードが紹介されていた。

彼のモットーは、「No risk, no fun（リスクがなければ面白くない）」で、「若い」、「日本人である」などの点で悩みながらも、最終的にこのオファーを受けるという内容だった。

この番組を見て、少し気持ちが変わってきた。

ゴールデンウィークの終わりごろ、私が会社に入った年に浅井さんが語ってくれたことをふと思い出した。

「メルシャンはワイン造りのパイオニアとして、日本ワイナリー協会の理事長と、日本で一番ワイナリーが集まる山梨県のワイン酒造組合の会長の任を果たさなければならない」

日本ワイナリー協会の理事長は、歴代のメルシャンの社長が務めてきた。浅井さんは、１９８８年６月から１９９４年６月まで６年間、山梨県果実酒酒造組合（現在の山梨県ワイン酒造組合）の第11代会長を務めた。私が浅井さんと初めてお会いしたのは１９９５年４月。この言葉は浅井さんが６年間の大任を果たし、退任して１年ほど経ったころに語ってくれたものだ。

ＮＨＫの番組を見たことで、浅井さんの言葉が甦っ

県ワイン酒造組合が役員改選

会長に安蔵氏（メルシャンGM）

安蔵 光弘氏

県ワイン酒造組合は18日までに、斎藤浩会長(64)の任期満了に伴い、新しい会長にキリングループのワイン大手メルシャン（東京）の生産・SCM本部シャトー・メルシャンゼネラル・マネジャー（GM、工場長）を務める安蔵光弘氏(51)を選出した。任期は2年。

安蔵氏は茨城県出身。東京大大学院修了後、1995年にメルシャンに入社。同本部の品質管理部長や製造部長などを務め、4月から現職。勝沼を含む3ワイナリーの製造部門に加え、総務や人事などの管理部門も統括している。

17日に甲府・県地場産業センター「かいてらす」で開かれた定期総会で役員人事を承認した。副会長には新たにルミエール（笛吹市）社長の木田茂樹氏(58)が就いた。斎藤氏は2011年5月に会長に就任し、9年務めた。

安蔵氏は「日本ワインは大きな流れとしては良い状況だが、直近は新型コロナウイルスの影響で非常に厳しい状況になっている」と説明。「山梨にとっては農業にも直結する問題なので、会員ワイナリーとアイデアを出し合い、山梨のワインを飲んでもらえるきっかけをつくっていきたい」と話している。

〈野口健介〉

筆者の山梨県ワイン酒造組合会長就任を伝える新聞記事（山梨日日新聞 2020年6月19日7面掲載 許諾済み）

てきた。ゴールデンウィークが終わるころには、思い切って引き受けてみようかという気持ちになっていた。

連休明けに出社すると、さっそく齋藤さんから声をかけられ、別室で話した。

「考えてくれた？」

「ＧＭを拝命した初年度で、さらに組合の経験なしでいきなり会長ということで、ずいぶん迷いましたが、浅井さんの言葉を思い出して、お引き受けすることにしました」

「そうか。よかった」

その後、社内の了解を得て、手続きを行ってから、正式にお受けすることになった。

6月17日（水）の山梨県ワイン酒造組合の総会で、第17代の会長に就任することが承認された。

次ページの表は、県ワイン酒造組合の歴代会長のリスト。アミをひいてあるのはメルシャン所属の会長で、笠原会長以降、メルシャンのＧＭ（工場長）が多く選出されている。

山梨県ワイン酒造組合の歴代会長(2022年10月現在)

		所属	期	任期
1	大島利元	岩崎醸造株式会社	1	1995-1956
2	内藤孔三	日本葡萄酒株式会社	2	1956-1957
3	益富　毅	日本葡萄酒株式会社	3-7	1957-1961
4	今井友之助	サドヤ醸造場	7	1961-1962
5	有賀義晴	有限会社甲州葡萄酒本舗	8,9	1962-1964
6	伊藤太門	株式会社甲州園	10-13	1964-1968
7	武居三郎	甲府葡萄酒株式会社	14,15	1968-1970
8	堀内孝幸	富士発酵工業株式会社	16,17	1979-1972
	今井友之助	サドヤ醸造場	18	1972-1973
9	笠原信松	三楽オーシャン株式会社	19-31	1973-1986
10	大井一郎	サントリー株式会社	32-33	1986-1988
11	浅井昭吾	三楽株式会社、メルシャン株式会社	34-39	1988-1994
12	深沢喜道	富士発酵工業株式会社	40-43	1994-1998
13	橘　勝士	本坊酒造株式会社	44,45	1998-2000
14	上野　昇	メルシャン株式会社	46-51	2000-2006
15	前島善福	アルプス株式会社	52-57	2006-2011
16	齋藤　浩	メルシャン株式会社	57-65	2011-2020
17	安蔵光弘	メルシャン株式会社	66,67,68	2020-

注)所属の会社名は当時のもの

〈メルシャンの社名変遷〉

1961年　大黒葡萄酒株式会社は、オーシャン株式会社に社名変更
1962年　三楽株式会社、オーシャン株式会社が合併し、三楽オーシャン株式会社発足
1985年　三楽オーシャン株式会社は、三楽株式会社に社名変更
1990年　三楽株式会社は、メルシャン株式会社に社名変更

映画化は延期に　2020年7月

柿崎監督は、浅井さんと私のエピソードを描く映画を、２０２０年の夏に撮影する意向だったが、コロナ禍の感染状況が悪く、断念することになった。

「とても残念ですが、こういう状況での撮影は難しいと判断しました。今年撮影するのは断念せざるを得ません」

「そうですか。また状況が落ち着いたら、企画が進められるといいですね」

撮影の予定がなくなったことを知り、もちろん残念な思いもあったが、ほっとした気持ちもあった。

「私やカミさんに関することが描かれることは、正直恥ずかしい気持ちがあります。でも、浅井さんとのエピソードがたくさん出てくるのであれば、日本ワインの若い造り手たちに、浅井さんがどういう方だったかを知ってもらうきっかけになります。

私と正子は、直接浅井さんと交流があった世代として、語り継ぐ責任があると思っています。日本ワインにとっても、話題を提供することになりますしね」

監督は力強く言った。

「来年の夏こそ、必ず撮影を実現します！」

コロナ禍の中での甲州引き取り　２０２０年７月

ワイン酒造組合の会長を拝命したあと、齋藤前会長よりアドバイスがあった。

「現時点で一番重要なことは、コロナ禍で各ワイナリーの売り上げが落ちている中、県内の甲州を全量引き取れるかどうかだな。これは組合が主導しないと」

山梨県ワイン酒造組合は、齋藤会長時代の２０１５年３月20日（金）、山梨県内の「醸造用甲州ブドウを全量契約栽培にする」ことに向けて活動することを宣言した。この時点での甲州は、農家の栽培量が、ワイナリー側の需要に追い付いておらず、山梨県内で甲州の栽培面積を増加させたいという想いと、契約栽培化することで農家が安心して甲州を栽培できるようにする配慮があった。

実際、この宣言をした２０１５年から２０１９年までは、甲州は足りない状態が続いており、ワイナリーはもっと多くのブドウを欲しがっていた。

ところが２０２０年４月以降、コロナ禍で状況が一変する。首都圏をはじめ全国で緊急事態宣言や、まん延防止等重点措置が取られたことで、ワインの出荷量が減るのではないか、という観測が流れていた。ブドウ栽培農家からは、「ワイナリーでワインの出荷が減れば、ブドウを引き取れなくなるのではないか」と懸念する声が出始めていた。

会長を引き受けたのは、こういう状況の時期だった。

正副会長会議（会長と４名の副会長、１名の顧問による会議）で、引取数量の再調査をすることを提案した。４月に引き取り意向調査を各ワイナリーにアンケートの形で出し、集約していたが、コロナが拡大し始めたばかりの調査だったことと、引取数量を書いていただく形ではなかったこともあり、引取数量を推定するにはやや難があった。

栽培農家に安心していただくためには、ワイン酒造組合として、もう一度調査して数字を公表する必要があると判断した。そのため、仕込みにより近い夏の時期に、今年度の引取数量を明記していただく形で、再度調査を行うことにした。

在庫状況や販売状況も考慮したうえでの数字となるので、回答までは約1か月間を見込み、多くのワイナリーが参加する山梨県ワイン酒造組合の理事会で、調査のアンケートへの協力をお願いした。

「各ワイナリーとも苦しい状況だと思いますが、山梨という産地を守るために、なるべく多くの甲州ブドウを引き取るようにご検討ください」

引取量の見込みは一割増に

2020年7月

アンケート調査は8割弱のワイナリーから回答があり、その中に規模の大きいワイナリーはすべて含まれていた。集計すると、「前年の2019年度の収穫量より10％増えても十分引き取れる」という調査結果になった。

この結果にほっと胸をなでおろすとともに、この結果をなるべく早くブドウ栽培農家に伝えて、安心してブドウ栽培を継続してほしいと思った。

地元のメディアにリリースを流し、調査結果は記事やニュースになって多くの人に伝わった（次ページの記事）。県内ワイナリーの甲州ワインの出荷は決して順調ではなく、各社の倉庫では、在庫が増えていた。

そんな状況の中、地域の甲州を守らなければという想いから、アフターコロナを見越して、多めに引き取る意向を示してくれたワイナリーが多かった。本当にありがたかった。

これが、山梨県ワイン酒造組合会長としての最初の仕事だった。

醸造用ブドウ ワイナリー調査

甲州種購入 1割増

県ワイン酒造組合が会員を対象に実施した調査で、今年の甲州種ブドウの購入量が前年から1割以上増える見通しであることが分かった。農家からは新型コロナウイルスの感染拡大で取引量の減少を懸念する声があった。組合は「ワイナリーの一部で産地維持に貢献するため、購入量を増やすケースなどがあった」と分析している。

調査は新型コロナウイルスの感染拡大でワインの売り上げが減り、農家から購入量の減少を懸念する声があったことから実施。7月3～22日に82社を対象に行い、63社（76・8%）から回答を得た。

生産量が多い甲州種ブドウに限定し、契約栽培とそれ以外に分けて購入量の見込みを聞き取り、組合が82社の前年の購入実績と比較したところ、10%以上増える見込みとなった。前年に希望数量を確保できず、購入量を増やすワイナリーもあったという。

ワイン業界を巡っては、感染拡大の影響で外食向けを中心に売り上げが減少。醸造用タンクが空かないことで、仕入れや醸造作業に与える影響が懸念されていた。

組合の安蔵光弘会長は「山梨のワイン産地を守るためには農家とワイナリーが一緒になって頑張ることが必要。農家には安心して良いブドウの生産をお願いし、県民には消費をお願いしていきたい」と話している。

〈野口健介〉

調査結果を伝える新聞記事
（山梨日日新聞 2020年8月1日7面掲載 許諾済み）

全日本最優秀ソムリエ・コンクール　２０２０年８月

ＧＭに指名される少し前、日本ソムリエ協会から第９回全日本最優秀ソムリエ・コンクールの決勝で、ゲスト審査員として課題を出してほしいと依頼された。

少し考えて、「社内手続きが必要ですが、お受けする方向で考えます」と返事すると、私が審査員を務めることは事前に絶対漏れないようシークレットで、と念を押された。

コンクールの決勝（グランド・ファイナル）に進んだファイナリストは５人。依頼を受けた時点では、決勝は２０２０年３月18日（水）に予定されていたが、コロナ禍のため５月８日（金）に延期となった。しかし、コロナの状況は改善せず、さらに８月４日（火）に延期となった。

実施できるかどうか危ぶまれたが、このコンクールの優勝と準優勝のソムリエ２名はアジア・オセアニア地区のソムリエ・コンクールの日本代表となるので、いつまでも延期するわけにはいかない。状況がやや改善したことで、万全の対策をとって、８月４日に目黒雅叙園で実施することになった。

私は出題ワインとして「シャトー・メルシャン　椀子(まりこ)メルロー２０１６」を選び、ファイナリスト５人に、２段階で課題を出すことにした。

課題①
（ブラインドの状態で）「このワインのテイスティング・コメントを述べてください」
そのあと、ワインをオープンしてラベルを見せる。

課題②

「このワインの産地は長野県、ヴィンテージは２０１６年です。２０１６年の日本、とくに山梨・長野のヴィンテージについて述べてください」

持ち時間は2問合わせて１人7分程度。口頭でのプレゼンテーションの内容を採点し、点数を事務局に伝えた。ファイナリスト5名の中には、日本のヴィンテージに造詣が深く、完璧な回答をされた方がいた一方で、よくご存じない方もいた。

すべての結果が発表された後に、講評を述べる機会があった。司会者に促され、壇上でこのワインを出題した意図を次のように述べた。

「今日私が出題したのは２０１６年のワインです。おそらく山梨や長野のワイン生産者に、２０１６というヴィンテージを聞くと、すぐに『つらい年だった』と返事が来るような年です。

また、海外から来られるお客様が日本ワインを注文するとき、『この年はどういう年だったのですか？』と聞かれる場面が想定されるので、日本のソムリエの方に日本のヴィンテージを語れるようになってほしいと思って出題しました。

日本のトップソムリエは、20年ほど前のフランスのヴィンテージ情報は、かなり詳しく語れる方が多いです。

たとえば、ボルドーで言えば、遅霜が降りた日付や、２００３年が非常に暑い年だったことなどは、ほとんどの方が知っています。

実際、今日のコンクールでも２００３年ヴィンテージを含む、シャンパーニュの3つのヴィンテージ

を説明する課題があり、全員２００３年が記録的に暑い年であることを知っておられました。
皆さんには、海外のヴィンテージ情報はもちろんですが、ぜひ日本のヴィンテージにも興味をもっていただきたいと思います。
ちなみに、椀子メルロー２０１６は、こういった年にあって、手間をかけて醸造し、先日ワイン・スペクテーター誌で90点を獲得しました。
こういったつらい年にあって、選果をしっかり行い、雨の多い年のキャラクターが出ていて軽めではありますが、品質の良いワインが実現できました。
このあたりをコメントしていただければ、と思って出題しました」

２０１６年の日本（長野・山梨）のヴィンテージを、対照的な天候だった２０１７年と比較して説明しよう。

３６１ページの図は、甲州市勝沼にある「城の平ヴィンヤード」のメルローの生育を、ボルドー大学が毎年出す情報のまとめかたを参考に、桜の開花と梅雨の期間を加えたもの。

桜の開花が早い年は、ブドウの萌芽も早くなる傾向がある。課題で出した「椀子ヴィンヤード」は長野県上田市にあり、山梨と比べて少しステージが遅れるが、傾向はほぼおなじと言える。

２０１６年は春先の気温が高く、この10年間でもっとも早く萌芽した。梅雨の期間は長かったが、降水量は少なくいわゆる空（から）梅雨で、夏も比較的暑く、生育は順調に進んだ。各品種とも早くから糖度が上がり、白ワイン用の品種は例年にくらべてかなり早い収穫になり、ソーヴィニヨン・ブランと、アロマティックタイプの甲州は、９月初旬に良い状態で収穫することができた。

だが、「今年は良いヴィンテージになりそうだ」と話し始めた直後の９月中旬から、台風が毎週のように上陸し、10月初旬にかけて太陽が出ない日が続いた。日照不足で野菜がうまく育たず、価格が高騰したことを記憶している。メルローはちょうど収穫前の２週間ほどの期間に日照が少なかったことになり、一番影響が大きかった。これまでにない厳しいヴィンテージになった。

これに対し、２０１７年は春先の気温が低く、桜の開花は遅めだった。ブドウの萌芽も遅く、梅雨は短めで、ほぼ２０１６年の半分の期間。秋に入っても雨は少なく、９月に入って気温が下がったが、夏以降の雨が少なかったため病気は少なく、ブドウが完熟するまで収穫を待つことができた。

こういった、夏から秋にかけて穏やかな気温で晴れの日が長く続く気候を、「インディアン・サマー（Indian summer　フランス語でL'été indien（レテ アンディアン））」と呼ぶ。まさにこの年はインディアン・サマーと言える年だった。10月後半から短期間にかなりの量の雨が降ったが、この時期にはほとんどの地域で収穫は終わっていた。

２０１７年は、大雨が続いた10月後半以降に収穫を迎える地域は苦戦したが、長野県と山梨県ではとても良い収穫になった地域が多い。とくに長野では、病気も少なく良いヴィンテージになった。

気象庁のデータ（勝沼）で年間降水量を見ると、２０１６年は９８５㎜、２０１７年は９５６㎜とほぼおなじだが、２０１６年は収穫のピークを迎える直前の９月中旬に秋雨が降り始めたのに対し、２０１７年はほぼ収穫が終わった10月下旬に秋雨が降り出した。

秋雨の降り始める時期が１か月ほどずれたことが、ブドウの品質に与えた影響は大きい。

秋雨の時期に加え、土壌の違いによる差も大きかった。

２０１６年は収穫前の長雨で、塩尻市桔梗ヶ原のメルローは厳しい収穫となったが、おなじ長野県内でも、上田市の椀子（まりこ）ヴィンヤードのメルローは善戦した。

　この差は、桔梗ヶ原が「黒ボク土」というふかふかの土壌で雨がしみ込みやすいのに対し、椀子の土壌は強粘土質で、雨が降ると表面が固まり、水がしみ込まずに流れたことが理由の一つだと考えている。雨が土壌にしみ込まなければ、ブドウの根は過剰な水分を吸い上げない。２０１６年の椀子のメルローは、ややグリーンな香りがあるものの、熟した果実香があり、例年より柔らかくエレガントなワインになった。

　徹底的に選果を行い、前年の２０１５ヴィンテージは約１万５０００本ビン詰めできたのに対し、２０１６ヴィンテージは約４５００本まで絞り込んだ。２０２０年１月に発表された『ワイン・スペクテーター』誌の評価で、「椀子メルロー２０１６」は90点を獲得した。生産本数は70％減となったが、苦労が多かった２０１６年ヴィンテージの中で、とてもうれしい評価だった。

◇

　第２章「Chateau Reysson2003」で述べたように、フランスの２００３年は非常に暑い年で、ボルドーでも６月以降何度も40℃を越えた。この年、私はボルドーに駐在しており、日本でも経験

城の平ヴィンヤード（甲州市勝沼町）のメルローの生育ステージ

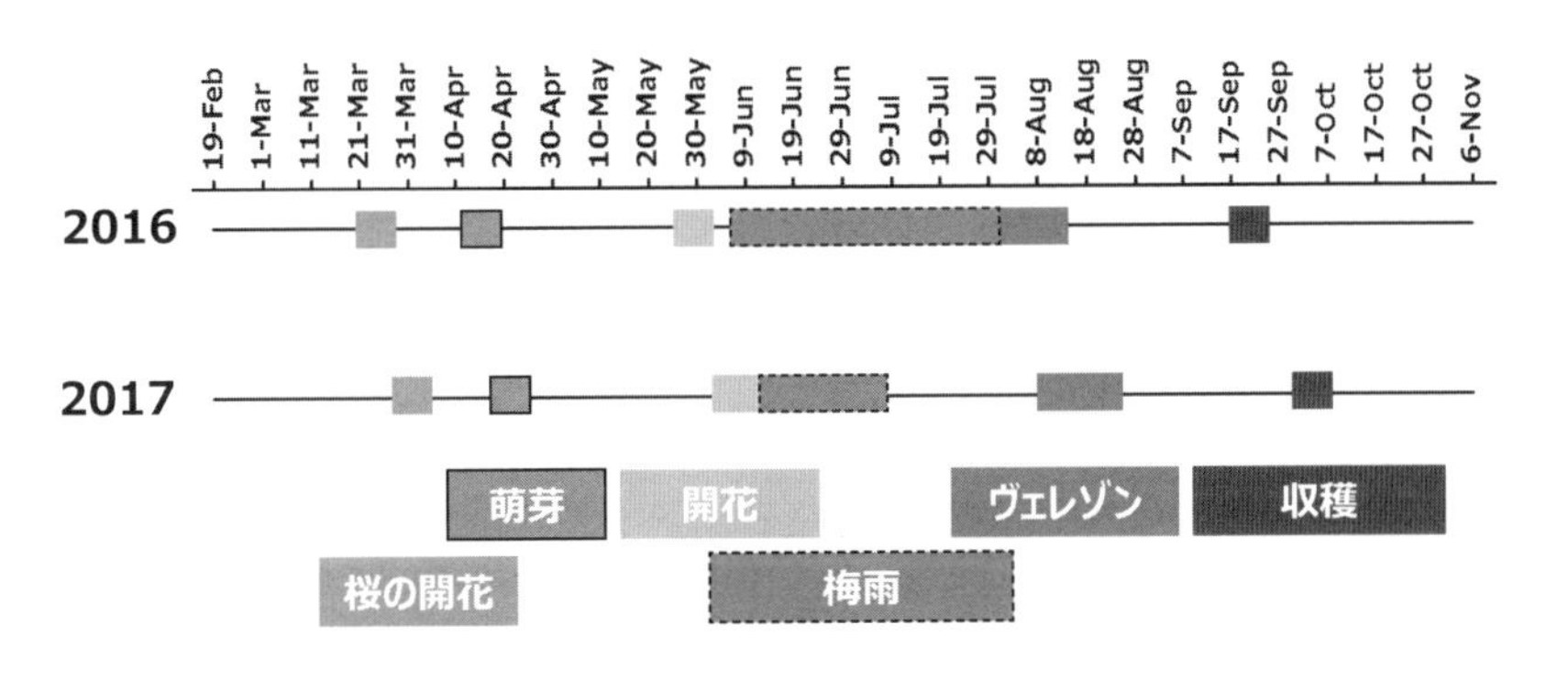

したことのない暑い夏を過ごした。この年のワインは、暑さのため酸が低めで、濃縮したジャムのようなニュアンスがある。こういった情報は、ワイン雑誌などに紹介されたので、ご存知の方も多いと思う。

これに対し、２０１６と２０１７年の日本のヴィンテージは、このコンクールのわずか3～4年前で、ほとんどの方が実際に肌で感じた気候のはずだが、覚えていない方が多い。

良いヴィンテージのワインは、凝縮感があるが、飲み頃になるまで時間がかかる。オフ・ヴィンテージのワインは、やや酒質は軽いものの、早めに飲み頃に達する。天候の難しい年、ワインメーカーは根気のいる苦労の多いワイン造りに力を尽くし、難局を乗り切る。こういう年のワインを、適度な熟成のタイミングで飲めば、良い年のワインを早すぎる段階で飲むよりも、おいしく飲める。

我々造り手も、ヴィンテージ情報をこれまで以上に積極的に発信することが必要だし、ソムリエの方も、日本のヴィンテージにもっと興味を持ってほしいと思う。

優勝者の椀子ヴィンヤード訪問　2020年9月

第9回全日本最優秀ソムリエ・コンクールコンクールで優勝した井黒卓ソムリエは、結果発表後のインタビューで、こうコメントした。

「今後は日本人のソムリエとして、日本のワイン産地を回り、知識を深めたい」

コロナの影響でコンクールの後の懇親会はなかったが、井黒さんは優勝者インタビューの後、私の席に来られ、「ぜひ椀子ワイナリーを訪問したい」と希望した。

予定を調整し、大会の1か月半後の9月下旬に、椀子ワイナリーを訪問してくれた。20ヘクタール以上の面積がある畑を案内し、土壌の説明をしたあと、椀子メルローの２０１５、２０１６、２０１７の３ヴィンテージを比較試飲した。

３つのグラスを慎重にテイスティングした井黒さんは、こうコメントした。

「コンクールでは２０１６年だけでしたが、こうやって気候の違う3つのヴィンテージを飲み比べると、日本のワインにもしっかりとヴィンテージの個性が現れているのがわかります」

我々ワイナリー側も、これまで以上に情報発信をしなければ、と思った。

イベントは軒並み中止に　２０２０年11月

例年、山梨県ワイン酒造組合は、いくつかの大きなイベントにかかわる。７月末の日本ワインコンクールの運営、８月末の日本ワインコンクールの公開テイスティング会、11月３日の東京日比谷公園と、その２週間後の甲府小瀬スポーツ公園での「山梨ヌーボー祭り」などだが、２０２０年はコロナ禍の影響で、すべて中止となった。

これらのイベントは、日本ワイン、山梨ワインを全国に知っていただく良い機会になるため、中止にするのは本当につらい決断だった。

そんな中、11月３日（火）の「山梨ヌーボー」の解禁日にあわせて、甲府駅の駅前広場（よっちゃばれ広場）で解禁セレモニーを実施し、オンライン配信することになった。

長崎幸太郎山梨県知事、ワイン県やまなし副知事の田崎真也さんと林真理子さん、私の４人で、トークショーを行った。屋外で、入場者数を制限しての開催で、トークショーに続いて山梨ヌーボーの販売も行った。ワインの試飲はなしとしたが、天気にも恵まれ、多くの方が山梨ヌーボーを購入してくれた。

季節感のある山梨ヌーボーの情報を少しでも発信したい気持ちから、山梨県ワイン酒造組合の需要開拓部会と協同組合が中心となってイベントを企画・実行してくれた。あきらめずに、できることを実行することが大事だと思った。

勝フェスを初開催 2020年11月

もう一つ、コロナ渦だからこその工夫をして実施したイベントがある。オンライン配信する「シャトー・メルシャン勝沼ワイナリー・フェスティバル（通称・勝フェス）」だ。

いわゆる収穫祭で、開催は11月7日（土）と8日（日）。会場はシャトー・メルシャン勝沼ワイナリーの祝村ヴィンヤード（旧宮光園）。この敷地は歴史のあるブドウ園で、かなりの広さの広場がある。とはいえ、「3密を避ける」観点から、入場人数に上限を設け、チケット制にすることにした。

これに加えて、2日間のコンテンツをYouTubeで無料配信（一部有料コンテンツもあり）することになった。

リアルに来場されるお客様は少人数に絞り、ご自宅でワインを飲みながらオンラインで見ていただくという、ハイブリッド型のフェスティバルだ。

フェスの合言葉は「日本を世界の銘醸地に」。歴代の諸先輩たちから受け継いだ考え方をスローガンとしたもので、「一つ一つのワイナリーが目立つことよりも、『勝沼』あるいは『山梨』という産地が前面に出て、それが認知されることが大切。産地が認知されることで、産地に属するワイナリーのモチベーショ

「シャトー・メルシャン勝沼ワイナリーフェスティバル2020」オンライン視聴のページ

ンが上がり、品質を上げる原動力になる」という考え方を表したものだ。

浅井さんはよくこのことを言っておられた。この精神に基づき、勝沼町内のワイナリーにも参加していただき、一緒にフェスを盛り上げることになった。この年は、丸藤葡萄酒、勝沼醸造、ダイヤモンド酒造、蒼龍葡萄酒の4社をお誘いし、快諾を得た。

フェスの前後に、ワインセットを通信販売することになり、右記の参加4社とメルシャンのワインをセットにしたものを販売した。

おかげさまで、山梨ヌーボーはもちろんのこと、セットのワインもご好評をいただいた。

私は、丸藤葡萄酒の大村社長と2人で「浅井昭吾（麻井宇介）の教えを受けた二つの世代」というタイトルで有料セミナーを担当した。テイスティングは、桔梗ヶ原メルロー1985、椀子シラー2014、ルバイヤート プティ・ヴェルド2017などの希少ワインを選んだ。

他にも、いくつかのコンテンツの司会とパネリストを担当した。

YouTubeでの配信は、2日間合計でほぼ1万人の方にご視聴いただいた。コロナ禍の中でも、みなで協力し工夫することで、イベントが実施できることが実感された。

10円はげ出現　2020年11月

正子は手術後の抗がん剤治療による脱毛時に買った電動バリカンを使い、私の散髪をしてくれるようになった。

勝沼ワイナリーフェスティバルの前に、散髪を頼んだときのことだった。正子が「あれっ？」とつぶやいて、私の後頭部をしげしげと見ている。

「ミツの後頭部に10円はげがあるよ！　それも2つあるね」

自分の後頭部は見えないので、少し驚いた。

「えっ？　自分では気がつかないうちに、ストレスを感じていたのかなあ」

それほど自覚していなかったが、GMになったばかりでワイン酒造組合の会長に就任し、甲州ブドウの引き取り調査や山梨ワインの販売促進策などコロナ禍の対応に追われ、ストレスがたまったのだと思った。少し気負っているのかもしれないと思い、気持ちの上だけでもリラックスしようと思った。この10円はげは、翌年の春ごろに消滅した。

ついに山梨市がワイン特区取得　２０２０年12月

山梨市が構造改革特別区域制度のワイン特区を申請し、問題がなければ２０２０年12月に特区として認定される見通しという情報が入った。

発表の日、正子は午前中から何度も国税庁のホームページを確認しては、「まだ出ないね」とつぶやいている。

なかなか特区が掲載されないので、大丈夫なのかなぁ？　と思い始めたところで、「山梨市ワイン特区」の掲示が出た。正子はとても嬉しそうに、何度も画面のその文字を見ていた。

前述したように、ワイン特区では果実酒製造免許の取得条件が、「６０００リットル以上」から「２０００リットル以上」に緩和される。その分、特区内の原料のみを使うという制限がつく。

正子の畑は、すべて山梨市の万力地区にあるので、山梨市のワイン特区での免許申請が可能だ。

これ以降、正子はワイン特区での製造免許取得を目指し、小規模なワイナリーの設立に向けて動き出すことになる。

「ようやくスタートラインに立てるね」

正子の表情は晴れやかだった。

隣の畑

2020年12月～2021年2月

ワイン特区が認定された12月、リビングでくつろいでいると、正子の携帯が鳴った。山梨市の農政課からだった。

「安蔵正子さんが万力で耕作している畑（棚畑：4番目の畑）の南隣の畑を耕作していた方が亡くなりました。この方の娘さんから相談があり、ブドウ畑はやるつもりはないので、だれか借りて欲しいとのことです。調べてみたら、隣が安蔵さんだったので、どうかと思いまして」

「昨年の夏くらいから、隣の畑が荒れてきたので、どうしたのかなと思ってました。もしよければ、一度見てから決めたいと思うのですが、いいですか？」

「よろしくお願いします」

南隣のブドウ畑を耕作しているおじいさんには、たまにしか会うことはなかったが、棚畑を借りてから2年ほどのあいだに何回かあいさつをしたことがある。その畑は、前年の夏くらいから雑草が茂り始め、今では畑の全体が見渡せないほどになっていたが、体調を崩されていたと知って納得した。

農政課の担当者によると、南隣のブドウ畑と、柿の畑を挟んでさらに南隣にあるブドウ畑もおなじ所有者で、2つの区画を合わせて2反（20アール）ほどの広さだとのこと。

すぐに正子と2人で畑を見に行った。

「プチ・マンサンを棚栽培でやってみたいと思っているので、借りてみようかな」

農政課に借りる意思を伝えた。

先方の方の電話番号を教えてもらい、まずはあいさつをした。

草刈り前の棚上畑の状態(2020年12月)

「まだ父が亡くなってから相続手続きが終わっていないので、契約には少し時間がかかりますがいいですか？」

「それは構いませんが、草刈りをしたり、植わっているブドウの樹を切ったりしてもかまいませんか？」

「大丈夫です。ぜひお願いします」

以前紹介された畑で、借していただけるという畑の草刈りや整備を始め、結局借りられなかったことがあっただけに、慎重に進めたい気持ちはあったが、正子は少しでも早くブドウを植える準備に入りたかった。

「山梨市の農政課があいだに入っているので、大丈夫だと思う」

と、契約書を交わす前に、草刈りと整地を始めることにした。

　棚畑の南隣の区画は「棚下畑」、柿の畑を挟んでさらに南側に位置する区画は一段高くなっているので「棚上畑」と呼ぶことにした。

　何人かの人に応援をお願いし、冬のあいだに

2メートル以上に伸びた枯草を刈り、整地をすすめた。

枯草はセンダングサが主体で、太いものは茎の直径が2㎝ほどあった。とても鎌やワイヤーの刈払い機では切れないので、金属製の刃が付いた刈払い機で、少しずつ刈って行く。センダングサは種子が服につくので、作業はやりづらい。刈り取っては広いところに集めて燃やす作業が続いた。

少しずつ地面が増えていくのを見るのは、達成感があった。

柿崎監督と俳優さんたちも、寒い中、草刈りを手伝ってくれた。そのとき監督は、一時中断している映画の進行について話してくれた。

「今年のコロナの状況次第ですが、そろそろ脚本を書き始めようと思っています」

「本当に映画になるのですね。ちょっと恥ずかしい思いもありますね」

「脚本ができたら送りますので、ご意見をいただければと思います」

「承知しました」

「甲州の畑をやりませんか？」　２０２１年１月

２０２１年の年が明け、長畑（3番目の畑）を紹介してくれた年配の農家の方から、正子に電話があった。

電話に出ると、ゆっくりとした口調で、

「あけましておめでとうございます。いつも畑作業頑張っていますね。話があるので、ご自宅に伺ってもよいですか？」

　正子は、どうしたのだろうと思ったが、まずはお会いすることにした。

「大丈夫です。年が明けてから少し忙しいので、調整しますね」

「ありがとうございます。できれば、ご主人もいるときに伺いたいです」

　なかなか都合が合わず、だいぶ経ってから自宅に来ていただいた。

「若いのに、ブドウ畑を頑張っているなと思って、いつも隣の畑から見ています。私ももう少しブドウ畑を続けるつもりだったのですが、息子が『俺もいつでも手伝いができるわけでもないし、そろそろ楽をしたらどう？　隣の畑の方にお願いしてみたら』というので、もしよろしければ私の畑をやりませんか？」

　畑は1反8畝（18アール）ほどの広さで、棚栽培で甲州が主体で植わっている。この方は長年この畑を耕作してきて、こまめに草刈りをするなどいつもきれいに管理していた。この畑を引き継ぐためには、覚悟が必要だ。

　正子は即答できなかった。

「甲州の畑を探していたので、お借りしたい気持ちはありますが、少し離れたところに棚の畑を借りて、面積が広がったばかりですので、少し考えさせてもらっていいですか？」

「もちろんです。ゆっくり考えてください」

　正子にしてみれば、ちょうど甲州の畑を探していたところだったし、この方の畑は藤塚畑（2番目の畑）と長畑（3番目の畑）のあいだにあり、ここを借りられれば3つの畑がつながる。草刈りや畑の移動も効率的で、ありがたい話だった。

　ただ正子は、少なくとも2021年いっぱいは丸藤葡萄酒で勤務するつもりなので、1反8畝も増えてしまうと管理の手が回らない。10日ほど考えて、電話で返事を伝えた。

「あと1年くらいしたら、独立してワイナリーを立ち上げるつもりなので、そのころ会社を辞める予定です。２０２２年からであれば、ぜひお借りしたいと思うのですが…」

「それでしたら、あと1年、私が耕作します。来年から借りてもらうということでどうでしょう」

「それでしたら、本当にありがたいです！」

すでに借りている5反5畝（55アール）に加えて、この１反８畝の畑を借りることになれば、７反３畝（73アール）になる。

２００９年に藤塚畑を借りてお隣になったこの方から、長畑の紹介を受け、さらにご自分の畑を任せたいと言っていただけたことは、とてもありがたいことだった。

正子、退職の意向を伝える　２０２１年１月

正月明けの寒い日、夕食を終えてリビングでくつろいでいるとき、正子の退職の話になった。

「20年前のときは、社長に会社を辞める４か月くらい前に伝えたけど、今回はもっと早く伝えようと思うんだ」と正子。

「特区が実現して、独立するのがほぼ見えているので、早めに伝えるのは良いことだね」

「今年いっぱいまででいいよね？」

「いいと思うよ」

少し経ってから、正子は大村社長に時間をとってもらった。

「山梨市が特区を取ったので、製造免許を申請して、自分のワイナリーを建てるつもりです。来年の

２０２２年から醸造を始める予定です。準備などがあるので、今年いっぱいで退職させていただこうと思います」

20年前は大村社長（当時専務）に反対されたが、今回はブドウ畑も十分な広さを耕作しており、丸藤で万力ルージュ、万力ブランとして、ワインにもなっている。

「そうか、山梨市がワイン特区を取ったんだね。今年いっぱいか。了解しました。頑張ってよ！　安蔵（光弘）君はどうするの？」

「旦那は今の仕事を続けます。まだまだ規模も小さいですし、私１人でできる規模です。旦那が定年退職したら、一緒にやることになると思います」

大村社長も認めてくれた。これで円満退社ができる。

正子には、勝沼町出身で町内に住んでいる川崎琴葉という姪がいる。この時点で21歳、山梨県立農業大学校果樹学科の２年間の養成科を終え、専攻科１年に在籍していた。

正子がワイン造りをしているのを子供のころから見ていたためか、将来はワイナリーに勤める希望を持っていた琴葉は、養成科２年生のときに、農業大学校のカリキュラムの一部として、丸藤葡萄酒で１年間の現場研修を受けていた。

４月からは専攻科２年生だ。最終学年は、シャトー・メルシャンで研修を受けることが決まっていた。

卒業後の就職について、正子は琴葉に話をした。

「琴（こと）、丸藤に辞めることを伝えたよ。１年後になるけど、琴が卒業するタイミングで、私の分が欠員になるけど、もし丸藤に就職する気があれば、社長に相談してみたら？」

琴葉はうれしそうに言った。

「丸藤に入れたらいいな。今度相談してみようかな？」

琴葉は、大村社長に連絡を取り、専攻科を卒業するタイミングで就職したいと伝えた。すでに1年間の研修で大村社長と面識がある。仕事も十分こなしていたこともあり、面接を受けることになった。

面接後しばらくして、内定の連絡が届いた。

「マコちゃんの後に、丸藤に入れることになった。すごくうれしいよ！」

ワイナリーを建てる場所　2021年3月

山梨市がワイン特区を取得したのに合わせて、正子はワイナリーを建てる場所を探し始めた。

何年か前にワイナリーを設立した友人は、廃業した食品工場の建物を借りて、内部を改装してワイナリーにしていた。あまり費用をかけたくないので、こういう建物があれば好都合だが、なかなか都合の良い物件は見つからなかった。

ワイン特区を活用するには、ワイナリーは山梨市内に置かなければならない。市のホームページで、「事業用の物件」を頻繁にチェックしたが、希望に合う物件はなかった。

あるとき、正子が車でブドウ畑に向かう途中、畑がある万力の丘を見上げる場所の桃畑に「事業用地」の看板が立っているのを見つけた。

「今日車で走っていて、いい感じのところがあったんだけど、今度一緒に見に行かない？」

夕方帰宅した私に、スマホの地図を見せる。

「このあたりなんだ。近くに大きなホームセンターを建設しているところのそばで、細長い土地だけど、万力の丘がよく見えるところだよ」

正子は好感触を得たようだった。これまでにも何度か、土地の情報があるとその場所を見に行っていた。

「まだ明るいので、行ってみるか。善は急げだよ！」

自宅から車で10分ほどにある物件を、2人で見に行った。夕暮れ時だったが、万力の丘を見渡せるとても良い場所だった。

細長い土地だが２００坪ほどあり、特区で２０００リットルをやるには十分な広さ。将来少し仕込み量が増えても対応可能だと判断した。幹線道路に面していて、近くにホームセンターも建設中だった。

「いい場所だね。畑がある丘もよく見えるし。どのくらいかかるか次第だけど、とてもいいと思うよ」

意見が一致し、正子はとてもうれしそうに言った。

「じゃあ、明日電話して詳細を聞いてみるね」

翌日正子は看板に記載されている番号に電話をかけ、この区画の開発業者と打ち合わせのアポを取り、数日後に甲府に出かけて行った。

想定していたより少し広く、その分賃料も予算オーバーだったが、景観の良さと、近所に友人のワイナリーがあることなどから、話を進めることにした。

株式会社Cave an設立　２０２１年３月

建設用地が決まり、いよいよ正子はワイナリー建設に向けて動き出した。

既存の建物を借りて内部を改装すれば一番安上がりだが、新しく建てれば一から好きなように設計できるし、自分の畑がある万力の丘を見上げる立地も申し分ない。納得の選択だった。

山梨県には、起業のための補助事業があり、年会費は必要だが、登録すればコンサルタントからのアドバイスがもらえる制度がある。起業に関しては知識も知見もないので、正子はこの制度を利用することにした。

計画の概要を説明すると、さっそくコンサルタントの方からアドバイスがあった。

「将来ワイナリーを法人組織にするのであれば、今後のためにも早めに法人を立ち上げた方がいいですよ」

各種申請のためにも会社を立ち上げることにした。２人で考えて、ワイナリーの名前は、Ｃａｖｅ ａｎ（カーブアン）とした。

私からは、正子にちなんだ名前がよいのではないかと提案したが、Ｃａｖｅはフランス語で「蔵（くら）」の意味、ａｎは「安（あん）」をアルファベットにしたもので、この名称に最終的に落ち着いた。

２０２１年３月12日（金）に、甲府の法務局で「株式会社Ｃａｖｅ ａｎ」を登記した。社員は代表取締役の正子が１人だけの小さい会社だ。私はこの時点で52歳、２人で話して将来定年などのタイミングで合流するかどうかを考えることにした。

正子は少し得意そうに、笑いながら言った。

「将来ミツが入社できるかどうかは、今後の態度次第だね。私が社長だからね！」

映画の脚本　２０２１年４月、５月

４月に入り、柿崎監督から脚本の初稿が届いた。正子と一緒に読みながら、いくつかの指摘を赤ボールペンで書き込んで返送した。

正子は目をまん丸にしながら、

「本当に映画になっちゃうのかな？　ミツ主人公だよ！」

脚本には、正子と知り合ってから結婚までのエピソードも書かれている。

「ちょっと恥ずかしい部分はあるけど、浅井さんのことを描いているのと、映画をきっかけに、日本ワインが話題になるならいいかな」

「そうだね」

監督には、シャトー・メルシャンで撮影をする場合は会社の了解が必要なので、早めに会社に話を通して頂くようお願いした。

「ある程度脚本が形になったら、メルシャンの本社に企画書を持参して説明に行くようにします」

ほどなく、会社が撮影に協力するとの決定があった。

脚本は第５稿まで進み、そのつど正子と読み込んで、チェックを入れた。少しずつ、ストーリーが膨み、映画らしくなっていくのを感じた。

最終的にタイトルは、映画に登場するワイン（桔梗ヶ原メルロー・シグナチャー１９９８）にちなんで「シグナチャー」に決まった。サブタイトルに、シャトー・メルシャンのヴィジョンである「日本を世界の銘醸地に」を入れていただいた。

メルシャンもこのヴィジョンをタイトルに使うことを了承し、２０２１年5月末には脚本の最終稿が完成した。

グリ・ド・グリがＩＷＣで金　2021年5月

２０２１年5月にロンドンのＩＷＣ（International Wine Challenge）の結果が発表され、「シャトー・メルシャン 笛吹甲州グリ・ド・グリ２０１９」が金メダルを獲得した。

オレンジワインのカテゴリーへの出品で、この年このカテゴリーで金をとったのはシャトー・メルシャンと、ジョージアのワイナリーの2つだけだった。

オレンジワイン（アンバーワインとも呼ばれる）で有名なジョージア（旧グルジア）以外で、ＩＷＣのオレンジ・ワインのカテゴリーで金をとった国は、日本が初めてだった。

甲州のオレンジワイン・タイプが、世界のコンクールでも堂々と金賞をとれるようになったことは感慨深かった。コロナ禍の中にあって、本当にうれしい受賞だった。

私が主題歌の作詞を？　2021年7月

脚本が完成して少ししたころ、柿崎監督から連絡があった。

「今度の映画の主題歌の作詞をやっていただけませんか？」

予想だにしなかった注文に、驚くばかりだった。

「え〜、作詞の経験はないので、無理ですよ」

監督は私がどう反応するか、お見通しだったようだ。

「経験がある人はほとんどいませんよ。私も、以前作詞をしたことがありますが、何とかなります。安蔵さんの想いを詩にしていただければ大丈夫です」

ワインに関する文章を書くならまだしも、作詞なんてできるものかな、と思った。とはいえ、監督に背中を押されたことで、少し興味をもったのも事実だった。

「少し考えさせてください」

その日の夕食の際に、正子に話してみた。

「何とかなるんじゃない。やってみたら」

「そうだね、試しに1回書いてみて、見込みがなさそうだったら、あきらめてもらって、プロの作詞家に依頼してもらえばいいか」

正子も手伝ってくれるという。正子にも背中を押されて、監督にOKの返事をした。

締切は9月下旬。それまでに完成させなければならない。OKしたのが7月の上旬なので、作詞にかけられる期間は3か月弱だ。

ネットで「作詞」を検索すると、「自分で思ったことを素直に書くのがよい」とあった。脚本の内容を意識しながら、ワイン造りに対する想いを書いてみた。

7月中旬に監督に素案を送った。少ししてお会いする機会があり、アドバイスをいただいた。

何度か直しを入れたころ、主題歌を歌うのは、ソプラノ歌手の辰巳真理恵さんだとわかった。

真理恵さんは俳優の辰巳琢郎さんの長女で、辰巳さんのワイン番組で「乾杯の歌」というタイトルの主題歌を歌っている。このCDがあれば聞いてみたいと思い、検索してみたが、アマゾンでは販売していないようだった。

映画シグナチャー、クランクイン　２０２１年８月

7月に入り、柿崎監督から連絡があった。

「コロナの状況が少し落ち着いているので、夏に撮影することを計画しています。勝沼ワイナリーで醸造の現場とオフィスのシーン、桔梗ヶ原で畑での撮影にご協力をお願いします」

勝沼ワイナリーでの撮影は、スタッフ全員がワクチンを打ち、撮影中は抗原検査を行うという条件だった。撮影スタッフと勝沼ワイナリーのスタッフが極力接触しないように、醸造施設と事務所での撮影は、ワイナリーの夏休みの期間に行うことにした。

撮影の初日は8月4日（水）で、正子の万力畑（山梨市）でのシーンだった。

早朝スタートと聞いていたので、出勤前に畑の撮影現場にあいさつに伺った。正子の父役の長谷川初範さんと、母役の宮崎美子さんにご挨拶した。

まだ朝の7時30分だというのに、すでにかなりの暑さになっていた。現場はまだ準備をしている段階で、撮影は始まっていなかったが、会社の朝礼に間にあうよう8時少し前に失礼した。

この日の夕方に発表された気温（勝沼）は39・7℃。２０２１年の全国最高気温を記録した。

夕方、柿崎監督に「今日はとても暑かったですね」とメールすると、

「おかげさまで初日は無事終わりました。すごく暑い日でしたが、青空の下、良い映像が撮れました」

と返事があった。

クランクイン初日の撮影は無事終了したようだった。

売店部門を除く勝沼ワイナリー全体が夏休みに入り、8月7日（土）から1週間の予定で、事務所と醸造所での撮影が開始された。

20年前とは建物内部のレイアウトが変わっているが、柿崎監督の意向で、浅井さんが実際に勤務していた勝沼ワイナリーで撮影することになったのだ。

撮影の立ち会いは私と総務部長が担当。朝早い日は5時に出社して鍵をあけ、夜は22時30分過ぎまで立ち会ってから、鍵をしめて帰宅という日もあった。早朝の立ち会いを総務部長が主に対応し、夜の立ち会いは私が対応した。監督や俳優の皆様はもちろんのこと、製作スタッフの方とも、数日するうちに親しくなった。

暑さが厳しい中での撮影が続き、映画「ウスケボーイズ」のときとおなじく、監督の差し入れで、天然氷を使ったかき氷のキッチンカーがワイナリーに来て、かき氷食べ放題の日もあった。

ワイナリーでは、私が入社した１９９５年から２００２年までに実際あったエピソードの撮影を行うので、最大26年前の雰囲気を再現しなければならない。制作スタッフは、当時使われていたものを小道具として持ち込んでいた。１９９５年当時のパソコンは、Windows3・1のＯＳで、ワイナリーに1台だけあったデスクトップを、たまに電源を入れてワープロ代わりに使う程度だった。今のようにラップトップＰＣで1日中作業する時代ではなかった。

ワイナリーの事務所では、当時東京の京橋にあった本社のシーンも撮影するので、ワープロやブラウン管のテレビなどが設置された。普段使っているラップトップＰＣを片付け、当時存在しなかったものは、見えないようにホワイトボードで隠すなどした。

桔梗ヶ原のブドウ畑での撮影(2021年8月19日)

私は別室で、監督の横でモニター越しに撮影風景を見ていた。ときどき、主演の平山浩行さん(私の役)から質問を受けた。

「このシーンのとき、安蔵さんはどういう気持ちでしたか?」

26年前のことではあるが、憶えていることをお話しすると、

「ありがとうございます。ご本人が目の前にいると緊張しますが、当時の気持ちを聞くことができるので、とてもありがたいです」

と言っていただいた。

平山さんは礼儀正しく、とても気持ちの良い俳優さんで、撮影期間中は気軽にお話しした。正子の役は、ウスケボーイズとおなじく竹島由夏さんが演じた。

事務所のシーンの次は、仕込み現場に場所を移す。入社当時、酵母の担当をしていた私が、破砕したブドウに酵母を添加するシーンの撮影だ。もちろん撮影の8月の時期にはメルローのブドウはないので、酵母をタンクのところまでもっ

て行くまでの撮影となった。

乾燥酵母は、ぬるま湯に溶かして活性化させるのだが、撮影する時点で、酵母が元気良く泡立っている状態にもっていかなければならない。お湯の温度が高すぎると、すぐに勢いがよくなり、撮影時には泡がおさまってしまう。温度に注意し、撮影シーンから逆算して20分くらい前から準備を始めた。

平山浩之さんが酵母をタンクに運ぶシーンでは、撮影のタイミングでベストの状態になり、無事大任を果たすことができた。

「乾燥酵母はこんなブクブク泡が出るんですね。はじめて見ました」

スタッフの方も含め、みな興味津々だった。

地下の樽庫では、エピソードで描かれる1998〜1999年当時、実際に2つの樽をおいていた場所で撮影をした。小道具のスタッフが電球でランプをつくり、樽庫の天井に複数つるしたことで、幻想的な雰囲気になった。

地下樽庫は、ワインの酒質のために真夏でも18℃以下になるよう、冷房がかかっている。長袖の作業着を着て立ち会いをしたが、35℃を超える酷暑日が続き、樽庫にいると温度差でとても寒く感じた。

ワイナリーでの撮影後半は雨が多くなり、30℃を下回る日もあった。屋外のシーンでは、太陽待ちの日もあり、撮影スケジュールは天気予報をにらみながら、日々変更された。

勝沼ワイナリーでの撮影が無事終了すると、翌週は塩尻市桔梗ヶ原（長野県）にあるメルローの畑で撮影が行われた。この畑は、実際に1998年10月1日に私が収穫に行った契約栽培の棚の畑だ。園主さんをよく知っており、今回の撮影でも協力していただいた。

こうして桔梗ヶ原での撮影も無事終わり、山梨県と長野県でのロケは終了した。

作詞の完成 ２０２１年９月

映画の撮影は終了したが、９月に入っても、まだ主題歌の歌詞はできていなかった。９月下旬の締切が迫っている。

「まだ時間があるので、ゆっくり仕上げていただければ大丈夫ですよ」

柿崎監督にはそう言っていただいたが、この段階ではワイン造りやブドウ栽培の専門用語が入っていて、自分でも違和感が拭えなかった。

夕食の前には、パソコンで書きかけの歌詞を眺める。ときどき正子にも見せて、「どう？」と聞いてみる。

「うーん、この部分がわかりにくいかな？」

意見をもらいながら、修正していった。

９月中旬に、長野県で辰巳琢郎さんとお会いする機会があった。私からは作詞のことは言わなかったが、辰巳さんから「乾杯の歌」のＣＤをいただいた。

普段から辰巳さんが司会をするテレビやラジオのワインの番組でこの曲は耳にしていたが、山梨に帰る車の中でさっそくＣＤをかけ、じっくりと聴いてみた。透明感のある歌声で、温かみのある楽しい感じの歌詞だった。ジャケットを見ると、辰巳さんが作詞をしていた。自宅に着くまで、繰り返しこの歌を聴いた。

自宅に着いてから、書きかけの歌詞を見てみると、ワイン造りやブドウ栽培を意識しすぎていて、堅苦しいように思った。全面的に書き直して、最終版を柿崎監督に送った。

歌詞には数十回は直しを入れたが、このタイミングで「乾杯の歌」のＣＤを聞いたことで、完成できたように思う。

ワイナリー建設が始まる　２０２１年10月

Ｃａｖｅ ａｎのワイナリー建設予定地の土地管理会社から、建物の設計・施工をする業者を紹介してもらった。

正子が考える最低限の設備が置ける醸造所と、樽貯蔵庫と製品保管庫を兼ねる倉庫の２棟を建てることにした。作業性を考えて、２つの建物は屋根をつけた通路で結ぶ。

小規模ではあるが、採算がとれる経営にするため、必要最低限の設備で始めようと思った。とはいえ、品質に直結するところは、コストをかけて良い設備にしたい。正子の意向を簡単な図で示し、それを設計の方に図面に仕上げてもらう。

正子は何度か甲府の事務所に行き、ほどなくワイナリーの設計図が完成した。ワイナリー自体は小さい建物で、２００坪の敷地の大部分は、駐車場と日本ワインの造り手とコラボ・イベントをするためのスペースとした。

設計図が仕上がり、あとは建築工事を始めるだけとなったが、コロナ禍の影響で建築資材が高騰。予算内での施工が難しくなったとの知らせが入った。コロナの影響は予測できないが、早く状況が改善し、物流が正常に戻ってほしいと思った。

最終的に予算をかなりオーバーしたが、無事建物は完成した。

酒販免許を取得

２０２１年11月

ワインの製造免許には、免許をとった製造場で自分が造ったワインを販売する免許が内包されるが、正子は自分のワインだけでなく、日本ワインの仲間のワインも販売したいと考えていた。

それに、ワイナリーを始める初年度の２０２２年は、「Ｃａｖｅ ａｎ」で仕込んだワインはまだない。丸藤葡萄酒在職中に正子が仕込みを担当し、ビン詰めされたワインをラベルなしで買い取り、Ｃａｖｅ ａｎのラベルを貼って販売したいと思った。

正子は大村社長に、この計画を提案してみた。

「ボトルを一部引き取って、Ｃａｖｅ ａｎのラベルを貼り、新しいワイナリーで販売させてもらうことは可能でしょうか?」

大村社長は少し考えて、快諾してくれた。

「おう、いいよ。丸藤で売る分も残しておいてくれよ」

大村社長には本当に感謝だった。

正子は２０２１年末で丸藤葡萄酒を退職する予定だったが、1～3月はそれほど万力の畑の仕事は忙しくないことから、大村社長と相談して、２０２２年3月まで勤務することになった。

正子は、丸藤で造ったワインや友人たちが醸造したワインを販売するために、「酒類販売業免許」(以下「酒販免許」)を申請することにした。酒販免許を取得するためには、申請書を提出し、酒類販売管理研修を受ける必要がある。

山梨県では、山梨県小売酒販組合連合会が研修会を実施している。正子は、この講習を受講し、酒販免許を申請し、無事取得した。

Cave anのロゴマーク　2021年11月

ワイナリーの名前が決まったので、ラベルや名刺に使うロゴマークを作ることにした。デザインは、丸藤葡萄酒の仕事を通して、以前から交流があり、万力のワインにデザインテイストが合っていると感じていた山梨県内在住のイラストレーター、福永由美子さんにお願いした。
「デザインするにあたり、正子さんのブドウ栽培とワイン造りについての考えをお聞きしたいです。あと、ブドウ畑を見せて欲しいです」
とのことで、福永さんを案内することになった。

正子は福永さんと万力のすべての区画を回り、新しいワイナリーに込めた想いを伝えた。

下の写真が、最終的に出来上がったロゴマークで、この時点で4つのブドウ畑で栽培する中でも

Cave anのロゴマーク

っとも収穫量が多いタナ（Tannat）の葉をモチーフにした。あしらった剪定ばさみが畑へのこだわりを感じさせ、満足のいくロゴマークとなった。早速、このマークを入れた正子の名刺をつくった。

「1枚目は俺にちょうだい！」

名刺が出来上がってきて、私もテンションが上がる。

「はい、最初の1枚だよ！」

正子はもったいぶって、最初の1枚を渡してくれた。

製造免許（ワイン特区）の申請　2021年11月

ワインを造り始めるのは来年の秋だが、果実酒製造免許の申請は早めに行うことにした。ワイナリーを建設して独立した友人から、免許がなかなかおりずに収穫が始まってしまい、苦労した話を聞いていたからだ。

正子は税務署にアポを取って、相談に行った。

「申請はどのタイミングで行えばよいですか？」

「書類の審査を先に始めますので、早めに提出いただいて大丈夫ですよ。書類の審査が終わったあとで、現場の審査を行い、免許の要件を満たしているかどうか判断します」

正子はしばらくのあいだ、夕食の前に、書類作成を行っていた。時間を捻出するため、2人で外食することもあった。

一通りの書類が一応の完成を見てから、税務署に提出。担当者は「追加で出してもらう資料や、指摘する部分があったら連絡しますね」と言って、書類を受け取った。

その言葉通り、3日ほどしてから、「これから言う部分が違うように思うので、修正して再提出してください。指摘事項は、あとで文書として郵送します」と電話があった。

以後、こういったやり取りを何度かくり返した（後述）。書類審査が終われば、あとは輸入される醸造機械が設置されてから、仕込みまでの間に、最終の現場審査を受けることになる。並行して、保健所の審査も必要だ。

映画シグナチャー、初号試写会　2022年1月

2021年の年末に、柿崎監督から連絡があった。

「ようやく編集が終わり、初号試写会は来年の1月24日に行うことになりました。安蔵さんと正子さんにはぜひ来てほしいのですが、大丈夫でしょうか？」

この日は月曜日で、私も正子も予定が調整できそうだった。

「何とか予定を調整して伺います。場所はどこですか？」

「ゆりかもめの竹芝駅の近くです。15時00分開始の回と、18時00分からの回があります」

試写をする施設は、少し前まで都心にあったそうだが、竹芝に移ったばかりとのこと。この日は休みをとり、正子と15時00分開始の試写会に出かけた。

竹芝駅に着くと、試写が行われるメディアスタジオはゆりかもめの駅のすぐ近くだった。上映されるまで少し時間があったので、柿崎監督と雑談をしながら待った。時間の10分ほど前に映写室に入り、ほ

どなく上映が始まった。すぐ近くの席に、主演の平山浩行さんが座っていた。

映画は、万力の畑で、正子の両親と、正子、姪の琴葉がブドウ樹の手入れをするシーンで始まった。私が入社したときに山梨の駅に着いたシーンや、つい最近のことまで、とてもリアルな内容だった。

上映時間は120分と長めだが、当時のことを思い出しながら見ていると、とても短く感じられた。見終わって、とても良い映画だと思った。

私が作詞を担当した主題歌も、エンドクレジットとともに最後に流れた。歌詞はともかく、曲と辰巳真理恵さんの歌が素敵で、とても良い主題歌だと思った。

この日は東京に宿泊し、翌日は柿崎監督、竹島由夏さん、正子と私で、鎌倉の浅井さんのお墓参りに行くことにしていた。

柿崎監督は試写会が終わったあと、平山浩行さんに声をかけた。

「明日我々は鎌倉に浅井さんのお墓参りに行き、映画が完成した報告をします。もしよかったら一緒に行きませんか？」

平山さんの都合もつくとのことで、一緒にお参りをすることになった。


翌朝、鎌倉の海が見える高台の霊園に向かった。柿崎監督は、桔梗ヶ原メルロー・シグナチャー2015と、万力ルージュ2019を持参していた。栓を抜いて、お墓に供(そな)えてから、皆で献杯した。脚本のチェックから、ワイナリーやブドウ畑での撮影、制作発表の記者会見、生まれて初めての作詞など、この1年弱のことが思い出された。

献杯の後、1人ずつお参りをした。私は、山梨県ワイン酒造組合の会長に就任してから1年半経ったこと、今後もシャトー・メルシャンのGMの職務を頑張ることなどを報告した。もちろん、正子のプロジエクトのことも報告した。

浅井さんに報告をしたことで、気持ちが軽くなる感じがあった。

正子は少し長めにお参りをしていた。Ｃａｖｅ ａｎを設立し、いよいよ自分のワイナリーを始めることを報告したのだろう。

最初の独立は浅井さんが心配したように挫折してしまったが、紆余曲折を経て、24年後にようやく実現に向かいつつある。

正子、丸藤を退職　２０２２年３月

正子は、２０２２年３月20日付けで、丸藤葡萄酒を退職することになった。20日は日曜日なので、最終出社日は３月18日（金）だ。

こういった節目の日は、２人で食事に行くことが多かったので、少し前の日に提案してみた。

「最終日は、どこかで食事をしようか？」

「せっかくなので、いづ屋がいいな」

予想通りの答え。山梨市駅近くの「寿司割烹 いづ屋」で食事をすることになった。

いづ屋はかなりレベルが高い寿司店で、記念日など特別なときに利用していた。会社から帰ってくるのが遅くなる可能性もあるので、19時に予約を入れた。

正子は、いつもより少し遅く帰宅した。帰宅してからお店に出かけるまでに、フェイスブックとインスタグラムに、退職のあいさつと新しくワイナリーを始める旨の書き込みをした。その直後から、たくさんの「お疲れさま」と「新しいワイナリー頑張って！」のメッセージが続々と入ってきた。

正子はそれをうれしそうな表情で見ている。

「ありがたいね！ こんなにたくさんの『いいね』をもらって、本当にうれしいよ」

この日は、10年ほど前に私がブルゴーニュに出張したとき、現地で購入したとっておきのシャルドネをもち込んだ。正子の丸藤勤務は、第一期が１９９５年２月～１９９９年12月（４年11か月）、第二期が２００５年４月～２０２２年３月（17年間）の、合計21年11か月間におよぶ。このあいだに、多くのワインを担当し、品質の高いワインを市場に送り出すことができた。

カウンターに座り、乾杯をしたあと、正子の表情の緊張が緩んだのを見て話しかける。

「丸藤最終日を終えた感じはどう？」

「正直ほっとした！」

この日は、カウンターでおまかせの料理と寿司を、ブルゴーニュの白ワインとともにゆっくり楽しむことができた。

いよいよ、Ｃａｖｅ ａｎワイナリーに向けて、本腰を入れる体制が整った。

Ｃａｖｅ ａｎ 万力ルージュ２０１９ ２０２２年４月

２０２２年４月、丸藤葡萄酒で２０１９年に正子が醸造した万力ルージュがビン詰めされた。大村社長のご好意で、一部のボトルにＣａｖｅ ａｎのラベルを貼って引き取ることにした。

丸藤葡萄酒を退職した日の夜、寿司割烹いづ屋（山梨市）にて。中央はいづ屋店主の岩澤尚也さん（2022年3月18日）

ワイナリーのロゴマークとおなじく、福永由美子さんにラベルのデザインをお願いした。正子は福永さんとラベルの印刷に立ち合い、色調の調整などを行った。

Ｃａｖｅ　ａｎのワイナリーで仕込むワインが販売できるのは、早くても２０２３年の春以降になる。それまでは、丸藤葡萄酒で正子が仕込んだ万力のワインを一部分けてもらい、Ｃａｖｅ　ａｎのラベルで販売することになる。

ラベルには、「製造者：丸藤葡萄酒工業、販売者：Ｃａｖｅ　ａｎ」と記載される。製造免許が下りるまでは、酒販免許でこのワインを販売する。

新しいラベルを貼ったボトルを見ると、感無量だった。

Cave an万力ルージュ2019

タンクなど輸入の遅れ　２０２２年５月～７月

前述のように製造免許の書類審査はほぼ完了していたが、また難題が持ち上がった。5月頃、長引くコロナ禍とウクライナの戦争の影響で、タンクなど醸造機材の日本到着が予定より遅れそうだと連絡が入ったのだ。

このころの正子は、朝になると少しイライラしていた。

「寝る前に考えると、ついつい眠れなくなるんだよ」

正子によると、私は横でぐっすり寝ているのだそうだ。

少しでも多く睡眠をとって欲しいので、気持ちを落ち着かせようとする。

「自分の力でどうにかなるなら考えてもいいけど、物流の混乱は考えても変わらないよ。現状を受け入れるしかない。万が一、免許が間に合いそうもなければ、今年はどこかのワイナリーに委託醸造する覚悟をしておけばよいのでは？」

正子の少し険しい表情が緩んだ。

「頭ではわかっているんだけど、ついつい考えちゃうんだよね。だいぶ余裕をもって計画を立ててたのにね」

すでに完成しているワイナリーの建物は、コロナ禍やウクライナの戦争の影響、円安の進行で資材価格が上昇し、当初の予算をかなりオーバーしていた。ワイナリーの経営計画を考えると、物流の混乱はもちろんだが、コストがかさむのはつらい。

正子は続けた。

「建設会社によると、うちはまだいい方で、今年建て始めていたら、もっと費用が上がったらしいよ」

機材の到着の遅れは、ただ待つしかなかった。

国際映画祭にノミネート　2022年4月、5月

4月に入ってすぐのころ、柿崎監督から私と正子の携帯にLINEが入った。

「まだ発表前ですが、シグナチャーがニース国際映画祭とパリ国際映画祭で、10部門にノミネートされました！ 各部門のノミネート作品から、最優秀賞が選ばれます。授賞式は5月21日で、その際に最優秀賞が発表されます。安蔵さんが作詞した主題歌も主題歌賞にノミネートされました」

LINEを見て「おお、すごいことになったね！」と正子と驚き、お祝いのメッセージを送った。

「国際映画祭にノミネートとはすごいですね。おめでとうございます！」

2日ほどして、映画を制作したKARTエンターテインメントから、ニースでの映画祭の表彰式に私を招待したい旨、知らせが入った。

日本ではコロナがいまだ猛威を振るっている。ウクライナの戦争も先行きが不透明で、こんな時期に海外に行けるのかな？と思った。

監督へメールを送った。

「映画祭へのお誘いありがとうございます。こういう時期ですので、どうしようか迷っています。考えてみますので、少しお時間ください」

ほどなく、監督から返信が来た。

「お忙しいと思いますので、ご無理されないでください。可能ならご一緒できればと考えています。安

蔵さんが来られるようであれば、正子さんにも来ていただきたいと思っています」

海外ではコロナの感染は少しずつ収まってきている状況で、私の知人でも海外へ行く人が出始めていたが、まだまだ少数だった。

渡仏前後のコロナに関する検査や、帰国後の待機期間、表彰式での服装など、いくつかの質問を柿崎監督に送った。すでに入っていたスケジュールも調整できた。とはいえ、こういう時期に海外に行くことに迷いがあった。

正子は、ニースでの表彰式のことを話題にしても、製造免許のことで頭がいっぱいという感じだった。

「せっかくだし、ミツ行ってきなよ！　私は畑作業やワイナリーの立ち上げが忙しいので、行かないよ」

4日間考えたが、迷いがあり、決断できなかった。本社の同僚にも相談すると、「こんな機会、一生に一度ですよ。ぜひ行った方がよいと思います」と背中を押された。

だいぶ迷ったが、スケジュールは土日を挟んで7日間の予定で、休日出勤の振り替え休日が5日分あったので、それを使って行くことにした。

柿崎監督にＬＩＮＥを送った。

「お持たせして申し訳ありません。ご一緒させてください」

続いて、「正子は畑作業とワイナリーの立ち上げがあるので、今回は辞退するそうです」と送った。

「さっき柿崎さんにフランス行きの返事を送ったよ。マサが行かないことも送っておいたよ」

正子にそう話すと、意外な展開になった。

「いい機会なので、楽しんできてね。でも、せっかくの機会だし、ミツが行くなら私も行こうかな？」

「本当？　そりゃ一緒の方が俺もありがたいけどね。うまく調整すれば、1週間ならマサも行けると思うよ。空港でルーターを借りるから、海外にいてもＬＩＮＥなら業者の人とも連絡が取れるし」

「フランスにはしばらく行ってないので、行ってみたい気持ちはあるな」

あわててLINEを見ると、1時間くらい前に監督に送ったメールは、まだ既読になっていなかった。

「マサは行かないと送っちゃったけど、未読のようだから取り消そうか？」

「じゃあ、そうして」

すぐにメッセージを取り消して、「正子と2人でご一緒します」と改めて返事をした。2時間ほどして、監督から返信が来た。

「正子さんもご一緒下さるとのこと、大変うれしく思います。どうぞよろしくお願い申し上げます！」

フランスへの入国は、3回のワクチン接種を証明する国際規格の接種証明書が必要とのことで、正子が書類とパスポートをもって山梨市役所に行き、2人分の英語の証明書を発行してもらった。

このころ、「フランスからの帰国の際、ワクチン3回接種者は、日本の空港に着いたときにPCR検査陰性が確認できれば隔離期間なし」と規制が緩和されたことも、フランス行きを後押ししてくれた。

帰国の際、空港で必要事項を申請するときに必要なアプリをスマホにダウンロードするなど、いくつかの準備をした。正子と2人でフランスに行くのは、ボルドーから帰国した2005年3月以来、17年ぶりだった。


飛行機に乗ること自体、3年ぶりだった。行きの便は、アラスカ上空を飛ぶコースで、フランクフルト経由でニースに入った。空港を出ると、乾燥した空気と強い日差しで、久しぶりに南仏に来たという実感が湧いてきた。

コロナの影響でニース国際映画祭は規模を縮小しており、5月21日（土）の表彰式は、ニース・コート・ダジュール国際空港のそばのホテルを会場として開催され、パリ国際映画祭と共催になっていた。

ニース国際映画祭/パリ国際映画祭(共催)の表彰式で。左から竹島由夏さん、安藏正子、平山浩行さん、著者、柿崎ゆうじ監督。(2022年5月21日、ニースにて)

結果は、パリ国際映画祭で竹島由夏さんが最優秀女優賞、ニース国際映画祭で「シグナチャー」が最優秀作品賞を受賞した。

上の写真は、授賞式の後に撮影したもの。私が着けているのは、2005年12月に浅井さんの奥様からいただいた浅井さんのネクタイ。これまでも、節目のイベントやセミナーでは、このネクタイを着けるようにしていた。

「桔梗ヶ原メルロー・シグナチャー1998」は浅井さんとのやり取りから24年前に生まれたもので、このワインがモチーフになった映画が賞を取ったことは、とても嬉しかった。

柿崎監督、平山さん、竹島さん、KARTのスタッフの方たちとともに、我々もニースでの表彰式に参加させてもらったことは、とても良い思い出になった。

Cave an、製造免許取得 2022年6～8月

Cave an（カーブアン）では6月に入り、除梗破砕機、圧搾機、手動のビン詰機、コルク打栓機、送液ポンプ、冷蔵コンテナ、分析器具、樹脂製のタンクなど、醸造とビン詰めに必要な機材が続々と届き始めた。空っぽの醸造棟は、徐々にワイナリーらしくなっていった。

これらを発注したのはだいぶ前だが、大部分は輸入の機材で、船便で輸送されるため到着まで時間がかかる。タンクはイタリアのメーカーに、容量が異なるものを6基発注しており、コロナ禍とウクライナの情勢の影響で、日本に到着するのが少し遅れそうだった。

酒類の製造免許の審査には、書類審査と現場審査があり、必要な書類は前年に税務署に提出し、確認が始まっていた。1か月に1度ほど税務署から連絡があり、書類の内容に関して質問と指摘があった。そのたびに修正し、追加資料を提出する。

6月下旬のやり取りで書類審査は一通り終了したようで、7月に入り国税局から「書類に関しては、これ以上指摘することはありません」という内容の書留が届いた。

あとは現場審査を残すのみとなったが、タンクが輸入されワイナリーに到着しないと、税務署に現場審査を依頼することはできない。免許が下りるまでの期間を考えると、秋の仕込みに間にあうように、なるべく早く審査を実施して欲しい。2022年は、夏前の時点では前年よりブドウの生育は1週間ほど遅く、焦る必要はないとは思っていたが、天候が変わって収穫を早めることもありうる。免許が下りていないと、こういった場合に仕込みをすることができない。

タンクは7月はじめに日本に入港する見通しとなり、通関を通り次第、山梨に移送されることになっ

た。正子は税務署と相談して、安全を見てタンクがワイナリーに到着する予定日の約２週間後に、審査の日を予約した。タンクは予想より少し早く、７月９日（土）にワイナリーに搬入された。

予約した日は審査側の都合で１週間延期され、７月末にようやく現場審査の日を迎えた。東京と甲府から担当者数名がワイナリーに来場し、タンクを含む醸造設備の確認や、仕込みに関しての質問、ブドウの調達についての確認などを行った。追加で提出すべき資料の指示があり、審査は無事終わった。

「２〜３週間をめどに、審査結果を送れると思います」とのことだった。

夏前まで遅れ気味だったブドウの生育は、酷暑の夏の天候の影響か、例年通りに戻りつつあった。お盆を過ぎると、雨が降る日が増えて行った。

ある日、畑でブドウの様子を見てから帰宅した正子は、

「収穫は去年とおなじくらいになるかも。免許が早く下りて欲しい」

と心配そうに言った。


審査から１か月が経ち、ようやく税務署から電話が来た。

「８月30日に、税務署にて免許を交付します」

正子は指定された時間に税務署に行き、税務署長から免許の交付を受け、「頑張って下さいね」との言葉をいただいた。

紆余曲折があったが、この日をもって、ようやく正子のワイナリー、Ｃａｖｅ ａｎが名実ともに発足した。

１９９８年に会社を辞めて独立し、ワイナリーを始めようとして挫折してから24年近く経ち、ようやく自分のワイナリーを運営することになった。製造免許の通知書を見て、正子は感無量だった。これ

から自分のワイナリーを経営する喜びと、しっかりと経営しなければという緊張感とのアンビバレントな想い。とくにワインの販売は初めての経験で、負担は予想されるが、それも含めて自分のワイナリーを運営することは得難い喜びだ。

まずは9月中旬の収穫に向けて、計画を練ることにした。

Ｃａｖｅ an初年度の２０２２年は、「甲州シュール・リー」、「甲州醸し」、「万力ブラン（プティ・マンサン主体）」、「万力ルージュ（タナ、プティ・ヴェルド、メルロー、など）」の4種類のワインを醸造することになる。

これまでは丸藤葡萄酒での仕込みが忙しくなる前の週末に休みをとり、友人たちに手伝ってもらって収穫をした。これからは毎日ブドウの様子を見ながら、平日にでも収穫を始めることができる。

この日は、甲州市内の和食割烹のお店にワインを持ち込んで、免許取得のお祝いをした。正子の表情は、満足そうだった。

◇

ここまで、3年～9年の期間の区切りごとに、印象深いワインを軸にストーリーを述べてきたが、Ｃａｖｅ anの製造免許取得の時点でいったん筆をおくことにする。

いつかＣａｖｅ anのことを中心に、この続きを書くことがあるかもしれない。「6本目のワインの物語」を楽しみにしていただければ幸いだ。

Cave anワイナリー全景

Cave anワイナリーから万力の畑を望む

Cave anでの万力ルージュの仕込み（2022年10月）

エピローグ

復刻本セットに寄稿した１６６７文字

第四章にも書いたが、本書「５本のワインの物語～Five Wines' Story」は、このあとに掲げる１６６７字の短文を寄稿したことをきっかけとしている。

２０１５年６月に麻井宇介セレクション４冊セット（「比較ワイン文化考～教養としての酒学」、「ワイン造りの四季」、「酒・戦後・青春」、「ワインつくりの思想」）が、箱入りの新書で醸造産業新聞社から復刊されることになり、付録として「追想麻井宇介氏――各界33氏の証言」（１４０ページ）がつけられることになった。その33人の中に私も選んでいただき、寄稿することになった。

文字数には制限があったが、２０１４年５月の「浅井さんを偲ぶ会」のあいさつで述べた「浅井さんと約束したこと」（２６６ページ）を書いておきたかった。

左記が寄稿した文章の全文だ。

「桔梗ヶ原メルロー　シグナチャー　１９９８」

ワイナリーから離れ、本社勤務をしていた１９９８年の春、浅井さんから「プロヴィダンスのようなワインを日本でもつくれるか、チャンレンジしてみないか？」という問いかけがあった。このワインは、ニュージーランドのボルドースタイルの赤ワインで、中世の造り方を踏襲し、亜硫酸を添加せずに醸造する。当時、ワイン造りに亜硫酸は必須という思いがあったため、浅井さんが持参したボトルを試飲した際、高い酒質と柔らかな味わいが、驚きとともに強く印象に残った。

醸造の現場から1年以上離れてはいたが、どういう仕込みをすればよいかを、ずっと考えていた。夏休みに個人的にフランスを旅行し、シャトー・ド・ボーカステルを訪問した。ここでは、ビン詰め直前まで、亜硫酸を加えずにワインを醸造・熟成していた。話を聞くと、破砕したブドウを熱燗の温度くらいまで加温し、温度を下げて発酵という方法を取っていた。これは、果皮にある酸化酵素を失活させる効果があると解釈した。

9月にワイナリーに復帰することになり、「亜硫酸無添加のメルロー」の担当に立候補した。傷のついたブドウは、ブドウ自身の酵素で酸化が進む。この年の夏は雨が多く、まったく傷のないブドウを手に入れるには、塩尻市の桔梗ヶ原まで行き、醸造担当の目で厳しく房を選ぶしかないと判断した。10月1日の早朝、レンタルした2トン車で、同僚二名と雨の中央道を西へ向かった。この収穫に同意してくれたブドウ園の家族とともに、半日かけて約1トンのブドウを収穫し、二時間後には勝沼のワイナリーで破砕し、加温・冷却して、酵母を添加した。

順調な発酵のあと早めに圧搾し、ポンプを使わずに高低差を利用してワインを地下カーブの二つの新樽に入れ、MLFを行った。樽の中で赤ワインのMLFをするのは初めてだった。出来上がったワインは、重厚ではないが柔らかく、これまでの日本ワインと違うニュアンスがあった。今思えば、ブドウは完熟ではなかったものの、単一畑（塩原園）、醸造担当による房選りの収穫、収穫後すぐの破砕、ビン詰めまでポンプを一切使わない、樽内MLFなど、酸化を防ぐ意図でとった施策が、結果的に酒質に好影響を与えたのだろう。

翌年の11月、浅井さんはプロヴィダンスのオーナーのヴルティッチ氏とともに、ワイナリーを訪れた。

地下の樽庫でこのワインを試飲したヴルティッチ氏は、一言「Congratulations!」といった。浅井さんはコメントを言わずに、笑顔でこの言葉を聞いていた。「収穫から一年以上たつので、そろそろビンに詰めようと思っている」と話すと、ヴルティッチ氏は「もっと良くなると思うので、あと一年樽熟させてはどうか」とのコメント。浅井さんも賛同し、結局このワインは、亜硫酸を加えずに樽で約二年間熟成させ、ごく少量の亜硫酸を添加してからビン詰めした。二樽＝約５００本のワインは、その後「桔梗ヶ原メルロー　シグナチャー１９９８」と命名され、パリのフォーションなど、海外で売られることになった（日本未発売）。

◆　◆

２００１年にボルドー駐在となり、この年の晩秋に浅井さんと南西フランスをめぐることになった。しかし、浅井さんは病気が判明し、フランスに来られなくなった。

年末にフランスから帰国し、妻とともに大船の病院にお見舞いに行くと、手術後しばらく点滴が続き、やっとおかゆが食べられるようになった浅井さんは、以前よりやせてはいたが、とても元気だった。ボルドーの歴史やワイン造りの現場の話など、二時間余りがあっという間に過ぎた。帰りの挨拶をすると、笑顔で「治るつもりだから、サヨナラとは言わないよ」との返事。階下に降りるエレベーターに乗るとき、「日本のワイン造りを背負って行ってくれよ」のことばとともに、力をこめて背中を二度たたかれた。

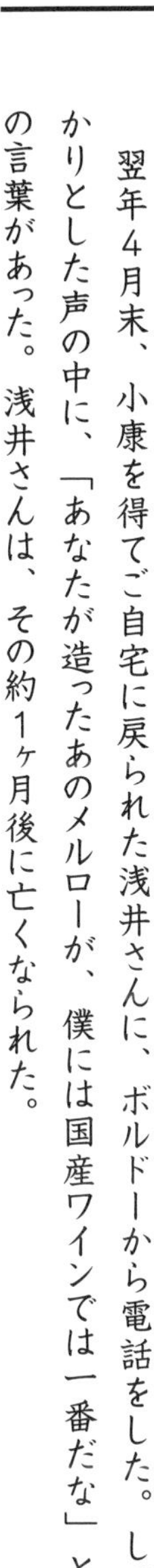

翌年4月末、小康を得てご自宅に戻られた浅井さんに、ボルドーから電話をした。しっかりとした声の中に、「あなたが造ったあのメルローが、僕には国産ワインでは一番だな」との言葉があった。浅井さんは、その約1ヶ月後に亡くなられた。

広告　（第三種郵便物認可）　酒販ニュース　2015年(平成27年)4月21日／第1876号

麻井宇介氏の書4冊がこの夏、甦ります。

ワインに携わる各層の業界関係者、ワイン愛好家…
今もファンの多い麻井宇介氏(2002年死去)の
絶版となっている書4冊を
「酒販ニュース」の醸造産業新聞社が
《麻井宇介セレクション》として新書版で再出版します。

6月1日 刊

申し込み受付を開始しました。

「比較ワイン文化考」「ワインづくりの思想」(原書＝中公新書)、および本紙・酒販ニュースでの連載を単行本化した「酒・戦後・青春」(原書＝世界文化社)、「ワインづくりの四季」(原書＝東京書籍)――。この4冊に、麻井宇介氏と親交の深かった各界の33氏に原稿を依頼した小冊子「追想・麻井宇介氏――33氏の証言」をセットにして、6月1日に刊行します。

箱入りセット価格4,700円(4,352円＋消費税)　送料無料

●付録●「追想・麻井宇介氏――33氏の証言」●　執筆者(敬称略,50音順)

有賀雄二／有坂芙美子／安蔵光弘／石井もと子／石毛直道／植田真未／植田八千代／上野昇／大村春夫／小山田幸紀／岸平典子／栗山一秀／小西超／佐伯保幸／佐藤吉司／鮫島吉廣／ジェームス・ヴェルティッチ／鈴木輝隆／曽我彰彦／高田公理／滝沢信夫／橘勝士／玉村豊男／林尚武／林幹雄／番匠國男／平山繁之／藤野勝久／ホシノ・キヨテル／三澤茂計／矢島寿史／吉田節子／ラドクリフ敦子

※お申し込みは、FAXまたはメールにて醸造産業新聞社まで。
FAX:03-3257-4939／E-mail: shuhan-news@jsnews.co.jp
※お申し込みに際しては、お名前・送付先・電話番号・所属(勤務先等)を明記してください。
受付後、請求書を同封して6月1日に宅配便で発送いたします。到着後、所定のお支払い手続きをお願い申し上げます。

醸造産業新聞社

2015年4月21日付けの『酒販ニュース』に掲載された『麻井宇介セレクション』4冊セット広告。刊行日の6月1日は、浅井さんの命日(『麻井宇介セレクション』は絶版)

その後、ふとしたきっかけで、この文章で書いた出来事の前後を思い出すことがあった。忘れないようにメモをしておこうと思い、少しずつ書き足して行った。

不思議なもので、この１６６７字の短文を書いたことで、このエピソードの前後のことが、湖の底から泡が立ち上るように、時折記憶の底から浮かび上がってきた。それを沈む前に書きとめると、さらに思い出がよみがえる。当時の手帳を引っ張り出し、書き込まれた予定やメモを見るうちに、さらに関連したことを思い出す。

それを８年ほど繰り返し、さらに現在のことを書き加えて本書ができた。

これからの日本ワイン

２０１５年10月30日に「果実酒等の製法品質表示基準」が国税庁から告示され、猶予期間を経て２０１８年10月30日から施行された。この法律で、「日本ワイン」という言葉が、「日本で栽培されたブドウのみを原料とし、日本国内で醸造された果実酒」と定義された。

会社に入ったころは、まわりには日本でワインが造られていることを知らない人が多かった。そのころに比べると、現在では「日本ワイン」はだいぶ注目されるようになった。そういう時代になったからこそ、しっかりとした品質の高いワインを造り、全国のワイナリーが協働する必要がある。

浅井昭吾さんが、

「一つのワイナリーが目立つのではなく、産地全体がきちんとした品質のワインを造り続けることが大切。そうすることで〝産地〟が確立し、消費者の信頼感につながる」
とよく言っていたように、日本ワインにおいては、まだその小さいカテゴリーの中で競合意識をもつより
も、すべてのワイナリーが協働して、「日本ワイン」というカテゴリーを大きくし、きちんとした品質の
ワインであることを示す時期だといえる。
私より45年前にワインを造り始めた浅井さんから受け継いだバトンを、未来を託す次の世代に渡すた
めにも、日本ワインというカテゴリーを確立することが、我々の世代の責務だと思う。
「日本を世界の銘醸地に」を実現するためにも、国内のワイナリーと協働して、頑張って行きたい。

安蔵（水上）正子	
11月7日　広島県広島市に生まれる	
鹿児島から、両親の出身地の山梨県に引越し	
1浪のあと、山梨大学工学部化学生物工学科入学	
4月　大学卒業後、富士発酵工業（株）入社	
2月　丸藤葡萄酒工業（株）に転職	
12月 丸藤葡萄酒工業（株）退職	
最初の畑「万力」を借りる	
	10月　光弘の父逝去
	6月　浅井昭吾さん逝去
6月　ボルドー大学醸造学部DUAD（テイスティング適正免状）取得	
4月　丸藤葡萄酒工業（株）復帰	
	12月　友好的TOBを実施され、メルシャンは麒麟麦酒（株）の傘下に
	7月　キリンホールディングスが発足し、メルシャンはホールディングスの傘下に入る、
11月　2番目の畑「藤塚」を借り、翌年メルロとタナを植栽	
3月　3番目の畑「長畑」を借りプチ・マンサンを植栽	
8月　日本ワインコンクールで、担当したワイン4つが金賞を受賞	
4月　4番目の畑「棚畑」を借りプチ・ヴェルドとアルバリーニョを植栽	
	7月　正子の父逝去
5月　5番目の畑「棚上・棚下」に、プチ・マンサンを植栽。 3月（株）Cave an設立、代表取締役に。10月　ワイナリー建設開始。	
2月　6番目の畑「甲州畑」を借りる。春先から剪定作業を行う。	
8月　Cave an酒類製造免許取得	

年譜

	安蔵光弘
1968(昭和43)年	8月14日　茨城県水戸市に生まれる
1970(昭和45)年	
1989(平成元)年	2浪のあと、東京大学教養学部理科II類入学
1990(平成2)年	
1993(平成5)年	東京大学大学院応用生命工学専攻修士課程入学
1994(平成6)年	
1995(平成7)年	4月　大学院修了後、メルシャン株式会社入社、勝沼ワイナリー配属
1997(平成9年)	7月　本社商品企画部へ異動
1998(平成10)年	4月　本社ワイン事業本部国産戦略部へ異動、9月勝沼ワイナリーに復帰(技術係)
1999(平成11)年	
2000(平成12)年	4月　品川プリンスホテルで、結婚披露宴
2001(平成13)年	2月　渡仏、フランス・ロワイアンの語学学校でフランス語研修
	7月　ボルドー市内に転居
2002(平成13)年	6月　ボルドー大学醸造学部DUAD(テイスティング適正免状)取得
2004(平成16)年	
2005(平成17)年	3月　帰国
	3月　勝沼ワイナリー品質管理課長
2006(平成18)年	
2007(平成19)年	7月　山梨県ワイン酒造組合「若手醸造家・農家研究会」初代会長 10月「等身大のボルドーワイン」(醸造産業新聞社)出版
2008(平成20)年	4月　本社品質管理部課長
2009(平成21)年	
2013(平成25)年	4月　本社品質管理部輸入グループ長
2014(平成26)年	4月　本社品質管理部長、5月　洋酒技術研究会賞受賞
	5月　「浅井さんを偲ぶ会(13回忌)」シャトー・メルシャン勝沼ワイナリーで開催
2015(平成27)年	4月　シャトー・メルシャン製造部長
	6月　(一社)葡萄酒技術研究会理事就任
2016(平成28)年	7月　シャトー・メルシャン"ブランドの顔"に指名される
2017(平成29)年	6月　柿崎監督と初めて会う
	10月　NYWE(ニューヨーク)へ出張
2018(平成30)年	9月　「ボルドーでワインを造ってわかったこと~日本ワインの戦略のために」 (イカロス出版)出版
	10月　NYWE(ニューヨーク)へ出張
2019(平成31)年	
2020(令和2)年	4月　シャトー・メルシャンGM(ゼネラル・マネージャー)就任
	6月　山梨県ワイン酒造組合会長就任
	9月　日本ワイナリー協会理事就任
2021(令和3)年	5月　山梨県酒類業懇話会会長就任(任期1年)
2022(令和4)年	1月　映画シグナチャー　初号試写会(竹芝)に参加
	5月　ニース国際映画祭・パリ国際映画祭表彰式参加
	11月　映画シグナチャー公開

(網掛け)は光弘・正子共通

あとがき

高校時代に「農芸化学」という学問分野に興味を持ち、大学進学後に「酒」全般に興味をもつ中、学園祭で清酒のイベントの責任者に立候補した。その後、たまたま出場した清酒のきき酒選手権で入賞したことがきっかけになってワインに興味をもち、短期間のうちにその奥深さに魅かれ、ワイン造りの道に入った。ワインの産地勝沼で、師と仰ぐことのできる先輩に出会い、近隣のワイナリーで働く醸造家と結婚した。

こうやって思い出を綴ってくると、人生には何度も岐路があり、そのときには遠回りと思っていた道程が、あとから振り返ると、案外まっすぐな道だったと思う。

何回仕込めるか？

本書冒頭にも書いたが、２０２１年8月10日（火）に、映画「シグナチャー」の制作発表の記者会見にゲストとして呼ばれた。

このとき「醸造家としての人生は途中なので、『半生』としてください」とお願いしたが、この時点で私は52歳、入社27年目。途中本社に転勤し、仕込みに関われなかった年もあるので、日本とフランスで18回の仕込み（日本：１９９５、96、98、99、２０００、05、06、07、15、16、17、18、19、20、ボルドー２００１、02、03、04）を経験したに過ぎない。

ワイン造りは、これだけ長くかかわっても、20回に満たない回数しか仕込みができない。あと何回仕込みに関われるかわからないが、このインタビューのときが「半生」で、折り返し地点だとすれば、「人生」では36回の仕込みということになる。

この会見の後、２０２１と２０２２の仕込みに関わったので、現時点では入社28年で20回の仕込みを経験したことになる。

定年後もしばらく仕込みをするためには、ワイン造りの最前線に居続け、少なくとも70歳までは健康を維持しなければならない。あと16回の仕込みに関われれば、本当にありがたい。

これからも、可能な限り日本ワインの栽培と醸造の現場に関わっていきたい。

今回この本を仕上げる過程で、入社からフランスへの転勤、ボルドーでの生活までの10年間（１９９５〜２００５年）のことを、あのころの熱い想いとともに思い出した。

浅井さんとの約束を守るためには、まだまだ精進しなければならない。今後も、ときおり自分自身でこの本を読み返し、ワイナリーで働き始めたときの気持ちを思い出し、日本ワイン発展のために微力を尽くすつもりだ。

２０２２年10月

安蔵　光弘

著者略歴

安蔵 光弘（あんぞう　みつひろ）

1968年8月14日	茨城県水戸市生まれ
1993年3月	東京大学 農学部 農芸化学科 卒業
1995年3月	東京大学大学院 農学生命科学研究科 応用生命工学専攻 修士課程 修了
4月	メルシャン株式会社入社 勝沼ワイナリー（現シャトー・メルシャン）製造課 配属
1997年7月	メルシャン 本社商品企画部（ワイン開発担当）
1998年4月	メルシャン 本社ワイン事業本部 国産戦略部（ワイン開発担当）
9月	メルシャン 勝沼ワイナリー 製造課 技術係
2001年2月	シャトー・レイソン（フランス・ボルドー・オーメドック）出向
2002年6月	ボルドー第2大学　醸造学部　利き酒適性資格 （DUAD:Diplôme Universitaire d'Aptitude à la Dégustation）取得
2001/2002/2004年	レ・シタデル・デュ・ヴァン国際ワインコンクール審査員
2005年3月	メルシャン 勝沼ワイナリー　品質管理課長（ワインメーカー）
2008年4月	メルシャン 生産本部　品質管理部　課長
2013年4月	メルシャン 生産・SCM本部　品質管理部　輸入グループ長
2014年4月	メルシャン 生産・SCM本部　品質管理部長
2015年4月	シャトー・メルシャン製造部長（チーフ・ワインメーカー）
2020年4月	シャトー・メルシャン ゼネラル・マネージャー兼チーフ・ワインメーカー
6月	山梨県ワイン酒造組合会長
9月	日本ワイナリー協会理事
2022年4月	シャトー・メルシャン ゼネラル・マネージャー（兼務解消）

受賞歴　2014年　洋酒技術研究会賞

著　書
『等身大のボルドーワイン』（2007年、醸造産業新聞社）
『発酵と醸造のいろは～伝統技術からデータに基づく製造技術まで～』（共著、2017年、エヌ・ティー・エス）
『ボルドーでワインを造ってわかったこと～日本ワインの戦略のために』（2018年、イカロス出版）
『日本ソムリエ協会教本2017（酒類飲料概論）』（2017年、日本ソムリエ協会）
『新ワイン学』（共著、2018年、ガイアブックス）
『日本ソムリエ協会教本2018（ワイン概論）』（共著、2018年、日本ソムリエ協会）
『日本ソムリエ協会教本2019（ワイン概論）』（共著、2019年、日本ソムリエ協会）
『日本ソムリエ協会教本2020（ワイン概論）』（共著、2020年、日本ソムリエ協会）
『日本ソムリエ協会教本2021（ワイン概論）』（共著、2021年、日本ソムリエ協会）
『ワイン醸造技術』（共著、2022年、日本醸造協会）
『日本ソムリエ協会教本2022（ワイン概論）』(共著、2022年、日本ソムリエ協会）

5本のワインの物語
Five wines' Story

2022年10月31日　初版第1刷発行

著　者　　安蔵光弘
発行者　　山手章弘
発行所　　イカロス出版
〒101-0051 東京都千代田区神田神保町1-105
電話03-6837-4661（出版営業部）
デザイン　木澤誠二
印刷　　図書印刷

Printed in Japan
定価はカバーに表示してあります。
落丁・乱丁本はお取り替え致します。